# 中国农业伦理学

## Chinese Agro-Ethics (Volume 2 of 2)

## 下册

任继周　主编

董世魁　执行主编

中国农业出版社
北　京

# 序

《中国农业伦理学》即将出版之际，想对读者说几句话。

为了填补农业伦理学专著的空白，我们先出版了《中国农业伦理学导论》（2018年出版）。随后，编委会立即着手编写大学通识读本《中国农业伦理学概论》（2021年出版）。

与此同时我们着手编写《中国农业伦理学》，分上下两册。上册在原《中国农业伦理学导论》的基础上，加以补充改编，使其更加全面地阐述农业伦理学的整体系统的认知。下册则为对农业伦理学系统所含若干伦理观范畴做专门阐述。

《中国农业伦理学》上下册有各自的前言，为读者指明编写要旨，但因上下册编写时间先后相差四年，情景有所差异，需要就全书整体做一些必要说明。

《中国农业伦理学》上下册的关系，我借用苏轼对庐山的描述，"横看成岭侧成峰"，来说明其上册概论与下册专论的区别与联系。在上册概论中建立总体概念，即"成岭"；下册为对农业伦理学所含多个伦理观范畴各专题进行深入论述，为个人署名的论文。与概论相比，专论对多个伦理观范畴的论述更为深入全面，表达作者个性，即为一个个"峰"。上下册是不可分割的整体。例如，概论中论述了游戏规则，是用教材的语言，如想更深入理解这个问题，就需要看看下册的有关论文，那是较深入理解有关伦理范畴的钥匙。

为了给读者以更为明确的农业伦理学全貌，需着重指出贯穿本书的几个理论核心的范畴。

首先，需明确农业伦理学的定位。农业伦理学是研究农业行为中人与人、人与社会、人与生存环境发生的功能关联的道德认知，并进而探索农业行为对自然生态系统与社会生态系统这两大生态系统的道德关联认知的科学。需要强调的是其中包含自然科学和社会科学两大部分，不可偏废。我们在日常用语中常见"农业伦理观"的说法。实际上伦理学与伦理观两者是同义异称。当意指某一具体的农业行为的农业伦理学意涵时可称农业伦理观，即农业伦理观是农业伦理学的具象化。反之，若干农业伦理观的抽象化就是农业伦理学。两者之为用，视语境而定。

其次，需明确农业伦理学的多维结构。农业伦理学是由时之维、地之维、度之维和法之维的多维结构构建的科学实体。各个维度都有自己的特殊功能，但四者不能单独作为。它们的功能具有整体性，即全有或全无（all or none），四者之中缺乏任何一项，农业伦理学功能将全部丧失，农业伦理学大厦就会整体崩塌，导致农业系统发生灾难性后果。多维结构全时空监测、控制着农业行为，是认知农业行为的最高规范。

农业系统在多维结构的规范下健康运行，必须关注以下几个核心理论。

## 一、开放性是农业系统的根本

农业旨在人类对自然生态系统的农艺加工以取得产品。它的自然生态系统开放的本性不但不能丧失，还需加强，才能取得较高的生产效益。农业生态系统整体包含前植物生产层、植物生产层、动物生产层和后生物生产层。其中任何一层的开放性一旦受到阻滞，如将各个生产层的产业各自封闭经营而互不联系，将导致农业整体的开放性受阻，从而降低生产效率。又如小农结构的封闭性循环，以及地区的、国际的含排他性的某种方式的封闭行为，企图在自己设定的范围内实现各自的封闭性循环，都会造成农业系统功能整体的损害。因此我们倡导的循环经济，有其合理性，但需在适当的时、地、度、法的多维规范下运行，否则即损害农业系统整体效益。如我国曾力求封闭的刚性自给自足。又如某些大国或国家集团试图建立自我封闭的繁荣发展，其本质仍然不失封闭性。当前某些大国为了一己之利，动辄施行经济制裁，隔断全球产业链。这将与它们期望的高度繁荣背道而驰。这正是目前的国际格局。我国处于这一格局中，不得不力求战略性农产品自给，但我们农业系统的开放性原则绝不能动摇。农业系统开放越充分，其生态健康越好、生产效益越高、现代化程度也越发达。因此中国大开国门，以全球农业资源发展全球农业的大目标不可动摇。

## 二、维护系统整体是伦理关怀的核心

农业生态系统是自然生态系统的特殊形态。任何生物都处于某一生态系统之中，任何生态系统都是互为依托的整体的一部分。它们应该互不相损，生机盎然，持续发展。无论系统大小，都要得到应有的尊重以保全其整体性。

我们常说的生态农业、绿色农业即其简明表述。如其中某一子系统遭受破坏，必然伤及系统整体，有损系统的生态健康和生产效益。农业是自然生态系统与社会生态系统的耦合体，我们应切记，要避免两个系统的不协调发展。在这一方面，我国自从建立城乡二元结构起，就曾蒙受诸多伤痛之苦。至于行业间互不协调而致多方受害的事件更是屡见不鲜。国际间多有只顾一己之利、以邻为壑、扰乱国际秩序的恶例。这些都是对生态系统整体性的破坏。

## 三、系统耦合是实现全球一体化的必要步骤

系统耦合是不同生态系统之间发生的物质链接行为。不同系统之间通过界面，发生系统耦合，以增益其生态弹性，提高其生产水平。界面是系统耦合的链接点。界面具双重性，既是生态系统的边界，将不同的生态系统加以区分；又有选择地在不同的生态系统之间进行物质交换，即输出正熵，农产品；输入负熵，即必需的营养物质及能量，如动力、科技和资本等，从而使系统升级，产生高一级的新系统，大幅度提高生产水平。我们向往的人类命运共同体，就是通过界面和系统耦合，将不同的生态系统逐级链接，使生态系统逐步扩大，直到包括全人类在内的生物圈整体。

系统耦合导致的同一性扩大的动力来自生态系统本身的生命力，不是用非正义的其他"硬实力"或"软实力"所能做到的。

## 四、时代嬗替是社会发展的必然

农业系统是随着人类文明的时代发展而发展的。而人类文明时代的发展无不源于生产方式的进步。生产方式是推动社会发展和社会文明的动力。于是有了这样一个发生链，农业社会—农业生产方式—农业文明—农业伦理学，工业社会—工业生产方式—工业文明—工业文明版的农业伦理学。这一发生链说明，社会的生产方式创造"时代"，农业伦理学附丽于时代，它诠释时代，非创造时代。每一文明类型中必然包含若干发展阶段或称不同的版本。例如，工业文明在德国经历了1.0版到4.0版，四个版本或称阶段。目前世界主流社会已经走到了传统工业文明尽头，我们要清除工业文明引发的若干流弊，创造与传统工业文明有质的区别的全新文明。

于是人类产生了回归自然的共同愿望。远在三千年前中国的老子创造了"自然"一词，形成尊重自然的世界观，提出"道法自然"的方法论，为回归自然指明了方向。今天已经明确，回归自然的途径就是以数字化和信息化生

产方式创造的生态文明。这无异"道法自然"的螺旋式上升，历时三千年的自然大回归。

历史向我们提出的生态文明目标，必然发生相应的生态文明农业伦理学。目前生态文明伸出触角，首先指向生态文明版的农业伦理学。这样的农业伦理学是个全新的命题。它是生态文明的基石。

大家都明白，历史是不能倒退的。尽管工业文明引发的一些流弊令人不安，我们也不宜以农业文明的旧眼光来审视工业文明的缺点，如向往农业文明的家族关系、乡绅文化、自给自足的封闭性，等等。以倒退到农业文明为"回归自然"的趋向不可取。相反，要向前看，以生态文明的需求改进工业文明，走向生态文明、建立生态文明的新农业伦理学。

### 五、游戏规则是人类文明的灵魂

把游戏规则列入农业伦理学范畴，读者可能感觉有些突兀。但是深究人类文明的发生与发展，游戏规则是不可或缺的一翼。劳动创造人类，劳动方式改变历史时代，这已经成为社会共识。但时代必然有其文明特征。劳动与游戏共建并塑造了人类文明特征。我们确知脊椎动物都有游戏，但动物的游戏没有游戏规则，而人类在游戏中不断创造游戏规则，以纯净的"思无邪"的游戏方式摆脱私利羁绊，培养公平正义之风，规范社会伦理。从这个意义上我们可以说游戏规则的有或无，是人类与兽类的重大区别。人类社会"思无邪"的游戏规则不但体现社会文明，也塑造了适应社会发展的人，即我们称谓的"君子"，他们是常态社会游戏规则的维护者。但唯物辩证法告诉我们，有了游戏规则，必有与之对立的、以不公正的方式谋求偏私之利的"丛林法则"，以及为此法则服务的"小人"，他们是常态社会游戏规则的搅局者。在两者的互相纠缠中，衍发为与时代相适应的社会文明。不同社会的劳动方式，都有各自的游戏规则与丛林法则的纠缠样式，从而展现为不同的社会文明。任何社会游戏规则总有搅局者如影随形相伴而来。甚至某一历史时期丛林法则居优势。这就导致社会的灾难性后果，冷战与热战轮番登场，导致全球无宁日。这些搅局者主要来自旧社会文明的保守者。恩格斯在《反杜林论》中说，"一切以往的道德论归根到底都是当时的社会经济状况的产物。而社会直到现在是在阶级对立中运动的，所以道德始终是阶级的道德；它或者为统治阶级的统治和利益辩护"。我们在对以往的旧道德的继承与扬弃中，勿忘时代特征，要谨慎抉择，建立符合生态文明要求、为生态文明服务的伦理学。

## 六、人类文明转型面临严峻挑战

人类经过了农业文明转型到工业文明，再到生态文明。我们应勿忘人类文明转型的艰苦历程。中国从农业文明转向工业化道路，始于1840年鸦片战争国门大开后的洋务运动，到1949年中华人民共和国成立，经过了一百多年的血泪岁月才得踏入门槛。又经过70多年的艰苦跋涉，匆匆走上工业化到后工业化的道路，但远未完成文明转型需要的深层思想意识转型。直到20世纪80年代以前，中国还处于探索之中。21世纪开始，我们对工业化的甜头和它所带来的苦果有了深刻体会，从而开始探索后工业化的发展路径。中共十六大以后出现生态文明的曙光，如废除农业税、提出工业支援农业、城市反哺农村等。中共十八大以后，逐步填平城乡二元结构的鸿沟，迈上通向生态文明的康庄大道。生态文明的游戏规则和与之俱来的丛林法则的纠缠也不期而至。2021年《中华人民共和国监察法实施条例》的公布，以及全面展开反贪污腐化、扫黄打黑的众多案例，呈现两者纠缠的初期面貌。可以预见，生态文明建设将是一个漫长的历史过程。游戏规则与丛林法则的纠缠中，必将遭遇许多盘根错节，甚至要经过惊涛骇浪的淘炼，才能建成生态文明和与之相应的生态文明版的农业伦理学。对此，我们应有必要的思想准备。

综上所述，我们应牢记，推动时代变化的根本动力是生产方式的演进，农业伦理学不创造时代，但它以公平正义的伦理规范监督社会文明健康运行，扬善抑恶，为人类文明的发展保驾护航。

尊敬的读者，如果您读了本书，对以上的论述有所体会，将是对编著者的最大安慰。

任继周写于涵虚草舍，2022年初冬。

# 前　言

2018年，我们编写了中国农业伦理学的首部试水之作《中国农业伦理学导论》（以下简称《导论》）。2021年，在中国农业出版社的建议下，我们在《导论》的基础上编写了中国农业伦理学的首部教材《中国农业伦理学概论》（以下简称《概论》），希望农业伦理学进入中国各大高校的教室或社会大讲堂。虽然作为专著的《导论》和作为教材的《概论》相继问世，补缺了中国农业伦理学科研和教学的理论体系，但是我们觉得农业伦理学涉及的多维度、多要素、多领域、多学科的内容仍须补充。故而，在任继周院士的倡导下，我们启动了《导论》的修编工作，将《导论》的内容进行补充、修改、完善，拓展为《中国农业伦理学》上、下两册出版，上册保留了《导论》书写体例、基本架构和主体内容，仅对各个章节的部分细节进行了认真修改，使之进一步精进和升华。下册是全新的创作，以单篇文章的形式汇集成书，由来自清华大学、中国农业大学、兰州大学、北京林业大学和中国国家图书馆的十余位学者撰写完成，主要呈现《导论》及《概论》中因篇幅或体例所限未能论及的观点。

《中国农业伦理学》（下册）为同书上册的孪生篇。编者就上册所论述的问题，择其有关主题20则，分别详加论述集成下册，文后有作者署名，以便于读者与作者直接联系。上、下两册关联密切，上册为中国农业伦理学之概论，以重要农业伦理学范畴为主轴，进行系统论述。下册为概论中所含若干伦理元素，为免概论于过分枝蔓，编者组稿20篇，为下册专论。上、下两册关系或可以苏轼游庐山的《题西林壁》诗"横看成岭侧成峰"借喻。上册为对中国农业伦理学之"横看"、下册则为"侧看"，从不同的视角得见中国农业伦理学"全貌"。

《中国农业伦理学》（下册）虽以单篇文章呈现，但在设计上具有严格的逻辑联系，共分总论篇和专论篇两个单元，总论篇主要论述农业伦理学范畴的问题，专论篇主要论述地域和特色伦理问题。现将下册20篇文章分为8组做简约阐述。

总论篇的10篇农业伦理学范畴的文章归为4组。其中，第一组为4篇有关农业文明的文章，"农业文明、工业文明与生态文明"为理解社会各文明阶段的基本认知；"自然，世界的东方亮起生态文明的灯塔"阐明世界第一伦理高峰，耸立于世界东方的中国；"敬天以趋时——时的中国农业伦理学解析"是对中国农业伦理学多维结构中主轴"时之维"的阐发；"中国农业伦理学的多维结构"对维的界定和多维结构进行开拓性解说。第二组为有关游戏规则与丛林法则的2篇文章，"游戏规则，伦理学必须牢守的战略要地"与"丛林法则的农业伦理学解读"是相对独立而不可分割的一对哲学范畴，从两者的纠缠运动，描述了人类文明发展的历史轨迹。第三组为有关陆海农业的2篇文章，"由陆地农业转型陆海农业是中国农业现代化的关键一步"指出，中国农业由陆地农业转化为陆海农业是农业现代化的必要过程；"中国农业现代化基准线的农业伦理学界定"指出了农业现代化的具体目标，两者共同阐述了中国农业现代化的必由之路。第四组为有关发展历史的伦理学诠释的2篇文章，"中国城乡二元结构的生成、发展与消亡的农业伦理学诠释"阐述中国农业的基本结构，此为若干伦理学问题发生的源头；"中国农业在大国崛起中的苦难历程"阐述了城乡二元结构的基础上中国农业现代化过程中发生的农业伦理观的特色。

专论篇的10篇有关地域和特色农业伦理的文章归为4组。其中，第一组为有关地域农业伦理的3篇文章，"江河流域农业伦理"主要阐释了江河流域孕育的农业伦理及其对农业可持续发展的作用；"山地农业伦理观的特征及时代价值"系统分析山地农业伦理观在推动我国农业现代化中的重要作用，为新时期我国山地农业伦理观的传承和发展路径提供基础；"湿地滩涂农业伦理"主要阐述了不同历史时期的湿地滩涂伦理观及不同地境的湿地滩涂农业模式，为我国湿地滩涂农业可持续发展指明了方向。第二组为有关生物生态伦理的2篇文章，"农业生物伦理观的特征与意义"系统分析了有关家畜、作物、林木的伦理观及其对养殖业、种植业、林业可持续发展的重要作用；"农业生态生产力及其农业伦理学解读"主要阐释了农业生态生产力的伦理原则及其对发展生态生产力和实施生态农业的意义。第三组为有关家园和社会伦理认知的2篇文章，"草地农业的家园意识及其伦理学认知"主要论述草地农业的生产活动、家园形态及家庭、族群、土地的伦理学认知；"绿色生产和消费的农业伦理"主要阐释绿色生产和消费是新时代农业绿色低碳循环生产遵循的农业伦理准则。第四组为有关政策和管理伦理的3篇文章，"农业科技伦

理”主要论述了农业科技伦理缺失带来的问题以及乡村振兴背景下农业科技伦理构建的意义；"乡村振兴与农业伦理关怀"主要论述了我国农村管理的成效及乡村振兴战略中的农业伦理构建；"欧盟农业政策与美日两国农业立法中的伦理内涵及启示"主要阐释了欧盟及美、日等国农业立法中的伦理元素及其对我国的启示。

我们"侧看"全书的20篇文章，既秉承了上册"时、地、度、法"的中国农业伦理学基本要义，又拓展了中国农业伦理学的内涵外延，努力向读者呈现中国农业伦理学的"全貌"。但是，由于人力和时间有限，加之中国农业伦理学研究尚处于起步阶段，显然还有若干农业伦理学元素没列入专题探讨，暂付阙如，以待来日补充。

本书由任继周院士担任主编、董世魁教授担任执行主编，所有文章的作者组成编写团队，共同商定全书选题和编写大纲，配合执行主编顺利完成编写工作。撰写过程中，受疫情限制无法召开线下编委会，设在国家图书馆的编委会秘书处克服各种困难，多次组织线上讨论，协调解决各类问题，并及时与主编和执行主编沟通，保障了编写工作的顺利进行，在此深致谢忱！本书责任编辑郭永立编审，经验丰富，工作严谨，对本书出版给予全面指导；责任编辑周晓艳副编审对全稿进行了认真的修改完善、核对纠错，使得出版工作顺利实现，在此深表感谢！

本书内容涉及哲学、伦理学、农业科学、社会科学、环境学、生态学等多个学科领域，难免受专业知识限制，加之疫情和时间等诸多因素，书中不足之处在所难免，敬请读者批评指正。

著　者

2022 年 4 月 10 日

# 目　录

农业伦理学范畴的关键问题

总论篇

# 自然，世界的东方亮起生态文明的灯塔

任继周[1]　郑晓雯[2]　胥　刚[3]

（1.兰州大学，中国工程院院士

2.中国国家图书馆　3.兰州大学草地农业科技学院）

"自然"一词出于老子（约前571年—前471年），时在春秋末年。老子作为东周的守藏史，生逢农业礼乐社会末期。礼崩乐坏，社会失序，诸侯国之间杀伐不断，民不聊生。此时人类文明方处于农业社会幼年期，无时不在与大自然的磨砺交融之中。他感悟到自然本体的存在，认为自然之道不可抗拒。世道之混乱非个人之力所可抵御，决然隐退。但他以哲人的智慧，认识到这些人间苦难都是人类违反"自然""无知妄为"的恶果。"自然"一词的出现，无异在地球的东方树立了一座人类智慧的灯塔，以永不枯竭之光指引人类探索前行。

何为"自然"？老子将人类社会与其依存的外在环境视为浑然一体，以虚实互见、内外兼备的"五千言"加以阐述。但老子用语简练、涵义深奥、费人思量，以致后人对自然的理解莫衷一是。我国以王中江为代表的学者群两度聚会天津，博采众义，对"自然"一词做出界定，"自然"就是我们通常说的大自然，即今天生态文明回归的取向。

笔者从此说，以自然本体为生态文明农业之根砥，梳理各家学说。以自然本体为源，人类文明进程分为两大流派，即对"自然"以信仰认知为第一选项或以理性认知为第一选项。

对自然以信仰认知为第一选项的流派最早注入人类文明长河，从而产生宗教。宗教信仰中的造物主制造了"自然"，同时制定若干真、善、美以及其他多种律令以体现神的意志，规范人们的思维和行为，引领人类前行。人们对神的律令只能依从，不容怀疑，更不能改变。"自然"通过宗教律令构建人类文明的精神框架，对人类文明的发生与发展，具有道德规范作用，自古迄今，贯彻于人类文明史，其影响之重大毋庸置疑。

但宗教的律令总是出于宗教形成的初期，有时代的局限性，难以与时俱进，往往表现为社会发展的阻力。例如，欧洲16世纪发生宗教革命以后，才打开工业革命之门。

人类作为"自然"本体之部分，为满足自身生存所需，首先立足于求生的农业活动，循理性认知之长河，自然而然地，走上"自然"设定的历程，遵循科学规律，探索前行，不断发现新知，并以新知更替旧知，对"自然"的理解日渐深入。人们逐步发现无可计量的新知识和与之俱来的无可计量的未知新领域。正当科学家忙于对有形物质不断发现与破解之时，又邂逅比有形物质质量大若干倍的暗物质。自然界所含物质数量之巨大、结构之繁复、分布之恢弘及其运行之格局，以人类今日的科学探究"自然"本体，其难度之大，几近无解。对这类无解的客观实体，恰好为老子高度智慧认知的"自然"一词所覆盖。

数千年后，人类经过农业文明，跨入工业文明的大生产、大消费、大排放的生产、生活方式，已经将世界带入生存环境承载力的底线。当人类文明面临绝境，苦于上下求索，寻求生路之时，回归"自然"已成全球共识。于是世界精英的目光转向人类文明的幼年期，位于地球东方的"自然"智慧之灯塔重现光芒。

## 一、西方对东方自然观的认同

西方工业文明的先觉者，如法国的伏尔泰[1]，在工业社会发生的早期，就对工业文明可能的危机有所察觉。降至20世纪末至21世纪初，工业文明与生存环境的冲突，触动了全世界的诸多学者、国家决策人，乃至联合国有关组织。于是集体发声[2]，惊呼问题的严重而急迫。人心指向回归"自然"的生产、生活方式，即建立以"自然"为生存基质和依归的生态文明。皈依"自然"，成为生态文明的唯一选项。

如今我们站在后工业化时代人类文明的高峰，俯瞰人类文明长河蜿蜒奔流的全景，发现三千年前中国礼乐时代孕育、底成于春秋早期的"自然"灯塔的光芒，透过当前的迷雾，照亮人类文明的前途。如前所述，工业化早期如法国的伏尔泰，以及后起的美国的霍尔姆斯·罗尔斯顿[3]、富兰克林·H.金[4]、

---

[1]　[法]伏尔泰, 1994. 风俗论[M]. 梁守锵译. 北京: 商务印书馆: 86.

[2]　任继周, 2018. 中国农业伦理学导论[M]. 北京: 中国农业出版社: 86-67.

[3]　[美]霍尔姆斯·罗尔斯顿 (Holmes Rolston), 2000. 环境伦理学[M]. 杨通进译. 北京: 中国社会科学出版社.

[4]　[美]富兰克林·H.金, 2011. 四千年农夫: 中国、朝鲜和日本的永续农业[M]. 程存旺, 石嫣译. 北京: 东方出版社.

小约翰·柯布[1]、英国的赫·乔·威尔斯[2]对东方的农业文明都有积极的评价。其中，小约翰·柯布最具代表性，他认为"生态文明的希望在中国"。比利时物理学家、耗散结构的发明者普里戈金更为明确地表述了西方学者对中国自然观的肯定。他说："中国传统学术思想着重于研究整体性和自发性，研究协调与协同。现代科学的发展符合中国哲学思想。"遂预言西方科学与中国文化对于整体性、协同性理解的结合，将导致新的自然哲学和自然观[3]。其为西方工业化恶果的感受者，虽然对中国小农经济的认识难免有所不足，但其扬弃工业社会对自然的粗暴干预，尊重东方仁爱万物、"道法自然"的生态文明思想则无可非议。

在这里需要说明，精神文明的发展与物质文明的发展是难以同步的。例如，工业文明发达、经济富裕的国家，往往丢掉人类文明的游戏规则，而以丛林法则霸凌弱势群体，甚至制造种族灭绝的悲剧。其最直接的表现莫过于后工业化时代带来的贫富差距加大，生存环境被粗暴破坏，道德文明断崖式下跌。

三千年前中国处于农业社会的初期，物质文明水平很低，但社会生态系统却如一块璞玉，产生了"自然"这一哲学理念，"自然观"遂相偕出现。"自然"智慧之灯塔标志了人类伦理文明的第一高峰。经过漫长的农业文明和工业文明的曲折道路，三千年后接踵而来的生态文明应为人类文明第二高峰。人类文明螺旋上升，恰与我国冀望的人类命运共同体同步到来。三千年一个螺旋式轮回，甚为巧合。

生态文明的特色就是人与自然和谐共处的圆融情景。植根于自然生态系统的农业，以及由此衍发的农业伦理学，被推到回归"自然"的一线。

## 二、"自然"一词溯源

老子在三千年前首次提出[4]"自然"这一哲学范畴绝非偶然。老子生逢中国农业社会礼崩乐坏的春秋末期，其时为中国农业社会的早期，作为东周守藏吏的老子，熟悉历史典籍，对弑君三十六、灭国五十二[5]、战乱纷起、民不

---

[1] 何慧丽，小约翰·柯布，2014. 解构资本全球化霸权，建设后现代生态文明——关于小约翰·柯布的访谈录 [J]. 中国农业大学学报（社会科学版）(2): 21-28.

[2] [英]赫·乔·威尔斯，2015. 世界史纲 [M]. 吴文藻，谢冰心，费孝通译. 南宁：广西师范大学出版社.

[3] 湛垦华，沈小峰，等，1982. 普利高津与耗散结构理论 [M]. 西安：陕西科学技术出版社：204. 注：普里戈金，又译为"普利高津"。

[4] 任继愈，2006. 老子绎读 [M]. 北京：国家图书馆出版社：54-55.

[5] （西汉）司马迁，《史记·太史公自序》。

聊生的世象深感厌恶。老子以超常的智慧，集毕生之体验，经深邃思辨，感悟"不知'常'，妄作，凶，"[1]为乱世之源。而"常"在何处？"常"在"自然"。老子以人的生存为基点，构建了"人法地，地法天，天法道，道法自然"，而道即"自然"[2]，提出这一四维逐级关联的认识论。"自然"为世界万物之源，也是万物的最后归宿。

我们农业伦理学工作者，通过自身的广泛体用，以"自然"范畴为共识，以自然为法，并在此基础上展开农业伦理学的阐述。

农业伦理学将"法"与时、地、度三者作为多维结构之一。此"法"即为"人法地，地法天，天法道，道法自然"之法。字面意为人以地为法，地以天为法，天以道为法，道以自然为法，将"自然"置于认识论的最高端。按其词性应兼指自然的物质实体和非物质的运行之道。老子又说"域中有四大"，即人、地、天、道，而道即"自然"。在这里"自然"未含在"四大"之内，可将其理解为"道"的同义词，或道为自然的内涵组分。显然，"自然"兼具物质的和非物质的双重属性。由于中国古语对"自然"内涵的简约称谓，"自然"的物理性和非物理性曾长期混淆不清。汉代自道教兴起后，将"自然"一词由科学属性移入宗教属性。逮至董仲舒的"天人感应"论出，中国古代的"天"意指客体呈现的自然现象，亦即"自然"的浅表涵义。儒道两家于此取得共识，对"自然"的形而上学的非物质属性诠释几成主流。直到19世纪末叶，与西方的"自然"（nature）相遇，中国知识界以"格物穷理"[3]的"物"和"理"去认知自然，亦即老子原本对"自然"一词重新体悟，明确了"自然"为物质的与非物质两者兼有的实体。三千年前老子所说的"自然"，即本然存在、人们当下认知的"大自然"的"自然"。

如上所述，我们对自然本体知之甚少，只能由本身所及之物推演其涵育万物之道。农业的系统耦合可为参照系[4]，由此试行演绎。个体生物必存在于某一系之中，通过多次系统耦合，逐步扩大，延伸至生物圈整体。生物圈整体再经与自然界其他系统无数次的系统耦合，终将构成"自然"整体。因此，可界定"自然"一词是至大无外、至小无内、囊括万有、无以名状的本然存在的实体。

举凡目之所及，大至数以亿计的银河系，小至物质的最小粒子，是自然的有形的部分。更有远多于有形部分的"暗物质"，对此我们几乎全然无知。

---

1　《老子》第十六章。
2　《老子》第二十五章。
3　（明）方孝孺《答郑仲辩》："其无待于外，近之于复性正心，广之于格物穷理。"
4　任继周，2018. 中国农业伦理学导论[M]. 北京：中国农业出版社:250.

但对自然是独特有序的结构功能的实体，应无疑义。

人类要迎接生态文明时代的到来，就要尽可能多地探索以自然为本的无极内涵及其内部的运行规律。并恪守已知的自然规律，谨慎探索前行。行社会生态系统之正道，即符合伦理规范的游戏规则，去除农业生产和工业生产中违反游戏规则的恶行，即丛林法则。

这里提出了人类文明的游戏规则与丛林法则这一对概念[1]。前者体现顺应自然的文明行为的系列法则，后者则为反自然的非文明行为的系列法则[2]。

社会生态系统的游戏规则应理解为"自然"本体规律中人类文明的组分。这是春秋时代已经出现，但未被充分理解的命题。

## 三、老子与孔子对自然观的历史贡献

老子（图1）所说的"自然"本体有多重含义[3]：①"自然"是本然存在之物，不可能追问其源头何来？②"自然"呈无始无终、有序运行的不可分割的整体存在；③虽然我们对"自然"所知甚少，但其有序运行无可怀疑也无法撼动，凡违反其规律者必遭淘汰。恩格斯告诫人们，违反自然规律的行为必遭自然惩罚，此为人类以自然为参照系自我反省之义。"自然"只是我行我素，并无对他者恩赐或惩罚之意，更与董仲舒的"天人感应"论无涉。人的行为如违背自然规律，就会为自然规律所淘汰。正如荀子《天问》所说"天行有常，不为尧存不为桀亡"。

孔子（图2）与老子同处于春秋末期而出世约晚二十年，虽为儒家宗师，却是老子"自然观"的赤诚追随者。老子与孔子为农业社会的王道乐土，礼乐文明的"自然观"范式，共同做了不朽的贡献。后人多认为儒老两家的处世行为相悖而行、互相对立。这是孔、老二子以后发生的

图1　老子像

（来源：中国历代人物图像集.上，华人德主编，上海古籍出版社，2004）

---

[1]　本书，任继周等，《游戏规则，伦理学必须牢守的战略要地》。

[2]　本书，任继周、林惠龙，《丛林法则的农业伦理学解读》。

[3]　任继愈，2006. 老子绎读[M]. 北京：国家图书馆出版社：前言.

伦理学扭曲，它掩盖了孔子与老子"自然观"同一的本质。这并非将儒家与道家混为一谈，而是具体指出老子与孔子的自然观的一致。

老子身处春秋乱世，乱象蜂起，如滔天洪水，不可遏制。老子在厌恶而无奈之余，退而静思，怀抱返璞归真的自然观，留下"五千言"遁世而去[1]。对《老子》全书我们于此不遑论述，只撮要其四个字以证实老子与孔子自然观的同一性。

我们撮要其"无为"与"不争"本质所在。老子的自然观以"无为"和"不争"为核心。老子说"无为而治"，孔子说"天何言哉？四时行焉，百物生焉，天何言哉？"（《论语·阳货篇》），又说："无为而治者其

图2　孔子像
（来源：中国历代人物图像集.上，华人德主编，上海古籍出版社，2004）

舜也与？夫何为哉？恭己正南面而已矣。"（《论语·卫灵公》）。老子说"以其不争故天下莫能与之争"[2]。孔子说："君子无所争"。显然，老子和孔子对"无为"和"不争"的理解并无差异。但是，无为，不是消极的无所作为，而是从无为而达到"无所不为"。"不争"意在"天下莫能与之争"[3]。孔子的"君子无所争"，亦指尊崇自然而不争的仁者终将胜出[4]。

老子根据农业社会的体验，以人为本，由人而地、而天、而道、而自然。老子将人、地、天、道四个维度的次第关联的"自然"本体论，阐发为《老子》（《道德经》）五千言。据王华玲、辛红娟研究[5]，《老子》在英语世界的发行量仅次于《圣经》和《薄伽梵歌》。另外，《老子》被译为73种文字遍布全球各个角落。老子以其美妙的韵语、丰赡的蕴意向世界讲述了中华文明的自然观，风靡世界。我们不妨说，老子是中国自然观的创立者和首席宣讲人，其影响之深远广大已有共识，毋庸赘述。

本文将孔子对自然观的贡献作必要介绍。孔子对老子的自然观不仅认同，而且苦苦追求，笃信不疑。最明确的例证莫如孔子与老子的几次对话。史载

---

[1]　《史记·老庄申韩列传》记载，"老子修道德，其学以自隐无名为务。居周久之，见周之衰，乃遂去。"

[2,3]　任继愈，2006.老子绎读[M].北京:国家图书馆出版社:48.

[4]　《论语·八佾》。

[5]　王华玲，辛红娟，2020.《道德经》的世界性[N].光明日报，2020-04-18:11.

孔子曾执弟子礼请益于老子。孔子四见老子，其中三次有较为详细的文献记载。

第一次会见载于《史记·孔子世家》。孔子"适周问礼，盖见老子云。辞去，而老子送之曰：'吾闻富贵者送人以财，仁人者送人以言。吾不能富贵，窃仁人之号，送子以言。'"老子善意地对孔子说："聪明而深察事物的人常受死亡的威胁，因为他喜欢议论别人；博学而善辩的饱学之士，常遭困厄危及自身，因为他揭发别人的恶行。"[1]孔子回来后，深感进益。在《论语·为政》中以自己的话说出同样的道理："多闻阙疑，慎言其余，则寡尤；多见阙殆，慎行其余，则寡悔。"这与老子告诫为同义（图3）。

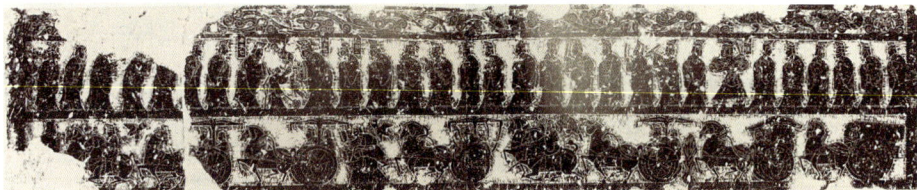

图3 （东汉）孔子见老子画像石，第二层左起第八人手扶曲杖右向立者，榜题"老子也"，第十人左向立，榜题"孔子也"；其他人还有颜回、子路、子张等。
（来源：中国美术全集·画像石画像砖一，黄山书社，2009）

孔子与老子的第二次会见载于《史记·老子申韩家列传》，孔子对老子说了一套自己的见解。老子回答："子所言者，其人与骨皆已朽矣，独其言在耳。且君子得其时则驾，不得其时则蓬累而行。吾闻之，良贾深藏若虚，君子盛德，容貌若愚。去子之骄气与多欲，态色与淫志，是皆无益于子之身。吾所以告子，若是而已。"老子这段富于辩证法的话，其核心思想是告诫孔子：君子得际遇时可施展才能，不得际遇时就与常人一样隐于蓬草之间。这与孔子"天下有道则见，无道则隐"（《论语·泰伯》）完全同义。老子在这次会见中还略隐讳地批评孔子急于求成的骄、欲之气。孔子不但不以为轻慢，反而对老子推崇到极致。他说："鸟，吾知其能飞；鱼，吾知其能游；兽，吾知其能走。走者可以为罔，游者可以为纶，飞者可以为矰。至于龙吾不能知，其乘风云而上天。吾今日见老子，其犹龙邪！"[2]孔子比喻老子的思想如飞龙在天[3]，浑无际涯，深奥无可揣度。这次会见意义重大，不仅奠定了老子自然

---

[1] 《史记·孔子世家》："聪明深察而近于死者，好议人者也。博辩广大危其身者，发人之恶者也。"

[2] （西汉）司马迁，《史记·老庄申韩列传》。

[3] 《庄子·天运》中也有"弟子问曰：'夫子见老聃，亦将何规哉？'孔子曰：'吾乃今于是乎见龙！龙，合而成体，散而成章，乘云气而养乎阴阳。予口张而不能嗋，予又何规老聃哉！'"

观在孔子思想上不可撼动的地位，也奠定了孔子晚年"道不行，吾将乘桴浮于海"，决心以身殉道的悲壮情怀。

孔子与老子的第三次会见，见于《庄子·天运》篇。孔子时年五十一岁，已经过了知天命之年，去向老子请教。他自述了五年研究礼教名数，十二年研究阴阳之道，自苦于还没有得道。老子向他讲了许多勿违自然的事例，然后总结说："心中不自悟则道不停留，向外不能印证则道不能通行。出自于内心的领悟，不为外方所承受时，圣人便不再多讲；由外面进入，而心中不能领受时，圣人便不再留意"。孔子归来，闭门静思三月，然后再见老子，对老子说，"我明白了。很久了，我没有和造化为友。不和造化为友，怎能去化人！"孔子这里说的"造化"即"自然之道"。老子说："对了，孔丘得道了！[1]"孔子与老子终于取得自然观的同一。

有关老子和孔子的记载，都是老子对孔子的教诲，即使老子批评很重的话，孔子从不辩驳，而是退而反思，解悟其中的涵义。《庄子》中多次记载老、孔二子的交往，老子没有一次不是对孔子的善意教导，孔子也没有一次不对老子发出由衷的尊敬[2]。

综上所述，孔子视老子为长者，多次就教于老子，对老子的自然观力求深入体悟，只有共识，未有异见。西周的自然观为两人所共同尊崇，是为施行王道之本。对当时横行无忌的霸道，即农业丛林法则同声鞭挞。

## 四、老子与孔子对于自然观阐释的分异与归一

尽管老、孔二子"自然观"的认同无所轩轾，但由于时代的局限，老、孔二子对于"自然观"的阐释方式有所差异。时代的局限何在？"自然"被认同的初期，人类文明方处于幼年阶段，对自然本体的认知尚不够清晰。

"自然"既包括自然生态系统，也包括社会生态系统。老子对"自然"给予富含诗意的表述，颇富浪漫色彩。他尽管有一系列富含哲理的伦理学表述，如"生而不有，为而不持，功成而弗居。夫唯弗居，是以不去"[3]，等等，多不胜举，成为人类文明永存的财富，却不曾明确人类社会的"自然"属性。老子在热望回归自然、大力涤荡人间污浊时，发出"绝圣弃智"（老子，十九章）的激愤言辞，给人以厌世的假象。使人想起给小孩洗澡，把脏水和小孩

---

[1]　原文"孔子不出三月，复见曰：'丘得之矣。乌鹊孺，鱼傅沫，细要者化，有弟而兄啼。久矣夫丘不与化为人！不与化为人，安能化人！'老子曰：'可。丘得之矣！'"

[2]　《庄子》中只有一次记载老子恶意评论孔子，悖离老子惯例，显然出于后人伪作。

[3]　任继愈，2006. 老子绎读[M]. 北京：国家图书馆出版社：6.

一起泼掉的故事。实则不然，老子常正话反说，以冷静的心态表述其"无为"的哲思。"为无为，则无不治"[1]。这里明确表示"无为"本身就是"为"。老子坚持其自然观，我行我素，面对多变世态，不苟同、不强求，终因时代所限，力有不逮而悄然离去，这并无伤于对他"自然观"的肯定。

孔子比老子约小20岁，精力方盛，在自然观的基础上，面对礼崩乐坏的乱世，力求挽狂澜于既倒，留住人类伦理观的黄金时期，以尽历史责任。这应属孔子人生观本然底色。

孔子作为儒家一员，需执行社会活动的礼乐程序，接触社会面较为广泛，其感受也与老子有所不同。春秋时代，孔子当然不可能认识到人类社会生态系统同属自然本体，但他确认人与社会不可分离，提出了丰富的待人接物之道。孔子在接过了老子自然观的火炬以后，以自然观为其世界观的底线，建立了"泛爱万众而亲仁"《论语·学而》的"仁"的人生观和与之相应的价值观。孔子认识到"仁"是礼乐社会的核心价值。他说："人而不仁如礼何？人而不仁如乐何？"《论语·为政》。这不仅是对哲学的贡献，更是孔子以"仁"为纽带，将自然生态系统和社会生态系统联结为一体，丰富了"自然"的内涵，也为农业伦理学开创一片新领域。

孔子为挽救"自然"这座伦理灯塔免遭灭顶之灾，尽了最大努力。他以虔敬的心态周游列国，寻求施展其自然观的机遇，历经磨难，甚至几次危及生命而未能如愿[2]，于是返回鲁国，实地采访文化遗存[3]，整理礼乐时代的遗风和典籍。孔子穷毕生之精力，以其深厚的文化底蕴，对所有典籍作出透彻解析，阐述其意涵，美修其文词，综述为《诗经》《书经》《礼记》《乐经》载入史册。不妨认为上述四经就是孔子构建的礼乐时代的农业文明"自然观"的多维结构，亦即"自然世界观"的实质内涵。

孔子勤于治学。在当时交通阻梗、典籍散乱，各诸侯国文字尚未统一之时，居然编订散乱各地的竹木简册成为经典专著。其体量之巨大、付出之靡费，孔子竟以一己之力，完成这一划时代的文献整理提炼工作，其艰难情状远非后学可以想象。若非孔子为身高九尺六寸的鲁国巨人，仅搬动如此巨量的新旧简册已为体力所难支，且不说求购、运输的靡费和劳累。仅以编订《诗经》为例，他在各诸侯国收集的大量诗歌简册中选定"思无邪"[4]诗篇三百

---

1　任继愈，2006. 老子绎读[M]. 北京：国家图书馆出版社：9.

2　（西汉）司马迁，《史记·孔子世家》。

3　《论语·八佾》："子入太庙，每事问。"

4　《论语·伪证》："子曰：诗三百，一言以蔽之，曰：思无邪。""思无邪"一语出自《诗经·鲁颂·駉》："思无邪，思马斯徂。"

首，与今天文艺工作者下乡采风相比，其难度之大，无异于"挟泰山以超北海"[1]。

孔子对于早已失传的《乐经》的编订，尤为感人。在"揖让而治天下"[2]的礼乐时代，"乐"的涵义在《礼记·乐记》中多有记载[3]，但其演唱部分，可能由于口耳相授，记谱不够完善而失传。孔子为治《乐经》不辞辛劳，循草蛇灰线以窥探其踪迹。孔子对鲁国的大师乐说了一套"乐"的理论："奏乐的过程是可以知道的：演奏开始，乐声热烈振奋，随着演奏的继续，乐声纯净和谐、清晰明亮、连绵悠长，直到乐曲圆满结束。"[4]孔子从头到尾听了乐师挚的演奏，赞美"洋洋乎！"[5]听了"韶"乐和"武"乐，评赞说《韶》："尽美矣，又尽善也。"谓《武》："尽美矣，未尽善也。"[6]孔子沉醉于"韶"乐的旋律中，甚至"三月不知肉味"[7]。孔子不仅有很高的音乐修养，还亲自操练磬琴等乐器，学习咏唱诗歌[8]。

直到晚年孔子还钻研易经，将编辑书简的皮条磨断三次，并不无遗憾地说："假我数年，若是，我于易则彬彬矣。"[9]

孔子是个敏于思而勇于行的仁者。他痛恨"乡愿"[10]，不能容忍乱象横行的社会现象。他没有止步于对以往文献的整编，于是躬亲作《春秋》，记述东周前半期（公元前770—前476年，历时294年）的历史事件，明其史实、彰其善恶，使操弄丛林法则危害社会者无可遁形，"春秋作乱臣贼子惧"[11]，其社会教化意义历久而弥远。后世把孔子所记录的时代称为"春秋时代"，把孔子文风称为"春秋笔法"，把《春秋》视为经典，原来的"五经"从此增为"六经"[12]。

孔子丰富了老子自然观的学术内涵，东方"自然"之灯塔因之增光。我们很难设想，如果没有孔子对自然观的经典阐述，仅凭老子的五千言，东方

---

[1] 《孟子·梁惠王上》。

[2] 《礼记·乐记》："揖让而治天下，礼乐之谓也。"

[3] 《论语·八佾》。

[4] 陈鼓应译文。原文是"乐其可知也：始作，翕如也；从之，纯如也，皦如也，绎如也，以成。"

[5] 《论语·泰伯》："子曰：'师挚之始，《关雎》之乱，洋洋乎盈耳哉！'"

[6] 《论语·八佾》："子谓《韶》：'尽美矣，又尽善也。'"

[7] 《论语·述而》："子在齐闻《韶》，三月不知肉味，曰：'不图为乐之至于斯也。'"

[8] 《论语·述而》："子与人歌而善，必使反之，而后和之。"

[9] （西汉）司马迁，《史记·孔子世家》。

[10] 《论语·阳货》："乡愿，德之贼也"。

[11] 《孟子·滕文公下》："孔子成《春秋》而乱臣贼子惧。"《史记·孔子世家》（西汉司马迁）："春秋之义行，则天下乱臣贼子惧焉。"

[12] "六经"为《诗经》《尚书》《礼记》《易经》（即《周易》）《乐经》和《春秋》。

自然观对西方工业化世界会有如此大的吸引力。孔子对回归自然的生态文明做出了不可磨灭的贡献。

孔子明白地说："周监于二代，郁郁乎文哉！吾从周。"（《论语·为政》）他用自己的行为和语言清晰表明，其毕生献身于礼乐文明的挖掘、探索与梳理。他是护持王道的忠贞卫士。老子点燃了自然观的火炬，孔子传承薪火坚贞前行，老子和孔子具有同一的自然观哲学思想，属于同一时代的不朽哲人。

然而历史的车轮碾碎了老子与孔子的"自然观"的美梦。老子骑青牛出潼关不知所终。而孔子怀抱自然观的璞玉，不改初心，终老鲁国家园。在他离世以前，发出绝望的叹息："甚矣吾衰也！久矣吾不复梦见周公！"（《论语·述而》）但他的自然观的初心坚如磐石，他说："朝闻道，夕死可矣。"（《论语·里仁》）并且下定了老子那样隐逸于世的决心，"道不行，乘桴浮于海。"（《论语·公冶长》）。老子与孔子选择了同一归宿，道不行，遁世而去。

老子与孔子留下的"自然"世界观和"仁"的人生观将与天地长存、与日月永光。此等大事我国史籍泛称为"黄老之术"。学术源流各有所本，我们对此存而不论。但农业伦理学应以科学事实为依据，如以"老孔之学"取代"黄老之术"，则更为存本真而正史实。

## 五、后孔子时代的历史悲剧

历史竟如此诡谲莫测。老子身后出现了与他本人毫无关系的道教。此事与本文无关，不予涉及。孔子身后则出现了假孔子之名行反孔子"自然观"和人生观的事情，且历史长久，影响深远。此事说来话长，以实例说明可能更为清晰。

现以汉武帝为例。汉武帝为举世公认的有为之君。他对中华民族的巨大贡献无可怀疑（图4）。但他采纳儒者董仲舒设计的文化政策，高举"罢黜百家，独尊儒术"的旗帜，却以"君命天授"说取代了老子和孔子的自然观，更以"君为臣纲，父为子纲，夫为妇纲"的三纲建立了皇权专制的恢恢巨网，笼罩"天下"芸芸众生，摒弃了孔子以"仁"为核心的仁爱万物的人

图4　汉武帝像
（来源：中国历代人物图像集·上，华人德主编，上海古籍出版社，2004）

生观。两千五百年来的皇权时代，虽因皇权的强弱而对农民的压榨轻重不同，但终于确立了霸道取代王道的超稳定格局，诚属中华文明历史的遗憾。

我们不妨以君臣关系来观察王道与霸道的巨大差异。孔子说"君使臣以礼，臣事君以忠。"（《论语·八佾》）。而汉武帝残暴成性，动辄灭族[1]，与"民为贵、君为轻"[2]的孔儒思想更是南辕北辙。汉书酷吏传共列酷吏十四名，而汉武帝一朝就达十名之多[3]。汉武帝以霸道君临天下，世人谑称为"内法外儒"，实则以假乱真，是为学术道德之大忌。以持论平稳见称的司马光也说："孝武穷奢极欲，繁刑重敛，内侈宫室，外事四夷。信惑神怪，巡游无度。使百姓疲敝起为盗贼，其所以异于秦始皇者无几矣。"[4]

中国的皇权体制，继汉武帝的"成功"经验，此后历代帝王无不以此为圭臬，沿袭发展。在中国行之有效的城乡二元结构中，社会的上层少数精英传承了华夏文明精华，创造了大量文化瑰宝，做出时代贡献。但农业丛林法则在皇权社会护持之下猖獗发展，悖反"自然观"和"仁"政的恶果成为我国沉重的历史负担。君臣之礼全然废弃，因忤君罪而被处死者难以计数，降至明代甚至当庭杖责、剥皮致死。清朝满族臣下竟自称"奴才"，而汉人连称奴才的"荣誉"也没有。基层农民的苦难更罄竹难书。后人每当诵读杜甫的"三吏""三别"，白居易的《卖炭翁》《新丰折臂翁》这类写实诗篇时，难忍泪眼模糊，眼前浮现一片悲惨世界。

酷刑与苛政是"乡愿"成长的沃土，以致世风腐朽，国家由盛而衰，沦为全球列强的围猎苑围，国将不国。东汉以后，因北方胡族群体强势南下中原，使超稳定的皇权体制遭受重创，遂有隋唐的崛起。但终难挽救皇权大厦崩塌的历史趋势。1911年辛亥革命爆发，结束了两千多年的皇权政治。"五四运动"高举民主与科学的旗帜，开展了反帝反封建的新时代。思想家鲁迅发出了《呐喊》（1924）。他在《狂人日记》中，借狂人之口，揭露所谓的"仁义道德"背后隐藏着"吃人"[5]二字。鲁迅笔下的"祥林嫂"[6]和《药》的故事[7]可

---

[1]　（西汉）司马迁《史记·酷吏传》。

[2]　《孟子·尽心下》，原文"民为贵，社稷次之，君为轻"。

[3]　（东汉）班固，《汉书·卷九十·酷吏传第六十》。

[4]　（宋）司马光，《资治通鉴》："汉纪十四世宗孝武皇帝下之下。"

[5]　鲁迅："我翻开历史一查，这历史没有年代，歪歪斜斜的，每页上都写着'仁义道德'几个字。我横竖睡不着，仔细看了半夜，才从字缝里看出字来，满本都写着两个字'吃人'！"。鲁迅小说《狂人日记》，鲁迅全集，第2卷[M]. 北京：光华书店，2005: 447.

[6]　鲁迅小说《祝福》中的人物，见鲁迅先生纪念委员会编，1948. 鲁迅全集 第2卷[M]. 北京：光华书店：139-162.

[7]　鲁迅，2014. 鲁迅全集 编年版，共10册，此为第1册. 北京：人民出版社：659-669.

为"吃人"脚注（图5）。但此后皇权政治的余绪仍暗流涌动，远未彻底清除。延至20世纪60年代，暴发了影响全国政治经济生活的"文化大革命"，使国家经济濒临崩溃。

我们农业伦理学界对这一重大历史事件有必要深刻反思，深入观察农业中国的历史图景，追本溯源，"文革"之祸的思想源头应始于汉武帝。他采用董仲舒改造过的儒家学说，以"君命天受"和"三纲"为治国纲领，将中国置于两千多年的皇权社会陶冶之下，后果严重。因此，"文化大革命"在我国发生，其源头为农业中国的皇权传统未能彻底清除，新的现代伦理观还没有来得及成长茁壮。我们的经济建设几十年走完了发达国家几百年的路，足以自豪。但文明建设并没

图5　祥林嫂
（来源：《祝福》评析，蔡晓峰编著，
辽海出版社，2019）

有得到相应发展，其远比经济建设艰难得多。我们几个小时可把一个农民从物质层面打扮成将军，但其毕竟难脱农民本质。不能奢望我们背负农耕文明来做工业文明和后工业文明时代的主人，遑论下一步的生态文明建设。历史唯物论告诉我们，社会由此一文明过渡到彼一文明，是时代的更迭，应逐步蜕变而成，可以加快，但不能躐等。我们必须老老实实、拾阶而上，补足工业文明和后工业文明的功夫，成为具有时代文明精神内涵的新时代主人。"中学为体，西学为用"的清末洋务观点，和"先破后立"的"文革"观点，都是行不通的。这是"文革"本身和两个中央文件精神对我们的重要提示，也是我们农业伦理工作者紧要的补课命题。

历史在前行。每个时代，都有自己的核心思想。老子与孔子时代的世界观被后来的非老、非孔世界观所取代，是史之常规，可以理解。汉武帝以前，鉴于秦王朝行法家暴政，而兴亡于倏忽之间，遂改辙"黄老之术"，实即"老孔之学"的王道政治，汉景帝和汉文帝时国富民安，是为后世称道的"文景之治"。

汉武帝力求国势振拔，采纳董仲舒的"天人三策"[1]，建言"罢黜百家，独尊儒术"的文化政策，实施以"君命天授"和"三纲"[2]为本的治国方略，使

---

[1] 元光元年，汉武帝更化鼎新，诏举贤良，董仲舒连上三篇策论答，因首篇专谈"天人关系"，故史称"天人三策"。

[2] 《论语注疏解经卷第二·孟子注疏》："君为臣纲，父为子纲，夫为妻纲。"

政治文化生态骤变。此后皇权至上，老子与孔子的"自然"世界观和"仁"的人生观黯然失色。中国农业社会从老子与孔子时代的王道转入皇权时代的霸道，华夏文明从此发生向背之别的大转折。因此，我们建议将儒家分为"孔子儒"及"后孔子儒"两个阶段，董仲舒可为两个阶段的分界线。其用意仅仅为了科学述事，并没有对两者评价的涵义。

何况，即使后孔子儒创始者董氏儒家，也将随其依附的皇权兴衰和时代更迭而蜕变，衍发若干新阶段，即我们现在所说的新儒学。此属儒家内部之衣钵传承，内涵繁富，本文不遑、也无力涉及。

## 结束语

老子创立了"自然"一词和与之相偕发生的自然观。孔子则穷毕生之力，体悟、捍卫并充实其内涵。孔子建立了"仁"的人生观，将自然生态系统与社会生态系统融入"自然"本体，在哲学领域做出开拓性贡献，也为农业伦理学开辟了一片新天地。春秋晚期，华夏出现老子与孔子智慧双星，他们共同构建了人类文明的"自然"之灯塔，让古老中国的"自然观"一度炫耀长空。此为中华民族的骄傲。

老子本人是绝佳的述事者，如飞龙在天，以诗的韵律，函虚的语言，盘桓炫舞于宇宙间，向世人宣讲其自然观的朴素哲理，如今已化为七十三种语言广布全球。

孔子承袭了老子的自然观，并穷毕生之力，探幽发微，将自然观从诗、书、礼、易、乐五个维度，梳理阐发，即世称的五经，此为孔子对礼乐时代的文化表述。他著《春秋》鞭挞霸道，宣扬王道，"春秋作乱臣贼子惧"。但终因"道不行"，怀抱其自然观的儒家思想饮恨长逝。此后儒家分为"孔子儒"和与之大有区别的"后孔子儒"。但后世不仅将两者混为一谈，更有以后者掩盖前者的趋势。我们有责任强调，孔子以自己的言行证明他是老子"自然观"的传薪人，是终生不渝致力于礼乐时代的仁政建设者、王道建设者，岿然独立于丛林法则浊流的中流砥柱。他高喊"吾从周"以自外于后来的儒者。

本文不涉及老子与孔子的整体学术思想，旨在说明两者同循历史发展规律，高筑"自然"之灯塔，服膺礼乐时代的王道，厌弃礼崩乐坏后的霸道。在礼崩乐坏的乱世，老子与孔子都明白宣示，"道"不行，即决然遁世而去，绝不苟同于霸道。

纵观人类社会的农业伦理观发展史，游戏规则与丛林法则相互纠缠，在游戏规则的护持下，既创造了代表该时代的文明瑰宝，也在丛林法则的干扰下，留下一些反文明行为的恶果。

老子与孔子颂扬的礼乐时代，处于农业文明初期，生存所需的衣食等物质需求已基本满足，于是以游戏规则为依据，创建了与游戏规则最为接近的礼乐系统。尽管不时受到农业丛林法则的干扰，但未能动摇其"五经"文化的多维结构，树立了人类文明的第一座"自然观"灯塔。当我们以科学史为据讲述农业伦理学这门学科时，不得不将"自然观"灯塔建造者，正名为"老孔之学"，而非"黄老之术"。我们对孔子高度尊崇，后世对孔子政治思想视为保守的定论，应属误解。更有甚者，将孔子重起于九泉之下，作为皇权霸道的象征而顶礼膜拜，是对孔子极大的不敬。

礼乐时代之后，"后孔子儒"伴随皇权时代而兴起，在皇权的支持下，农业丛林法则大行其道，社会两极分化严重。秉承游戏规则的少数社会精英，承袭老、孔时代的若干有益文化基因，在文学、艺术、哲学、美术、数学、天文、历法等方面取得了历史性进展，是为人类文明之瑰宝。同时，处于社会底层的绝大多数农民所承受的灾难则罄竹难书。当我们为华夏皇权帝国以数千年GDP稳居世界顶峰而自豪时，应勿忘这都是华夏底层农民的血泪与骨肉的堆积。"后孔子儒"伴随皇权政治，其思想影响既深且远。他们培育了深厚的"乡原"沃土，建立了超稳定的皇权至上的圣殿。我国发生的"文化大革命"即为令人难忘的历史教训。

工业化时代，人类社会进入工业文明。继欧洲的文艺复兴而发生工业革命，以精神的与物质的双手，把人类文明推入工业文明新阶段。倡导自由、平等、博爱，重契约、乐互助等理念高调入世，工业文明的历史功绩不容磨灭。但其思想根砥在"征服自然"，将达尔文的物种进化论异化为"达尔文主义"，于是弱肉强食的工业丛林法则被"理性"认同，远离"自然"与仁爱，霸凌现象迭出，贩卖黑奴，消灭印第安人等土著种族，热战与冷战交替登场，与此同时爆发了危及全球的生态危机。回归自然成为后工业化时代的唯一出路。

中国作为农业古国，有幸经历了农业时代、工业时代到后工业时代的全过程。在这漫长的三千年中，老、孔树立的自然观文明之灯塔被皇权时代的丛林法则挤出历史舞台，旋遭继起的工业丛林法则残暴践踏，中华民族长期陷于历史灾难之中。

毕竟历史在前进，今天，后工业文明时代，登上伦理观高峰的人类，视野远比以往宏阔而高远。经过三千年的游戏规则与丛林法则的纠缠，人类文明的文化基因，老、孔的"自然"世界观和"仁"的人生观终于复

苏。尊重"自然"、回归"自然"的呼声难以遏制，生态文明的自然观正在成为世界共识。

历史新契机已经到来，生态文明的建设已经起步，三千年前老子与孔子的自然观将螺旋上升而回归世界。他们辛勤营造的"自然"之灯塔将再次屹立于世界的东方，照亮人类新的航程，走向生态文明。

我国农业工作者应善用际遇，发挥专业特色，做出新的历史贡献。

# 农业文明、工业文明与生态文明

卢　风

（清华大学哲学系）

如果我们把"文明"等同于人类学家所说的"文化"，那么可以说，人类文明的演变已经历了原始文明、农业文明，如今处于工业文明阶段。如果我们认同摩尔根的观点，认为"文字的使用是文明伊始的一个最准确的标志"[1]，那么，就会进而认为，所有的原始社会都不能算是文明。这样，我们就只好说，人类文明已经历过农业文明，如今仍处于工业文明阶段。自20世纪六七十年代始，越来越多的有识之士意识到，工业文明在取得了炫目成就的同时，已暴露出其深重危机。蕴含生态学的复杂性科学和全球性生态破坏、气候变化的事实都表明，工业文明是不可持续的，人类文明亟待转型，人类必须走向生态文明，抑或后工业文明，才能谋求真正的可持续发展。本文将通过比较农业文明与工业文明的得失优劣，探讨建设生态文明或后工业文明的必要性和可能性，并展望生态文明或后工业文明的愿景。

## 一、农业文明及其得失

对于农业文明诞生之前的原始社会以及现今尚存的原始社会，不同的人类学家给出了不同的描述和评价。原始社会也常被称作狩猎采集社会。据有些人类生态学家看：人类用狩猎采集技术只能获取生态系统生物产量总数的很少部分用作自己的食物。在这种情况下，生态系统对人类的承载力和对其他动物的承载力没有多大差别，人类的人口（即种群数量）也不比其他动物的种群数量大。人类就生活在生态系统之中，消费的生物量只占生态系统生物产量的0.1%[2]。也就是说，狩猎采集者对自然生态系统几乎没有什么破坏作用。英国学者克里夫·庞廷（Clive Pontine）说："采集和狩猎的生存方式非常

---

[1] [美] 路易斯·亨利·摩尔根，1995. 古代社会 [M]. 杨东莼等译. 北京：商务印书馆：30.

[2] Gerald G Marten, 2001. Human Ecology: Basic Concepts for Sustainable Development [M]. London: Earthscan: 27.

稳定，持续了很长时间。在几十万年中，它是人类能够从自然环境中获取必要生活资料的唯一方式。"[1] 庞廷还说，采集和狩猎是人类采用的"最为成功、最具灵活性，也是对自然生态系统损害最小的生存方式。"[2]

以色列历史学家尤瓦尔·诺亚·赫拉利（Yuval Noah Harris）对采集狩猎社会的舒适幸福十分赞赏，但不认为采集狩猎社会造成的生态破坏微不足道。他在《人类简史》[3]一书中描写了45000年前智人到达澳大利亚后所造成的巨大生态破坏：

人类首次登上澳大利亚沙滩，足迹随即被海浪冲走。但等到这些入侵者进到内陆，他们留下了另一种足迹，而且再也洗刷不去。他们推进的时候，仿佛进到奇特的新世界，满眼是从未见过的生物。有200千克重、2米高的袋鼠，还有当时澳大利亚最大型的掠食者袋狮(marsupial lion)，体形就像现代的老虎一样大。树上有当时大到不太可爱的无尾熊；平原上则有不会飞的鸟在奔驰，体形足足是鸵鸟的2倍；……森林里有巨大的双门齿兽(Diprotodon)在游荡，外形就像袋熊，不过体重足足有2.5吨。除了鸟类和爬行动物之外，澳大利亚当时所有的动物都是像袋鼠一样的有袋动物。有袋哺乳动物在非洲和亚洲几乎无人知晓，但它们在澳大利亚却是最高的统治阶级。

但不过几千年后，所有这些巨大的动物都已消失殆尽。在澳大利亚当时24种体重在50千克以上的动物中，有23种惨遭灭绝，许多比较小的物种也从此消失。整个澳大利亚的生态系统食物链重新洗牌，这也是澳大利亚生态系统数百万年来最重大的一次转型。智人是不是罪魁祸首？[4]

其实，我们不必把智人指责为罪犯。人之为人注定要发明、使用并改进技术，从而注定要能动地改变自然物和自然环境。人不可能仍像非人动物那样本能地服从自然规律（包括生态法则）。换言之，人类自从超越于非人动物之后，人为与自然之间的张力就产生了。庄子说："牛马四足，是谓天；落马首，穿牛鼻，是谓人。"人为，即用技术改变自然物或自然环境；自然，即一切事物之未被人干预的自在状态。人为与自然之间的张力只会随着人类社会的演变和发展而不断消长，而绝不会被彻底消除。对人类生存和发展最重要的是，不能让这种张力无限增长，而最终导致地球生物圈的毁灭，从而使人类失去基本生存条件。琴弦绷得过紧会断，过松则奏不出乐音。人与自然之

[1][2] [英]克莱夫·庞廷，2002. 绿色世界史：环境与伟大文明的衰落[M]. 上海：上海人民出版社：41,21.

[3]　这本书的影响力巨大。北京大学历史系教授高毅说，"此书在2012年以希伯来文出版，很快就被翻译成近30种文字，不仅为全球学术界所瞩目，而且引起了公众的广泛兴趣。"（参见《人类简史》中译本推荐序）

[4]　[以色列]尤瓦尔·赫拉利，2014. 人类简史：从动物到上帝[M]. 林俊宏译. 北京：中信出版社：65.

间的张力过大，自然生态系统会崩溃，完全没有张力则意味着人尚未超越非人动物，即人尚未诞生。人类只能生存于人为与自然的张力之中。多大张力是适度的？这是21世纪的人类必须追问、探究的。

农业文明的问世是人类史上的伟大革命，被人类学家称作农业革命（非就产业而言，就整个人类史而言）。农业革命彻底改变了狩猎采集社会的生产生活方式。经过农业革命，人类能够自己创造生产粮食的小生态系统。最早、最简单的农业出现在12000年前的中东地区。人们帮助自己居住地附近的野生植物生长，以用作食物，从而使采集食物变得简易。他们选择并逐渐驯化某些有可欲性状的植物，例如，可食用部分较大、较易于加工食用的植物。他们也驯化了一些可以吃的野生动物。用这种方式人们提高了生态系统产量中可供人类消费的比例，也提高了生态系统对人类的承载力。[1]

人们通常认为，从狩猎采集社会到农业社会是一种伟大的进步，农业革命是人类的"大跃进"。进入农业社会，人越来越聪明，解开了大自然的秘密，能够驯化绵羊、种植小麦，等等。因而，人类放弃了狩猎采集的艰苦、危险、简陋，能够定居下来，享受愉快而饱足的生活。但在赫拉利看来，这种说法并不真实。他说：并没有任何证据显示人类越来越聪明。早在农业革命之前，采集者就已经对大自然的秘密了然于胸，毕竟为了活命，他们不得不非常了解自己所猎杀的动物、所采集的植物。农业革命所带来的非但不是轻松生活的新时代，反而让农民过着比采集者更辛苦、更不满意的生活。狩猎采集者的生活其实更为丰富多变，也较少会碰上饥饿和疾病的威胁。农业革命增加了人类的食物总量，但量的增加并不代表吃得更好、过得更悠闲，反而只是造成了人口爆炸，而且产生出一群养尊处优、娇生惯养的精英分子。普遍来说，农民的工作要比采集者更辛苦，而且到头来的饮食还要更糟。农业革命可说是史上最大的一桩骗局[2]。赫拉利甚至认为，狩猎采集者的生活不仅比农业革命之后人们的生活"更舒服""也更有意义。"[3]

赫拉利的观点比较偏激。狩猎采集者关于野生动植物和荒野的具体知识肯定比农民更丰富，但农民具有狩猎采集者所没有（当然他们也不需要）的知识，如关于天象、农时、农作的知识。说狩猎采集者比农业文明中的农民更舒服或许可信，但农业文明出现了"一群养尊处优、娇生惯养的精英分子"，他们创造出了灿烂的远比原始文化复杂丰富的文化。于是，

[1] Gerald G Marten, 2001. Human Ecology: Basic Concepts for Sustainable Development [M]. London: Earthscan: 27.

[2,3] [以色列] 尤瓦尔·赫拉利, 2014. 人类简史：从动物到上帝 [M]. 林俊宏译. 北京: 中信出版社: 79, 50.

总体上说狩猎采集者的生活比农业文明中人们的生活"更有意义"，只是一种臆断。

与原始社会比较，农业文明最让人觉得不舒服的方面便是社会阶级和等级的出现，以及与之相伴的财富分配的严重不公。用历史唯物主义的方法分析就是：农业文明由于生产力的发展而有了产品的剩余，从而出现了不事体力劳动的剥削阶级和统治阶级，他们靠人数众多的劳苦大众供养。在今天看来，贫富悬殊，"朱门酒肉臭，路有冻死骨"，是农业文明最令人痛心的黑暗面。英国著名历史学家、人类学家艾伦·麦克法兰（Alan Macfarlane）说："一切农耕文明(agrarian civilizations)都有一些巨富之家。在印度、中国、法国等地，长期以来总有一小撮锦衣玉食的富豪，住在他们的豪宅中，坐拥他们的宝藏。但是他们通常被一个悲惨的农民阶层所包围，这些农民吃着最不堪的粗粮，住着简陋的茅屋，穿着褴褛的衣裳。"[1]任继周院士对中国社会"城乡二元结构"之形成和演变的分析和反思，就包含对中国传统农业文明严重分配不公的批评。[2]

尽管农业社会贫富悬殊、等级森严，但其伦理思想已包含了现代人最为重视的价值观——人道主义。现代人道主义思想有多种表述形式，康德哲学无疑是其中影响最大者。其要点可约略概括为二：①人的价值远高于非人事物的价值；②无论男女老幼、富贵贫贱、残疾病弱，每个人的生命都是宝贵的。农业文明已孕育出人道主义的萌芽，以下以中国古代伦理为例略加说明。

《论语》记载，"厩焚，子退朝，曰：'伤人乎？'不问马。"可见，孔子认为，人的价值远高于马的价值。荀子说："水火有气而无生，草木有生而无知，禽兽有知而无义，人有气、有生、有知，亦且有义，故最为天下贵也。"可见，作为中国古代主流意识形态的儒家认为，人的价值远高于非人事物的价值。

《礼记》中已提出这样的理想："人不独亲其亲，不独子其子，使老有所终，壮有所用，幼有所长，鳏、寡、孤、独、废疾者皆有所养"。这一思想在今天看来极为平常，却标志着文明对自然的重要超越。在自然界没有任何非人动物能够让所有的个体"皆有所养"。一只青蛙产下受精卵后所孵化出的大量蝌蚪能存活的寥寥无几，这是由生态规律决定的。其他非人动物也类似。狩猎采集者也不敢指望"鳏、寡、孤、独、废疾者皆有所养"。事实上，在原始社会，如果有人年老力衰或是有肢体残疾，无法跟上部落的脚步，就会遭到遗弃甚至杀害。如果婴儿和儿童被视为多余，他们就可能被杀[3]。文化发展到

---

1　[英] 艾伦·麦克法兰，2013. 现代世界的诞生 [M]. 管可秾译. 上海：上海人民出版社：75.
2　任继周，2018. 中国农业伦理学导论 [M]. 北京：中国农业出版社：4-9.
3　[以色列]尤瓦尔·赫拉利，2014. 人类简史：从动物到上帝 [M]. 林俊宏译. 北京：中信出版社：53.

一定的高度才可能萌生人道主义。

欧洲中世纪的基督教伦理也包含了人道主义理想。[1]

我们不妨把"鳏、寡、孤、独、废疾者皆有所养"的理想称作弱平等主义的人道主义（以区别于现代康德学派所表述的强平等主义的人道主义）。提出这种理想是一回事，实现之则是另一回事。事实上，农业文明根本没有实现这一理想。在农业文明中，人道主义还只是一个"画饼"。原因约略有三：①生产力水平仍不够高，剩余产品不多；②统治阶级过多占有剩余产品，分配严重不公，以至"朱门酒肉臭，路有冻死骨"；③文化教育远没有普及，文盲占人口的多数，这使精英阶层确信："唯上知与下愚不移"，同时也使劳苦大众容易接受："无君子莫治野人，无野人莫养君子"。

我们说农业文明的生产力水平仍不够高，是相对于工业文明生产力水平而言的。对比狩猎采集社会，农业文明则大大提高了生产力。青铜器和铁器的使用大大增强了人为与自然之间的张力。统治阶级的奢侈需要和人口的增长，都要求不断开垦荒地、砍伐森林、兴修水利、大兴土木（包括建宫殿和陵墓），所以必然加大对生态环境的破坏。

中国古代黄河流域的变化，可作为农业文明生态破坏的例证。黄河直到大约两千年以前才开始叫"黄"河，之前仅被称为"河"。导致黄河变色的最可信的原因，是秦汉两代农耕在西北部的推广。为发展农业，覆盖中游沿岸广大地区的草地被清除；为满足都城的木材需要，西北部东南方向的温带森林被砍伐。土壤侵蚀伴随着悬浮沉积物的沉淀，使黄河河床升高，超出了周围的平原，只有靠人工堤坝才能稳住河床。没有堤坝，河岸会不时地溢洪。当溢洪减弱，其裹携力也就下降，负载的泥沙就被倾卸在洪泛区。直到最后，这条河总会决堤改道，从而水患连绵。[2]

农业文明虽然大大增强了人为与自然之间的张力，但与工业文明形成的张力比较，仍是小巫见大巫。如今我们视绿色产品为贵，农业文明的农桑产品才是地道的绿色产品。工业文明大量使用煤、石油、天然气、铀等矿物能源，故造成了严重的环境污染，导致了全球性的气候变化。农业文明主要通过帮助农作物生长，利用太阳能而生产农桑产品（赞天地之化育）。其优点是不造成环境污染，且产出真正的绿色产品。其缺点是效率低下，依赖于众多农民的辛勤劳动，广大农民终岁劳苦，面朝黄土背朝天，供统治阶级奢侈消费之后，自己所剩无几，难得温饱。

[1] [美]查尔斯·L.坎默，1994.基督教伦理学[M].王苏平译.北京：中国社会科学出版社：97-98.
[2] [英]伊懋可，2014.大象的退却：一部中国环境史[M].梅雪芹，等译.南京：江苏人民出版社：27.

农业文明的重要成果包括：①赞天地之化育的农桑技术；②提出弱平等主义的人道主义；③有闲阶级创造了灿烂的文化（包括哲学、宗教、文学、绘画、音乐、雕塑等）。农业文明最不可容忍的黑暗面就是分配严重不公，是统治阶级对劳苦大众的残酷剥削和压迫。

## 二、工业文明及其得失

欧洲（主要是英国）的产业革命掀开了人类文明史新的一页：人类开始由农业文明踏入工业文明。工业文明主要是由资产阶级引领的文明。"工业革命是自从农业被发现以来，人类历史上最大规模的物质和经济改革。"[1]马克思、恩格斯在《共产党宣言》中说：资产阶级仿佛有了"法术"，"它在不到一百年的阶级统治中所创造的生产力，比过去一切世代创造的全部生产力还要多、还要大。自然力的征服、机器的采用、化学在工业和农业中的应用、轮船的行驶、铁路的通行、电报的使用、整个大陆的开垦、河川的通航，仿佛用法术从地下呼唤出来的大量人口——过去哪一个世纪料想到在社会劳动里蕴藏有这样的生产力呢?"[2]

资产阶级所用的"法术"不过就是现代科学技术。蒸汽机的发明使得人们可以大量使用埋藏在地下的煤，后来内燃机的发明又使得人们可以使用石油、天然气，等等。机器的发明和大量矿物能源的使用，极大地提高了物质生产力。如史蒂芬·平克（Steven Pinker，被誉为"世界顶尖语言学家和认知心理学家"）所言，"随着工业革命带来的煤炭、石油和水力等可用能源的井喷式发展，它将人类从贫困、饥饿、疾病、文盲和早夭中解救出来。"[3]

文明的发展就是对非人动物生存状态的超越。这种超越既是技术方面的超越，也是社会道德理想方面的超越，而且这两方面是密不可分的。如前所述，在农业文明时期，人类已提出了人道主义理想，但那时既没有实现这一理想的物质条件——足以养活每一个人的物质资料，又没有尽可能实现这一理想的制度体系。那时，为了确保统治阶级的奢侈豪华生活，只能让广大劳动人民既终岁劳苦，又啼饥号寒。人道主义理想必须等到工业文明的到来才可能得以实现，因为只有在生产力大发展和物质丰裕的社会条件下，才可能

---

[1] ［英］艾伦·麦克法兰，2013. 现代世界的诞生 [M]. 管可秾译. 上海：上海人民出版社：34.

[2] 中共中央马克思恩格斯列宁斯大林著作编译局，2009. 马克思恩格斯文集第2卷 [M]. 北京：人民出版社：36.

[3] ［美］史蒂芬·平克，2019. 当下的启蒙：为理性、科学、人文主义和进步辩护 [M]. 侯新智，等译. 杭州：浙江人民出版社：24.

做到"鳏、寡、孤、独、废疾者皆有所养"，进而能够宣告："人人生而自由，在尊严和权利上一律平等。"[1]

虽然早期资本主义工业文明的发展既伴随着对工人阶级的残酷剥削，又伴随着殖民主义的血腥暴行，但物质生产力的大发展、民主法治的建构、教育的普及，特别是"二战"之后西方发达国家民主法治的改善和福利社会的建设，都是人类文明发展的积极成果。

史蒂芬·平克在《当下的启蒙：为理性、科学、人文主义和进步辩护》（*Enlightenment Now: The Case for Reason, Science, Hamanism and Progress*）一书中对工业文明的成就做了较为全面的概括。工业文明的主流意识形态就是源自欧洲启蒙运动的现代性思想。20世纪下半叶以来，反思现代性成为西方的一种重要思潮。《当下的启蒙：为理性、科学、人文主义和进步辩护》一书则努力"用数据说话"[2]，竭力为现代性辩护。平克说："……尽管人性存在种种缺陷，但只要人类能设计出各种原则和体系，将局部利益引导为普遍利益，那人性也包含了自我完善的种子。这些原则包括言论自由、拒绝暴力、合作精神、世界主义、尊重人权，以及承认人类天生容易犯错。这些体系包括科学、教育、媒体、民主政府、国际组织和市场。……它们也正是启蒙运动最主要的精神成果。"[3] 平克所说的启蒙运动的成果也就是工业文明的成果。该书对工业文明的长处有较为详尽的列举和说明，不在此赘述。

我们显然不能认为工业文明已尽善尽美，也不能认为人类只能沿着工业文明的轨道一往无前。

到了20世纪下半叶，工业文明所创造的物质财富若按人道主义原则公平分配，已足以确保全人类每一个人的温饱。但是资本主义仍在很大程度上沿袭了农业文明的不公平——一小撮精英（主要是商业精英）过多地占有财富，他们与占人口多数的平民的收入差距过大。全球各地区、各国发展的不平衡，殖民主义时期工业化国家对非工业化国家的剥削，以及今日跨国资本对发展中国家的剥削，使发展中国家还存在大量的饥饿人口。

在马克思、恩格斯生活的时代，分配不公、阶级压迫和剥削，是工业文明最突出的矛盾。到了20世纪六七十年代，工业化国家内部的阶级矛盾有所缓和，而从原始社会就开始积攒的人为与自然之间的张力逐渐引起了有识之士的注意和深思。

由于原始人采取狩猎、采集的生活方式，所用的技术最为简单，技术改

[1] 联合国, 1948. 世界人权宣言。
[2,3] [美] 史蒂芬·平克, 2019. 当下的启蒙：为理性、科学、人文主义和进步辩护 [M]. 侯新智，等译. 杭州：浙江人民出版社：6, 29.

进极其缓慢，所以，在漫长的原始社会时期（历时几十万年），人为与自然之间的张力积攒得最慢。农业文明的技术比狩猎、采集时代的技术发达，但古代农业技术是绿色技术（用今天的标准衡量），所以，农业文明虽然因为大面积垦荒、大面积单一种植、砍伐森林、大兴土木等原因，而破坏了自然生态，加快了人为与自然之间张力的积攒，但仍没有把张力推向极限。农业文明仍有较强的韧性和可持续性，它延续了上万年。正因为工业文明像施魔法似地加快了技术创新，极大、极快地提高了物质生产力，它也在短短的300多年内，把人为与自然之间的张力推进到了极限。尽管工业文明有平克所说的那些长处，但它似乎有一个致命的短处：它是不可持续的。

2009年，瑞典环境研究所所长J.罗克斯特勒姆(J.Rockström)与28位环境科学和地球系统科学专家组成了一个专家组。专家组确定了9个对人类生存至关重要的"地球生命支持系统"，并对目前人类的消耗水平和系统的"临界点"进行了量化和评估。研究人员警告称，一旦9个临界点全部或大部分被突破，人类生存环境将面临"不可逆转的变化"。相应于9个系统有9种极限：生物多样极限、臭氧减少极限、化学污染极限、土地使用极限、氮磷循环极限、淡水消耗极限、海洋酸化极限、气溶胶浓度极限、气候变化极限。经研究，专家组告知公众：在9个极限（临界点）当中，现今人类社会已经超出3个，濒临3个，还有2个无法评估，最后只剩一个好消息：我们拯救了臭氧层。[1]

此类研究仍在继续，这正是对人为与自然之间适度张力的探究。不突破极限是张力适度的必要条件。也正因为人类活动已突破了地球系统的若干极限，环境污染、生态破坏和气候变化问题才成为如今最令人担忧的问题。许多志士仁人在探讨人类文明的出路，在寻找真正的文明可持续发展之路。生态文明论就是在这样的背景下提出来的。

## 三、生态文明抑或后工业文明的愿景

在诊断工业文明之不可持续的症候时，从不同的视角会看到不同的症结。

从能源方面看，工业文明把人为与自然之间的张力迅速推向极限而导致文明可持续性危机的直接原因是大量使用煤、石油、天然气、铀等矿物能源。工业文明的"经济体系是一个由化石燃料创造的、完全依赖燃烧化石燃料的

---

[1]　莫杰，2014.地球进入"透支"生态超载时期[J].科学，66(3): 45-47.

全球经济"[1]。全球性的环境污染、生态破坏和气候变化与人类大量使用化石燃料直接相关。就此而言，走出危机的出路在于"能源革命"——由使用化石能源逐步走向使用太阳能、风能等可再生能源。确切地说，出路在于技术革命和产业革命，必须用绿色技术和绿色产业取代原有的严重污染环境、影响气候的产业。

从社会制度方面看，坚持现代性（无论是马克思主义还是自由主义）立场的人们正确地认识到，源自农业文明的分配不公和贫富悬殊是节能减排、环境保护的严重障碍。全球1%的富人掌握的财富与其余99%的人一样多，而最富62个人的财富可抵36亿穷人的财富之和。令人惊讶的还有财富集中的速度：2010年，大约388个最富的人的财富可抵全球最穷人口财富的一半，到了2014年这一数字就只有80个，2015年更减少为62个[2]。巨富及其亲属们难免穷奢极欲，而中等阶级往往羡慕他们的穷奢极欲，于是物质消费的攀比不可遏止，"大量生产、大量消费、大量排放"的生产－生活方式难以改变。世界上还存在大量的饥饿人口。按资本主义的方式消除贫困，可能会未等到全球人口脱贫，地球生态系统就已趋于崩溃。

从信仰、世界观、价值观和道德方面看，许多思想家都发现了源自农业文明且被工业文明所强化的人道主义的错误，后来的批判者称迄今为止的人道主义为人类中心主义。利奥波德、施韦泽、阿伦·奈斯、林·怀特、克里考特、罗尔斯顿等都对人类中心主义进行了深入的反思，这种反思已产生广泛的影响。对人类中心主义的反思同时涉及对现代科学思维方式——还原论——的反思，这与生态学的兴起休戚相关，也深受复杂性科学的支持。但是，对人类中心主义的批判不是对人道主义的断然否定，而只是指出，人类不可把自然当作异在的他者加以征服，应该把整个地球生物圈都当作一个共同体；要求尊重每一个人的权利没有错，但若为此而肆意灭绝地球上的其他物种，则会导致地球生物圈的崩溃，从而使人类自身失去其生存必需的家园。

人们还可以从其他方面去诊断工业文明之不可持续的弊病。就以上三个方面的诊断看，可以说三种诊断都对。但是，如果只强调其中一个方面而否定其他方面，就都失之于片面。工业文明不可持续的根本原因是，它把人为与自然之间的张力推向了极限。如今，全人类所要做的是，缓解这种张力，使之回复到无损地球生物圈健康的限度内。

---

[1] [加]娜奥米·克莱恩, 2018. 改变一切：气候危机、资本主义与我们的终极命运[M]. 李海默, 等译. 上海：上海三联书店：47.

[2] 青木, 辛斌, 柳玉鹏, 等, 2016. 惊人贫富分化令世界担忧[J]. 报刊荟萃, 380(3): 56.

如何做到这一点？回到赫拉利所赞美的狩猎采集社会是不可能的，回到田园诗般的农业文明也是不可能的。文明只能发展[1]，不可能后退（虽然有可能毁灭）。但发展方向是可以改变的。

工业文明的发展方向是，不断追求物质财富的增长，不断增强征服自然的力量（在宏观和微观两种尺度上同时快速增强），让人类生活环境越来越人工化。它在短短的300多年内，就把人为与自然之间的张力推至极限，与其发展方向直接相关。这个发展方向的目标就是迅速增强人为的力度，努力实现人对自然物和自然环境随心所欲的控制。改变文明的发展方向，才可能缓解人为与自然之间的张力，谋求真正的可持续发展。

文明之发展源于人对无限或意义的追求。有限性植根于人性的深处，但人又追求无限[2]。可见，人是追求无限的存在者。追求无限也就是追求人生意义。人们对人生意义的理解就体现为人们价值观、人生观、幸福观的总和，这种理解又与世界观密切相关。创新和发展就源自人的意义追求。从根本上讲，扭转文明的发展方向就是改变人们对人生意义的理解，即改变世界观、价值观、人生观、幸福观。这种根本上的改变必然会导致技术和制度方面的改变，因为人们革新技术、改变制度的努力总是受一定思想观念的制约。

每个人对人生意义的理解无疑蕴含于其信仰。在工业文明期间，人们有了信仰自由，信仰多样化了。但由于"万物皆商品化"[3]，故货币的魔力被空前凸显了。这便使物质主义和拜金主义侵蚀或浸润了每一种宗教信仰，以至于物质主义和拜金主义成了主流信仰，虽然没有几个人公开承认自己是物质主义者或拜金主义者。换言之，在工业文明时期，多数人对人生意义的理解都或多或少是物质主义的，或说多数人的信仰都是特定宗教或"主义"（如基督教、佛教、自然主义等）与物质主义的交织或混杂。

在现代民主法治社会，人们把信仰归入私人领域，把立法和公共政策的制定归入公共领域。物质主义却横贯两个领域，既影响了立法和公共政策的制定，又构成激励人们行动的价值观、人生观和幸福观。物质主义在公共领域的巨大影响是通过塑造现代发展观而实现的。现代发展观中的"发展"非指汤因比所说的人的精神的"升华"，也非指社会的综合性改善，而指以经济增长为标志的社会变化，而经济增长又以物质财富增长为标志。这种意义的

---

[1]　这里的"发展"非指以经济增长为根本标志的现代意义上的"发展"，而指社会的综合性改善。

[2]　John Cottingham, 2003. The Meaning of Life[M]. Lodon and New York: Routledge:52-53.

[3]　[美]伊曼努尔·华勒斯坦,1999. 历史资本主义[M]. 路爱国, 等译. 北京: 社会科学文献出版社:3.

发展已成为"现代宗教的一个元素"[1]，且已成为一种全球信仰。物质主义价值观塑造了现代物质主义的发展观。物质主义的价值观和发展观指引了工业文明的发展方向。扭转工业文明的发展方向就是要把物质主义价值观真正安置于私人领域，让它只可能成为极少数人的价值观，且彻底摈弃物质主义发展观，即不让物质主义影响立法和公共政策的制定。

比较一下工业文明与农业文明的价值导向差异，对于探究文明发展的合适方向，不无教益。农业文明的宗教或主流意识形态指引人们以追求精神价值的方式追求人生意义，因而与工业文明的物质主义大相径庭。

欧洲中世纪最有影响力的神学家是托马斯·阿奎那。在阿奎那看来，人生的意义不可能是财富，因为财富只是我们用以获取其他东西的工具。也不可能是荣誉，因为荣誉只是我们实现了其他的善的结果，所以荣誉本身不可能是终极的善（the ultimate good）。同理，也不可能是名声，因为名声既可以是做善事的结果，也可以是做坏事的结果。也不可能是权力，因为权力只是从属于目的的手段，它可以从属于善的目的，也可以从属于恶的目的。也不可能是快乐，因为快乐只是实现了某种善的副产品，而不是善本身。也不可能是身体的善，因为身体的善从属于灵魂的善——即理智和意志的善。甚至也不能是灵魂本身，因为灵魂本身也只是受造之物，没有什么受造之物能为我们带来完美的实现。只有上帝能为我们带来完美的实现[2]。可见，阿奎那明确否认财富可构成人生意义。实际上，基督教严格要求人们通过对上帝的信仰而拯救自己的灵魂，"中世纪的人可以为他的灵魂永远得救做任何事情"[3]。换言之，在中世纪的欧洲，人们认为虔信上帝，拯救自己的灵魂，才是人生的头等大事，是人生意义的根本所在，是人生的终极关切。

中国古代主流意识形态——儒学，与基督教相比更重视世俗社会和物质财富，但儒学指出的人生意义是"存心养性"，成就君子人格，终极关切是成圣，这同样与物质主义大相径庭。

农业文明的宗教或意识形态有迷信和欺骗的成分，但对人生意义的解释以及对文明发展方向的指引是大致正确的。人活着必须确保温饱和适度舒适的物质生活条件，这绝不意味着必须有物质财富的不断增长。就个人而言，对无限的追求只有指向非物质价值才是明智的。就文明而言，发展方向指向

1　[瑞士]吉尔贝·李斯特,2017.发展史：从西方的起源到全球的信仰[M].陆象淦译.北京：社会科学文献出版社：31.

2　Stephen Leach and James Tartaglia (ed.),2018. The Meaning of Life and the Great Philosophers [M]. London and New York: Routledge: 112.

3　[德]汉斯－维尔格·格茨,2002.欧洲中世纪生活[M].王亚平译.北京：东方出版社：75.

社会的综合性改善，才是安全的。社会的综合性改善是多方面的，是不可能归结为诸如经济增长这样的单一指标的，它应包括这样一些改变：由众多人口饥饿到温饱和适度丰裕、社会冲突的缓和（这必然要求缩小贫富差距、完善民主法治）、自然环境的清洁化和生态健康的恢复、战争的减少、文化的繁荣，等等。蕴含生态学的复杂性科学已表明：追求物质财富和征服力无限增长的文明发展是不可持续的。

明白了这样的道理，富人可能较容易接受增加高额利润所得税和巨额遗产税的立法，甚至更愿意为慈善事业捐款，从而能较好地消除贫富差距。明白了这样的道理，且接受了生态学的知识，人们会自觉地节能减排、保护环境。明白了这样的道理，人们会相信：人类必须超越工业文明而走向生态文明或后工业文明。

令人欣慰的是，生态文明或后工业文明已晨曦初露。

2019年出版的杰里米·里夫金（Rifkin Jeremy.）的《零碳社会：生态文明的崛起和全球绿色新政》（*The global green new deal: the Collapse of the fossil fuel Civilization by 2028, and the rise of the ecological Civilization.*）一书以较为丰富的数据佐证其预言。该书预言：在未来8年内，太阳能和风能将比化石能源便宜很多，从而迫使化石燃料行业与可再生能源行业决一死战。化石燃料工业文明的崩溃可能会发生在2023—2030年[1]。

里夫金预言：绿色新能源是分散的，不是集中的。阳光普照，风满人间，屋顶、地面，任何地方都可以实现太阳能和风能发电，这对数百万个微型发电站的建立和落实非常有利。从化石燃料到绿色能源的转变是"赋予人民电力"（Power），这里的Power既指字面意义的电力，也指比喻意义的"权力"。几亿人在工作和生活的地方成为自己的能源和电力的生产者，这昭示着世界各地社区权力民主化的开始[2]。据此，重新全面利用太阳能、风能等绿色能源，绝不是回到"面朝黄土背朝天"的农业文明，而是走向科技更加发达的后工业文明。

建设生态文明或走向后工业文明，人类必须尽力改变自农业文明问世以来产生的严重分配不公。如今，数字化技术和人工智能技术的迅猛发展，既带来了很大的社会改善，也构成了新的社会挑战。瑞士苏黎世联邦理工大学教授迪克·赫尔宾（Dirk Helbing）说：随着新一轮自动化浪潮的到来，许多人担心会导致劳动力市场的戏剧性变化。有人预计会出现大量的失业。大量

---

[1,2] [美]杰里米·里夫金,2020. 零碳社会：生态文明的崛起和全球绿色新政[M]. 赛迪研究院专家组译,北京：中信出版集团:XXII~XXIII, 43.

失业常常被视为地狱般的灾难。但自动化也可以成为人性解放的机会。机器人可以为我们做脏活、无聊的活以及危险的活，从而为我们提供日常生活所需的基本物品和资源，从而使人类可以集中精力从事社会、环境和文化工作。许多人提出建立普遍基本收入保障制度以应对数字化时代的生存威胁。在某种意义上说，这相当于"直升机撒钱"（helicopter money），央行已多次谈到这一点，却从没有勇气去实行。这项基本制度将保障每个人都可以得到基本收入。实行此项制度有若干好处：对生产者的好处是，它构成一个稳定的、可预测的消费模式，不会再有大量失业现象出现了，大量失业意味着许多公司的衰退和倒闭。对工人的好处是他们在重新找工作和重新学技能时无后顾之忧。对政治家的好处是社会局势的稳定，而大量失业会触发抗议、骚乱，甚至革命[1]。

还应该加一条好处，这一条或许是最重要的：实行了基本收入保障制度将大大缩小贫富差距。贫富差距的缩小和物质生活的保障，有利于人们改变物质主义价值观，从而有利于扭转文明发展方向。从农业文明直至今天，劳动阶级一直通过阶级斗争去争取温饱的权利。好像长期的分配不公只引起了穷人的不满。蕴含生态学的复杂性科学和全球生态危机的事实表明，贫富悬殊也是违背自然规律的，即大自然不允许人间分配不公的长期存在。换言之，长期贫富悬殊、分配不公，不仅不合人伦也有悖天道。到了21世纪的今天，富人们应该明白，不仅广大劳动人民要求改变分配制度、缩小贫富差距，大自然也将迫使人类这样做。如果他们拒绝倾听劳动人民的声音，也拒不服从大自然的命令，那么人类和地球生物圈都将面临灭顶之灾。

生态文明论为我们走出工业文明的危机提出了一条要求文明各维度联动变革的整体方案。观念改变是根本，而技术革新和生产－生活方式改变是关键。关键这是我们可以立即启动的事情，当下即可采取行动，而且做一点就会有一点效果。例如，我们当下即可生产利用太阳能、风能的装置，当下即可节约水电、提倡光盘行动、积极参与垃圾分类、各种服务共享活动，等等。但只有当人们不认为人类可以征服自然，不认为物质主义价值观、发展观是正确的时，他们才会积极地做这些事。观念的改变是摸不着看不见的，但却是具有根本重要性的。有了观念上的根本改变，才会有当下的积极行动。

[1] Dirk Helbing, 2021. Next Civilization: Digital Democracy and Socio-Ecological Finance-How to Avoid Dystopia and Upgrade Society by Digital Means[M]. Switzerland: Springer: 275-276.

# 丛林法则的农业伦理学解读

任继周[1]　　林慧龙[2]

（1.兰州大学，中国工程院院士　2.兰州大学草地农业科技学院）

## 一、丛林法则的本质及其社会背景

丛林法则在常态语境下是违反伦理原则的贬义词。在农业伦理学中我们尝试界定为：为谋求个人或某一集团的私利，以明显或隐晦的方式胁迫有关方做出违反社会伦理观底线，或损害相关方正当权益，或破坏生存环境健康，为社会游戏规则搅局者提供精神的、物质的支持或庇护的行为。但在自然生态系统中他本然合理，在社会生态系统中它在与公正无私的游戏规则的纠缠中，具有推动社会发展的助力作用。

自然界的丛林法则具有合理性。地球生物圈由若干生态系统构成。不同生态系统之间在长期共存中，形成互相依托与互相竞争双重动力的平衡。这是自然本体赋予生物界的基本规律，亦即自然生态系统生存与发展的动态规律。这一动态规律是靠自然生态系统的不同物种间生态位互补，此物种或生态系统的生存废料做为正熵输出，彼物种或生态系统做为负熵输入则为营养源。因此，生态系统内部以极其精妙的方式构成生生不息的物种集群，形成和谐完美的生境。

但我们不容忽视，各个生态系统分属不同的营养级系列。下一个营养级是上一营养级的营养源。以此类推，可以发生多层营养级。陆地生态系统的营养级别之间存在1/10法则，即次级动物消耗90%的营养源以维持生命，10%转化为动物有机体本身。我们以草地生态系统为例，草地上生长的植物是第一营养级，以此为营养源的食草动物为第二营养级，食草动物所消耗的营养源，只有1/10转化为动物本体，90%营养源为食草动物维持生命所消耗。食肉动物为第三营养级，即以食草动物为营养源，依然依照1/10法则转入第四营养级。最终形成陆地生态系统以营养源1/10等差的营养级构成的营养级金字塔。在金字塔顶端的食肉动物必然具有霸主地位，如为狮、虎等。众所周知，居于生态金字塔顶端的食肉动物无不具有领地占有的本能。它们要保持或扩展领地，必须通过强力搏斗战胜对方来实现。这就是自然界的丛林法则的本然合理属性。

据此，我们可逆推，居于生态系统金字塔顶端的食肉动物，实际上具有自上而下地控制营养金字塔所含内部生态系统的权威影响。美国黄石公园为了保持生态系统的稳定性，曾将食肉动物清除。但此后食草动物因缺少天敌而发展过多，植被不堪重负，于20世纪80年代引入食肉动物——狼，谋求从金字塔顶端调节生态系统的结构，使其趋于平衡。因此，居于金字塔顶端的食肉动物发出信息，下级生态系统据此自行调整以响应上一级发出的信号，维持生态系统的稳定发展。

以上的论述，得出了自然界的正常秩序是以丛林法则为皈依的理性认同。达尔文的物竞天择理论，以更深广的语境对自然界的丛林法则做出理性肯定。

当人的群体出现，其数量和智慧为各类动物所难以企及，经过系列历史阶段的发展而形成了人类社会系统，高踞生物圈顶层。随着科学技术的发展，其影响已超越生物圈，覆盖了气圈、水圈、岩石圈，从而发生全球性影响，使地球发生本质改变。地质学家认为发生了一个新的地质时代，称为"人类世"[1]。这是一个人类对地球的营力超过自然界营力的新地质时代。

农业就是这个新时代营造的启蒙者。农业作为自然生态系统与社会生态系统的耦合体（以下简称为农业耦合体），包含自然的和社会的两个生态系统。因农业耦合体是自然生态系统人为干预的产物，无疑，人居于农业耦合体生态金字塔的顶层，人类对农业耦合体所属生态系统具有决定性影响。这种影响的受体，既包含自然生态系统，也包含社会生态系统。因此，农业伦理学作为农业耦合体的行为道德准则，应是既包含自然丛林法则而又超越自然丛林法则的道德表述。人类除了像野兽那样占有地球资源以外，还有维护地球资源的道德责任。这就是对农业耦合体蕴含丛林法则的伦理学的正面回答。

## （一）农业伦理学中丛林法则的界定

农业伦理学是研究农业行为中人与人、人与社会、人与生存环境发生的功能关联的道德认知，并进而探索农业行为对自然生态系统与社会生态系统

---

[1] 由诺贝尔奖得主、荷兰大气化学家保罗·克鲁岑（Paul Crutzen）于2000年提出。2008年，英国地质学家扎拉斯维奇（Jan Zalasiewicz）认为已正式进入了人类世。《自然》报道，隶属于国际地层委员会（ICS）的"人类世工作组"（AWG）投票认定，地球已进入新的地质年代——"人类世（Anthropocene）"，并指出20世纪中叶是"人类世"的起点。AWG计划在2021年向国际地层委员会提交一份关于"人类世"的提案，标志着正式定义一个新地质年代的工作迈出重要一步。

这两大生态系统的道德关联的科学[1]。按照农业伦理学的这一界定，只有摆脱物质利益的游戏规则属农业伦理学范畴[2]，而丛林法则旨在追寻个人或某一集团的私利，是游戏规则的对立面，在农业伦理学中应无立足之地。

但如上所述，丛林法则在自然生态系统中合理存在，而在社会生态系统中则为非理性存在。两者固有的悖反，迫使农业伦理学作出回答。

农业耦合体的动力学逻辑判明，农业社会的发展应受自然丛林法则与社会游戏规则，即伦理观的两种力量制约。笔者在《游戏规则，伦理学必须牢守的战略要地》一文中，基于丛林法则为社会搅局者的巢穴的现实，批判了丛林法则对社会发展的负面影响[2]。本文则冀图对丛林法则作较全面的阐述。

丛林法则可发生于两种情景，一是生存资源不足，为求生而发生的生物间强力争夺；另一是生产资源有余，为满足占有欲而强力争夺。依照伦理学语义，无论哪一种情况，强力争夺都具有丛林法则"错"的表征，都是与道德规范不相洽和的。但历史唯物主义告诉我们，为了维护生存权而发生的强力争夺，甚至发动战争，在特定情景下是必要的，即伦理观的"对"，在实践中应予肯定。这里发生了伦理学的是与非、对与错的悖论，这在社会实践中屡见不鲜。如果二者必择其一，我们只能根据两者在伦理观认知系统中的定位做出判断，即对与错优先于是与非。例如，秦始皇统治时期，许多政策是正确的，即"是"的，如统一文字、统一度量衡、筑"驰道"、开运河、修水利、"废封建立郡县"，等等，经得起历史考验，属"是"的范畴，所谓"百代皆行秦政治"。但因这些"是"的政策失去伦理学"度"与"法"的规范，则发生实质性错误，导致"是"异化为"错"的社会效果。这位期望行之万世的"始皇帝"，立国十五年而败亡，与昏聩无道的太平天国相去无几。因为，伦理观中对与错应居是与非的上位。因而求生者的强力争夺应肯定，即肯定丛林法则的正义性；为贪欲而发生的强力争夺应否定，即丛林法则的非正义性。结论是丛林法则具有双重性，不能一般地予以否定或肯定。

## （二）丛林法则双重性的道德漏洞

如前所述，丛林法则在求生与贪欲之间存在伦理观正与负的分野。问题在于"求生"需求的延伸幅度是难以精密测度的。社会应满足求生的有限需求，却难以满足贪欲的无限扩张。这令人想到宋太祖想把已经投降宋朝的南

[1] 任继周，2018. 中国农业伦理学导论[M]. 北京：中国农业出版社.
[2] 任继周，2022. 游戏规则是农业伦理学的重要元素//中国农业伦理学进展[M]. 北京：中国农业出版社.

唐李煜的小朝廷彻底消灭，理由就是"卧榻之旁岂容他人酣睡"。这是对生存空间贪欲霸权的赤裸表述，当然也违反人类伦理观的正义原则。这类丛林法则双重性的道德漏洞，超越正当需求的欲望扩张，有类型之别、大小之差，但在社会上随处可见，补救之道不外两途。

一是施以伦理教化，使人以农业伦理学多维结构中的法、度自觉，安于自我之分，恪守自我之道，"不忮不求"，与环境友好相处，完尽个人的社会责任。

另一途径就是设定伦理观底线，即法律红线，对超越客观需求的贪婪行为在道德谴责之外，加以法律制裁。

## 二、丛林法则与社会游戏规则纠缠的时代特征

如前所述，丛林法则的发生路径有二，一是为满足正当生存需求而发生的违反游戏规则的强力搏斗，二是超越正当需求为满足贪欲而发生违反游戏规则的巧取豪夺。因为保障正当生存需求的游戏规则是随着社会发展的时代嬗替而异的，因此贪欲也必然如影随形与之俱来。从这一意义上说，游戏规则与丛林法则两者在互相纠缠中共同体现时代特征。符合游戏规则的正当需求应受社会伦理系统的保障，而违反游戏规则的丛林法则应受谴责。因此，我们需对两者的纠缠进行时代性探索。

### （一）原始氏族社会游戏规则与丛林法则纠缠特征

原始氏族社会因游牧的发生而从野蛮人群中分离出来。相当我国的羲娲[1]时期，必然带着野蛮人群的某些烙印。所谓野蛮人群就是由血缘发生的氏族。恩格斯说"自由性关系或多偶制盛行的地方，群族差不多是自动形成的"[2]，并说"最古老、最原始的家庭形式是什么呢？那就是群婚，即整群的成年男子与整群的成年女子互为所有"，这种婚姻形式可有效消减雄性相斥，维护族群发展[3]。"不仅兄弟姊妹曾经是夫妇，而且父母和子女之间的性关系，今日在许多民族中也还是允许的"。此后衍发了普亚鲁纳婚姻式家庭，特点就是一群姐妹有着她们的共同之夫，但她们的兄弟除外；一群兄弟有着他们的共同之妻，但她们的姐妹除外，即准血缘关系。这正是后来构成原始形式的氏族成

[1] 任继周，2015.中国农业系统发展史[M].南京：江苏凤凰科学技术出版社：25.
[2] 恩格斯，2009.家庭、私有制和国家的起源[M]//中共中央马克思恩格斯列宁斯大林著作编译局.马克思恩格斯文集 第4卷.北京：人民出版社：13-33.

员。她们全体有一个共同的女始祖，即群婚-普纳路亚式婚姻[1]都是母权社会的婚姻并由此产生家庭，其特点就是只知其母不知其父。氏族高级婚姻关系中还包含了抢婚，定期的萨恩节（美、澳）等习俗[2]。在社会的蒙昧-野蛮转型期出现了野生动物驯养，因而有了私有财产和真正意义的家庭，随之发生了从母权到父权的人类文明的大过渡；约为华夏族群的羲娲时期[3]。此时因明确了父亲的人格特性，从而明确了财产继承权，氏族关系趋于稳定。但原始的群婚或偶婚遗风犹存，例如，大家熟知王昭君的故事，她先是嫁给了匈奴的呼韩邪单于，生了一个女儿，丧夫之后又嫁给继任的复株累单于，生了两个儿子。在华夏文化中也有类似的例子，如春秋时期卫宣公娶了自己父亲的妃子夷姜，郑文公娶了自己叔叔的妃子。众所周知，春秋是八百年周朝盛世以后，对礼崩乐坏的反动，因而折射了某些氏族习俗。至西晋末期，北方的胡人族群大举南下，史称"五胡十六国"时期尤为常见。

以血缘关系形成的氏族在其领袖领导下，对内维持氏族内部的伦理秩序，采集食物等生存资料并分配给本族成员，保护生存领地及其成员安全；对外抵抗外敌入侵，扩张领地，掠夺食物与俘获奴隶。凡能率领本氏族成员出色完成上述任务的领袖人物就受到尊重。在优秀的氏族领袖领导下，本氏族不断兼并融合其他氏族，氏族不断扩大，形成自然分支和氏族联合体，邦国雏形发轫于此。中国历史传说中的三皇五帝，都属此类强大的族群联合体领袖。此为自发的领袖与被领导的群体构成命运共同体。

简言之，氏族社会符合游戏规则的伦理观可概括为：维护既有领地，保护族群，满足族群的生存需求，维持族群内部生活秩序，掠夺和扩张领地。良好完成上述任务者具有领袖的美德，受尊重和颂扬，甚至其他氏族部落主动加入其部落联合体。

反之，如不遵守食物分配规则，破坏婚姻、扰乱家庭，分裂族群领地、逆反族群领袖等，则归属丛林法则，成为氏族社会游戏规则的搅局者。搅局者总离不开强力博弈。如黄帝与炎帝的阪泉之战，就是神农氏部落内部的黄帝与第八代炎帝争夺领导权的内战，战后统一为炎黄族群，遂为炎黄后裔所尊崇，但其战争行为仍属丛林法则。黄帝与蚩尤的涿鹿之战则为不同氏族之

---

[1]　普纳路亚婚姻"若干数目的姐妹——同胞的或血缘较远的即从表姐妹或更远一些的姐妹——是她们共同丈夫的共同妻子，但是在这些共同丈夫之中，排除了她们的兄弟；这些丈夫彼此不再称为兄弟了，而是互称为普纳路亚。……同样，一列兄弟——同胞的或血统较远的——则跟若干数目的女子（只要不是自己的姐妹）共同结婚，这些女子也互称为普纳路亚。"这是亚血缘群婚的典型形式。

[2]　美洲和澳大利亚部分地区虽已脱离氏族血缘关系，但每年一定时间定为萨恩节，允许开放性生活。

[3]　任继周，2015. 中国农业系统发展史[M]. 南京：江苏凤凰科学技术出版社：27-30.

间的对外争夺领地的战争。战争结果为驱逐外敌，俘获奴隶，扩大领地，奠定了华夏农业社会的历史格局。黄帝族群的发展源于这两次武力大博弈。因无历史旁证其非正义性，故无悖于伦理原则，黄帝从而具有华夏始祖之崇光。以上述黄帝两次征战为例，说明丛林法则有两面性，即符合社会游戏规则的正义性和悖反游戏规则的非正义性。

### （二）农业社会游戏规则与丛林法则纠缠特征

中国以羲娃时期野生动物驯养为标志，出现了家庭和由此组成的农业社会，从此中国进入农业文明时代。这是人类有史以来历时最为长久的社会形态。它覆盖了晚期氏族社会、封建社会、皇权社会和废除皇权以后的近代农业社会。因历史久远，包含社会发展诸多阶段，游戏规则和与之相对应的丛林法则也随之多变。但总的历史趋向是在游戏规则与丛林法则互相纠缠中，游戏规则居主导地位，社会取向发展，由分散的氏族集团到邦国，然后逐渐形成中央集权的大帝国。其间可分为松散中央集权的封建宗法社会和强度中央集权的皇权社会两大阶段。

**1. 封建宗法社会时期**　农业社会由三大集团构成，即最高领导中心"天子"及其家族，"受命于天"，成为无可争议的天下共主。另一集团为受天子赐封的各诸侯国贵族集团，他们各自从封建共主那里获得封地及其所连属的庶民（含本族平民和奴隶），直接管理境内的政务和生产，并收取庶民所缴纳的赋税。第三集团为诸侯国所属的土地和连属于土地的庶民。庶民只对所在诸侯国负责，与共主天子无直属关系。这三个集团之间以完备的礼乐系统体现其社会从属秩序。此时游戏规则与丛林法则两者纠缠中所显力度因诸侯的善恶而异。封侯之恶者，其治下领地中丛林法则胜于游戏规则，庶民生活艰苦。反之，则生活宽松愉快。因此前者常有庶民"非法"叛逃归附后者。总体看来，封建社会游戏规则占显著优势，庶民负担较轻，一般为"什一税制"[1]，社会比较安定，经西周（公元前1046—前771）近300年的稳定发展，而达到人类文明史的伦理高峰，是谓历史称赞的"礼乐"时代。

**2. 春秋战国时期**　此后随着封建制的势微，土地私有制发生，丛林法则大盛。诸侯国之间杀伐兼并之风盛行。春秋初年的四百多个邦国，到战国时期只余"战国七雄"，最后统一于秦而终结[7]。此时游戏规则只是做为个例闪现于丛林法则风暴的间隙中，传为历史佳话。如晋齐之间的鞍之战，晋宋之间的泓水之战，表现为对古战法的笃诚。子路结缨而亡之忠于礼，钟子期

---

挂琴而去之忠于义，介子推避封而死终于廉，等等，只能做为挺立于污泥中的芙蓉供后人凭吊了。丛林法则既使如此强如风暴，但它无法脱离历史辩证法的规律，经过与游戏规则的纠缠，两种力量结合推动社会发展，进入新阶段，即皇权社会。这说明既使社会在丛林法则盛行的艰难时刻，游戏规则也未失去对社会的匡正作用。或可理解为丛林法则与游戏规则是推动社会进步的左右双手，它们从未分离。

**3. 皇权社会时期**　始于秦的皇权社会绵延2500多年，其政治和经济基础是不断强化的城乡二元结构；其精神支柱为儒家思想，起步于正心、诚意、修身、齐家的个人修持，达到治国、平天下的最高目标，建立了历时两千多年屹立"海内"的皇权帝国。游戏规则与丛林法则在不断纠缠中无可争议地取得辉煌成就。但其中所包含的中国特色的"农业丛林法则"不容忽视。

中国农业社会与城乡二元结构联袂发展[1]。国家统治阶层的精英分子居城堡，为土地和附着于土地的庶民(农民和农奴)的所有者，具有社会资源的所有权及农产品的分配权。而散居乡野的庶民负有保护城堡安全，承担兵役和一切劳役，缴纳产品的义务。农民和农奴与土地固结为一体，成为一支世袭的"贱民"族群。在城乡二元结构中也是"礼不下庶民，刑不上大夫"，基层庶民被隔绝于社会上层。

在城乡二元结构的社会结构笼罩下，国家上层社会的辉煌和奢靡与基层平民的穷困如影随形，难以分割。这生动体现了社会游戏规则与丛林法则在纠缠中的两面性。一方面建造辉煌的宫殿、精美的工艺产品，以及大量诗歌绘画和诸多文化瑰宝，不失为社会永久财富，作为人类文明的特殊符号——"农耕文明"而永存。另一方面，即城乡二元结构的另一半庶民，承受繁重劳动却得不到应有的报酬，社会发生贫富两极分化。据统计，自秦代进入皇权社会到1949年中华人民共和国成立前的2530年，有历史记载的战争达3 125次，年均1.2次。有关民间的苦难文史记载不绝于书。既使为后世传颂的诗经时代，也渗透着基层劳动者的辛酸，如诗经的《北门》[2]、《采薇》等诸多篇章[3]。至皇权时代，丛林法则为特征的霸道优势于游戏规则为特征的王道，世居乡

---

[1]　任继周，2015. 中国农业系统发展史[M]. 南京：江苏凤凰科学技术出版社：75、76、557、558、576-578。

[2]　出自《诗经·国风·邶风·北门》，这首诗生动地描绘了下层小吏位卑禄薄、内外交困、身心俱疲的情景，深刻地反映了当时的社会矛盾。

[3]　包括《诗经·小雅·采薇》，史记中有关战争和酷吏的记载，以及唐诗杜甫的《三吏》《三别》，白居易的《卖炭翁》等。

野的农民苦难情状更罄竹难书，如"朱门酒肉臭，路有冻死骨"[1]和"一将功成万骨枯"[2]等这样的名篇，都将城乡二元结构的上下两端，即贫富两级分化作了生动而忠实的描述。这充分展示了游戏规则与农业丛林法则纠缠的两面性。在阶级社会正如恩格斯所说：任何进步同时也是相对的退步，因为在这种进步中一些人的幸福和发展是通过另一些人的痛苦和受压抑而实现的[3]。

我们做为华夏民族的后来人和见证者，讲述农业伦理学，不可无视为乡野庶民血泪浸染的农耕文明的全豹。近来有些批判国家工业化带来污染及诸多社会问题的著述，对中国农业社会所遗留的农耕文明，描绘为美好的田园风光，几乎覆盖了中国农业发展史，而将筑就数千年世界GDP峰的基层大众的血泪贡献未予重视，这未免有欠公允。

综合上述，中国农业丛林法则的核心内涵可概括为：对内，高踞城堡的贵族为刀俎，散居乡野的黔首为鱼肉，遭受其残酷迫害，无度掠夺；对外，则在儒教"平天下"为最高目标的指引下，兵连祸结，热衷开疆拓土，争当天下霸主。对丛林法则应给以历史唯物论的公正评议，当它与思无邪的游戏规则相纠缠时，留下了推动社会发展的轨迹。

## （三）工业社会游戏规则与丛林法则的纠缠

世界工业化开始于18世纪60年代的英国，18世纪蒸汽机与机械化结合，取得生产力的空前发展，开创了全新的工业文明时代。在提高人类物质生产和文化水平，建立工业化时代新游戏规则的同时，也相偕发生了工业化的丛林法则。至19世纪，达尔文的生存竞争、适者生存科学理论问世，资产阶级将其异化为弱肉强食的排他性竞争"达尔文主义"伦理观，高呼征服自然的口号，展开对世界物质和人力资源的强力掠夺和残酷剥削。1840年中英鸦片战争打开了农业中国封闭的门户，从此中国在世界工业化强国的侵略下，饱受工业丛林法则的欺凌和压榨达一个世纪之久。

直到1949年中华人民共和国成立，在中国共产党领导下，中国人民奋发图强，开展工业化建设。中国的工业化可分两个段落，1949—1980年为封闭自给的第一阶段，1980—1992年迄今为第二阶段，即进入后工业化生态文明

---

[1] 杜甫，《自京赴奉先县咏怀五百字》。

[2] 曹松，晚唐诗人，《唐诗百名家全集》中《己亥岁二首》：泽国江山入战图，生民何计乐樵苏。凭君莫话封侯事，一将功成万骨枯。传闻一战百神愁，两岸强兵过未休。谁道沧江总无事，近来长共血争流。

[3] 恩格斯，2009.家庭、私有制和国家的起源[M]//中共中央马克思恩格斯列宁斯大林著作编译局.马克思恩格斯文集第4卷.北京：人民出版社.

的新时代。

中国农业系统承载了工业化社会的义务，留下工业化游戏规则与丛林法则纠缠的烙印。

**1. 中国工业化的第一阶段**　从新中国成立初期的1949年开始，就致力于把农业国改变为工业国。新中国成立30周年时，中国已经从"一穷二白"的农业大国[1]初步形成了工业化的基础。此时有了比较完整的工业体系，主要工业产品产量已居世界前十位。在帝国主义严密封锁下，取得这样的成果实属不易。这一时期只有从苏联取得的经济援助，连同抗美援朝战争等其他援助，总计不过22万美元。用于工业者仅5万美元[2]，这点资金只能对工业化起撬动作用，大量的人力物力投入还是靠我们自己。不言而喻，中国农民挑起国家工业化起步的重担，做出了超负荷的伟大贡献。

当时农业生产水平很低，粮食亩产仅68.5千克，不到现在生产水平的一半。粮食总产量为1.387亿千克，按当时5.4亿人口计算，人均209千克，尚属温饱水平。但作为国民经济基础的农业，要负担国家机器运转的全部需求。在满足上述负荷的前提下留足种子，最后才是农民的口粮。我国农民只能处于"糠菜半年粮"的半饥饿状态。

中国农业为国家工业化做出了超常贡献，也为此付出了农业伦理观严重扭曲的沉重代价。其一，为了支援国家建设，城乡二元结构空前紧固。农民流动被严格限制，不许离开户籍所在地。农民在极端困难的情况下，尤其在青黄不接的季节，千方百计突破户籍藩篱，个体的或有组织的逃荒群众相望于途。各大城市为稳定社会秩序，设有盲流收容机构，将到城市打工、求业的农民强行遣送回乡。其二，严禁农贸市场，甚至将源自远古的"日中为市"的乡村农贸市场也作为"资本主义尾巴"被割除。社会自组织功能全然缺失，加重了农村受灾程度，也妨碍了城市化进程。其三，农村成为社会福利的盲区。即使在生活极端艰难的时刻，城乡居民同时在生与死的阈限上挣扎，城乡差距依然显著。市民有最低的口粮保障，而农民口粮则全部自理，至于医疗保健则主要靠农民自己组织的早期的"农村合作医

---

[1]　1949年全国GDP仅123亿美元，人均收入仅16美元，排名世界倒数第一。当时的中国工业经过长期战争的破坏，几乎荡然无存。何况还包括"大跃进"及"十年文革"动乱的干扰。当时钢产量全国只有15万吨。"大跃进"提出工业"以钢为纲"的口号，全民大炼钢铁的奋斗目标也不过2 700万吨。现在看来这个低得可怜的目标，尽管全国人民竭尽全力也没有达到，时称"一穷二白"。（出自毛泽东《论十大关系》，特指我国解放初期的经济基础）

[2]　沈志华，2001. 新中国建立初期苏联对华经济援助的基本情况（上）——来自中国和俄国的档案材料[J]. 今日苏联东欧(1): 53-66.

疗"和"赤脚医生"。即使儿童教育也要由农民集资办学，以几百元的极低年薪聘请"民办教师"。"赤脚医生"和"民办教师"成为这个时期难以忘怀的农业伦理的历史符号。

这时我国处于封闭状态，虽然"以粮为纲"和"大炼钢铁"等生产活动造成水土流失和天然植被严重破坏，但还没有发生严重的环境污染，尤其少有外来的污染源。

**2. 中国工业化的第二阶段**  即20世纪80年迄于1992年和后工业化时代的开始，恰逢全球从工业化到后工业化转型的初期，发达国家急于为产生的污染寻找出路。这一时期，我国加快工业化进程，沿袭发达国家走过的道路，在2015年进入后工业化时期[1]，取得了举世瞩目的成绩。但收获的不仅是迅速工业化的成果，一切工业化的苦果也骤然集中出现。当时"两头在外"[2]的工业化途径，毫不回避将污染企业引入国内，甚至进口大量工业垃圾，从中获取廉价工业资源，以致我们的国土一度成为世界主要垃圾消纳场。当然还有我们自己的农业面源污染。首先是水资源污染，然后是土地污染。据统计，被严重污染的5类水资源一度达80%以上[3]，耕地污染不低于20%[4]，我国工业化各类污染"千条线"，无不集中在农村这"一根针"上。农村地区出现了癌症村、高铅污染村等污染高发点。农业和农村是社会污染危害的终端。工业化启动之初有一段话大家记忆犹新；"我们要利用后发优势，汲取工业国家的教训，不要走西方先污染后治理的老路"。但结果却是污染程度极其严重。原来社会生态系统的发展也有自己的规律，对工业丛林法则的必要的风险不能存侥幸心理。

此外，工业丛林法则对我国造成的伦理的深层伤害更远超过一般的环境污染。改革开放以后，农民急于摆脱贫困，求富求变情绪爆发，农村青壮年争相进入城市打工，农村出现空巢化。留下大量空巢老人及以千万计的留守儿童，缺乏家庭和社会关怀，成为巨大的社会隐患。这都是我们农业伦理学建设的精神赤字。

值得关注的是我国工业化以来，贫富两极分化已显露苗头。招商银行《2021中国私人财富报告》显示，2020年中国拥有1 000万人民币以上的富人达262万人，2018—2020年年均增长率为15%，即每年拥有1 000万资产的

---

[1]  胡鞍钢，2017. 中国进入后工业化时代 [J].北京交通大学学报 (社会科学版)，16 (1):1-16.

[2]  两头在外，即原料和产品在国外、生产在国内。

[3]  中国报告大厅 [EB/OL]. www.chinabgao.com [2021-01-25].

[4]  环境保护部国土资源部发布全国土壤污染状况调查公报 [EB/OL].中华人民共和国中央人民政府网站，http://www.gov.cn/xinwen/2014-04/17/content_2661765.htm[2014-04-17].

富人人数的增长率在15%左右。而同期中国人口平均增长率0.53%[1]，富人增长速度为全国人口增长速度的28倍。不言而喻，其红利获得者主体是城市居民，农民所获国家财富与城市居民相比，微乎其微。两者相差如此悬殊，其中丛林法则的影响，应予探讨。

## 三、中国工业化引发游戏规则与丛林法则纠缠的反思

20世纪80年代以后，我国出现了快速工业化、现代化的大好势头，而上述贫富两极分化问题，统以"三农"问题反应于农业，这引发我们深思。我们有集中力量办大事的优越社会制度，国家对农业一贯重视。中共中央从1982—1986年连续五年发布以农业为主题的中央1号文件。2004—2017年更连续十四年发布以"三农"为主题的1号文件，可见农业在中国现代化过程中"重中之重"的地位从未动摇，几十年来各类支农措施从未间断。但为什么在全国崛起的大好形式下"三农"问题却更加突出？

究其根源，政策和领导的作用至关重要，时代性的农业伦理观的严重缺失是为根本。开放性是农业生态系统的本然属性，而农产品自给自足具有本然的封闭性，更辅以计划经济管理系统的历史残余，在农业社会转型工业社会中，工业丛林法则在哪些环节、发生怎样的影响不容忽视。其中，国人对粮食的自给自足情结尤为突出。

在这里我们不能不指出一个混淆多年的大问题，即"民以食为天"命题的概念偷换。"民以食为天"是任何时代、任何社会不可改变的铁律。但"民食"不同于谷物中的"粮食"。人属杂食动物，食谱宽泛，在渔猎时代，以采集野生食物为主，甚至有的人类学家把鱼类作为初民的"主食"。野生植物果实、种子，包括可食的株体可概括为植物性食物，鱼类、贝类、禽类、兽类乃至昆虫等可概括为动物性食物，食盐及矿物质土类和某些矿物可概括为矿物性食物等三大类[2]。中国自古就有"五谷""六禽""六兽"及盐类食物。后来随着种植业、养殖业以及加工、储存和运输业的发展，以获得食物的性价比和难易度为标志，对食物种类有所精简以利规模化生产。中国特别注重谷物中粮食的思想，源自三千年前战国初期管仲的"耕战论"[3]。管仲说："富国多粟生于农，故先王贵之。凡为国之急者，必先禁末作文巧，末作文巧

[1]　2021中国私人财富报告（招商银行）[EB/OL].www.sohu.com/a/467231044_407401[2021-05-19].
[2]　任继周，侯扶江，2000. 从农业复合体到农业耦合系统[J]. 广东草业，1(1): 2-9.
[3]　赵守正，1987. 管子注译，下册[M]. 南宁：广西人民出版社：72.

禁，则民无所游食，民无所游食则必农。民事农则田垦，田垦则粟多，粟多则国富，国富者兵强，兵强者战胜，战胜者地广"[1]当时将"粟"作为谷物的统称。商鞅在秦国将耕战论加以发展完善，开展了"垦草"种粮、全民皆兵的变法，国势大盛，威临"天下"，时称"虎狼之秦"。一时天下诸侯国无不变法自保，积粮成风。大势所趋，诚如管仲所说，"使万室之都必有万钟之藏""使千室之都必有千钟之藏"[2]。以政治集团生存的需要取代生态系统的科学关联。至汉代更定义为"辟土殖谷曰农"，也许这是世界最早也是最偏颇的农业定义。直到第二次世界大战以后，我国官方将联合国"食物与农业组织"（food & Agriculture Organization）译为"粮食及农业组织"，把"食物"与"粮食"确定为同义词，从而引起严重误导。尽管汉代人口最多时不过6 000万，实际占用耕地面积不足1.2亿亩，为今天18亿亩耕地的6%，比散布于荒漠边缘的绿洲面积还少，大部分农用土地还是草地，当时的GDP主要来自草地畜牧业。春秋末年有个弃官从商的大贾范蠡，他对致富之道的回答是"子欲速富，当畜五牸"，即豢养家畜中适龄母畜，发展畜牧业。西汉的卜式，因养羊致富，屡行慈善事业，声名鹊起，位至齐相。可见即使在古代，耕地农业也非致富良策。但在战国时期各诸侯国救亡图存的耕战思想压力下，耕地农业风靡天下，中华民族的粮食情结由此养成。

尽管我国农业社会在国际、国内工业丛林法则的胁迫下已经遍体鳞伤，但在新中国成立后，我国以超常的组织能力和艰苦努力，终于在70年内完成了工业化，继而跻身后工业化社会。伴随后工业化时代的到来，跨越城乡二元结构和耕地农业的局限，中国新农业伦理学觉醒终于破茧而出，发生艰难的化蛹为蝶的蜕变奇迹。

2002年中共十六大以后明确提出"三农"问题，采取城市支援农村，工业反哺农业，取消农业税，以及多项城乡统筹的重大措施。还有一件大有象征意义的"小事"，即取消了将进城务工农民强行遣送回乡的"收容所"，为城乡之间劳动力流动打开了通道。中共十七大、尤其十八大后，全国各省、自治区先后实施户籍改革，取消农村户口，城乡之间横亘数千年的鸿沟正趋于泯灭。虽然还有许多遗留问题有待陆续解决，但毕竟打开了通向后工业化的大门。

农业走出封闭自给的阴影，在改革开放的阳光之下，与其他行业比翼齐飞，同圆大国崛起的美梦，"三农"问题即将成为历史。我国稻麦两大谷物食

---

[1] 管仲的耕战论简言之，就是抑制工商—垦田种粮—屯粮强兵—发动战争—开疆拓土。
[2] 赵守正，1987. 管子注译，下册[M]. 南宁：广西人民出版社：261.

物源已自给有余，有了这样的底气，我国农业可进入世界舞台，迎接任何挑战。游戏规则在与农业丛林法则的纠缠中已居优势。

后工业化的世界经济系统早已为海洋所被覆，无远弗届。世界资源包括农业资源的流通性已经是不可阻挡的潮流。以全球农业资源发展全球农业，创造生态系统自组织的内在动力的良机，也将为新的游戏规则与丛林法则的纠缠提出新课题。无论自然生态系统还是社会生态系统，其内部的各个子系统之间，总是协作多于对抗、凝聚力大于离散力，否则系统早已失序而崩溃。"和而不同"，调和与斗争相结合是世界的常态。以政治经济手段达成的和谐位居主流。尽管我们面临冷战40年而不曾爆发第三次世界大战，我们应感谢后工业化时代人类萌发的新智慧。中国人民有志气大开国门，首创进口商品博览会，以建设人类命运共同体为长远目标。

我们已自觉地提出后工业文明的关键词，"美丽中国"和遍布全国的"美丽乡村"。美丽不是空洞的，包含了富裕和幸福。遗憾的是在众多评论工业文明缺陷的言论中，对消费大量"农闲"时光的"慢节奏"、田园牧歌式的生活甘饴回味。庶不知工业社会以慢调节过快的常规节奏，绝非一慢到底。"时间就是金钱，效率就是生命"，这个出现于体现"中国速度"的深圳的口号并没有过时。当前以《弟子规》为儿童教材，兴办读经"私塾"等也屡有所闻。清末洋务运动"中学为体，西学为用"之风若隐若现。那次的文化错位为我们带来怎样的灾难性后果，大家记忆犹新。如今我们面临后工业文明的新机遇，与先进国家差距近在咫尺，切莫再次错过这次文明转型的良机。

虽然我们对后工业化时代的生态文明还不够熟悉，但我们应有勇气厘清工业文明的利弊，而不是以农耕文明的眼光来欣赏千年不变的田园风光。

## 结束语

农业生产含有自然生态系统和社会生态系统，两者都受时、地、度、法多维结构的制约。我们可依据这四个维度给以解析阐明。但在实践中将四者精妙组合，建成一个没有缝隙的完美农业伦理结构，却很难做到。

**1. 游戏规则的必然及其阈限**　农业的游戏规则为维护社会秩序的正能量，农业的道德规范即农业伦理学的四维原则，无私利意图。只要有农业，就需要这样的道德规范。失去游戏规则的农业，就是失序的农业，是不能持续的。

规则为我们提供了度与法的范畴。其中含有一系列的道德的度，和到达这个度的途径，即法。

在农业耦合体中，适度我们确认为"对"，过度与缺度我们确认为"错"。

可表达为这样的模式：负阈限＞缺度—适度—过度＜正阈限。适度两侧各有一个区间，或称正负阈限差。这个阈限差是难以避免的，亦即适度之外存在难以避免的缺陷。这就为农业丛林法则留下活动余地，但缺度与过度都不能超越阈限，否则农业行为将失序而崩溃。这在中国历史中并不罕见。农业工作者应按照游戏规则本然美德，将适度的正负差控制在阈限之内，以压缩农业丛林法则活动余地，确保农业伦理美德之常在。

**2. 丛林法则的必然及其阈限**　如前所述，丛林法则出于自然生态系统的本然，也有伦理学的过度与缺度所难以消除离差而给丛林法则入侵农业耦合体提供机遇。当这类意念和行为保持在合理阈限以内时，表现为社会发展的推动力。如为私利所驱使，发展为不可遏制的欲望时，则表达为丛林法则对社会游戏规则的搅局者而危害社会。

**3. 游戏规则与丛林法则纠缠的必然**　游戏规则与丛林法则是农业耦合体中常在的两种动力。它们形影不离，纠缠不休。在特定的社会环境和历史条件下，忽焉前者显而后者隐，忽焉后者显而前者隐。而居于农业生态系统金字塔顶端的人，应以自然赋予的生态权威，对游戏规则和丛林法则因势利导，以时、地、度、法的多维原则纳入农业伦理学的基本规范，守其益而避其害。

丛林法则是在物质生产过程中，为满足贪欲而发生与游戏规则的纠缠。因此，社会的物质生产是游戏规则与丛林法则纠缠的思辨基础。

因而认知，丛林法则与游戏规则两者都属生态系统的本然禀赋。两者不是谁战胜谁的问题，而是两者在纠缠中共同推动社会前行。即所谓"和实生物，同则不继"[1]。关键在于以农业耦合体的多维结构管住游戏规则与丛林法则的纠缠适度。

我国已经由漫长的农业社会进入后工业化社会，即我国希望的生态文明已经在望。我国以及世界各国都在"摸着石头过河"。遵循农业伦理学多维结构的客观规律，虔敬前行，合理继承农业社会和工业社会的宝贵遗产，远离历史遗留的污泥浊水，警惕已经出现的贫富差距的扩大。我们作为生态文明新路的开拓者，要担当创建人类命运共同体的重担。

## 参考文献

[1] 任继周, 方锡良, 2017. 中国城乡二元结构的生成、发展与消亡的农业伦理学诠释[J]. 中国农史, 36 (4)：83-92.

[2] 任继周, 卢海燕, 郑晓雯, 2022. 游戏规则, 伦理学必须牢守的战略要地——必要的生存

---

[1] 《周语上·西周三川皆震伯阳父论周将亡》及《史记·周本纪》。

方式，人类文明的基石，搅局者的禁区 [J]. 兰州大学学报 (社会科学版), 50 (2): 25-34.

[3] 恩格斯, 1972. 家庭私有制和国家的起源 [M]// 中共中央马克思恩格斯列宁斯大林著作编译局. 马克思恩格斯散文集　第4卷. 北京: 人民出版社.

[4] 左丘明, 1977. 春秋左传集解 [M]. 上海: 上海人民出版社.

[5] 刘正瑶, 2006. 中华朝代知识歌 [M]. 北京: 科学普及出版社.

[6] (西汉) 司马迁, 1959. 史记 (卷一) 五帝本纪 [M]. 北京: 中华书局.

[7] 刘向, 1990. 战国策注释 [M]. 北京: 中华书局.

[8] 胡平生, 陈美兰, 2011. 礼记·孝经 [M]. 北京: 中华书局.

[9] 任继周, 2015. 中国农业伦理学史料汇编 [M]. 南京: 江苏凤凰科学技术出版社.

# 游戏规则，伦理学必须牢守的战略要地

任继周[1]　卢海燕[2]　郑晓雯[2]　胥　刚[3]

（1.兰州大学，中国工程院院士　2.中国国家图书馆

3.兰州大学草地农业科技学院）

游戏是生物发生学中某些类型动物的本能，也是这类动物生存的必要方式。但人类游戏需遵循相应的规则，而动物游戏则无任何规则可循。因此，游戏规则的有或无是人类与动物的分界线之一。

游戏广泛存在于人类历史的各个阶段，人类社会的各个角落。全社会到处都有游戏，既有特殊设施的专业游戏，也有就地取材的民间游戏。不同的专业都以各自的视角认知游戏，因而对游戏有多种界定。我们综合各家观点加以概括，不妨界定为：人类的游戏是没有物质目的，以人格平等的身份，自愿参与的，由一定的角色、在一定的场合、一定的时间内，依照一定的规则进行的自我满足的互动活动。人类在游戏活动中获得自我与他我的人格平等、精神自由，逐步发展为生产劳动规范的认同与人类伦理观，是社会文明的源头之一。

诚然，人类文明的发生与发展，求生的劳动是第一源头。但我们必须看到劳动与游戏是不可分割的金币的两面，如人的双手，协同帮衬，共建了人类社会的伦理观系统。人们对于劳动，已经有足够的认知，而游戏则常被忽略，甚至置于劳动的对立面，使人类文明跛脚而行，难免进入精神误区。

回顾人类文明的历史足迹，曾出现以零和为最高需求的"原始丛林法则""农业丛林法则"和"工业丛林法则"，每当游戏规则被重视并用于社会实践时，社会伦理观与社会生产力相偕发展，为人类造福。反之，当时的"丛林法则"呈现强势，则导致社会伦理观与社会生产力背离发展，带来灾殃。人类社会从渔猎文明到农业文明，其物质生产与游戏规则相伴提高，这一时期游戏规则优于"原始丛林法则"创造了人类游戏规则的第一高峰，即西周的"礼乐时代"。此后中国停滞于皇权社会，以城乡二元结构为特征，以权贵利益为核心，建立了不同利益集团之间互相对抗的农业社会生存样式，产生了"农业丛林法则"。西方则逐步进入工业化时代，以物质利益最大化为目标，建立了工业社会的"工业丛林法则"。东方的"农业丛林法则"生存

样式与西方的"工业丛林法则"生存样式于19世纪初不期而遇，前者溃不成军，从此全球处于"工业丛林法则"控制之下。

20世纪90年代，世界终于跨入后工业化的时代门槛。痛定思痛，人类认定应抛弃丛林思想，追求生态文明，共赢优于零和，协商优于对抗，和平优于战争。概言之，长久统治世界的丛林法则必将被以平等、公平、正义为核心的游戏规则所取代，进入生态文明新时代。

但作为"丛林法则"的时代余孽，恶性竞争和冷战思维仍暗流涌动。其中的个别狂人自闭于以自我为中心的囹圄中，抛弃人类游戏基本规范，竟然高喊"不能设想美国不做世界第一"这样无知的狂言，同时挥动霸凌的长鞭横扫一切敢与其平等独立的共存者。

这类游戏规则的搅局者是历史前进的逆流，为社会正义所难容，建立人类命运共同体的魔障。高举游戏规则的大旗，牢守人类伦理学战略高地是我们义不容辞的时代使命。

## 一、游戏与生命同在，与人类文明共存

游戏是一切动物的自发行为，是动物的本然属性。生命体内涵的熵变，需将正熵输出，负熵输入。这一过程始于生命的初始，终于生命的死灭。它是动物的内在必然，此为游戏的生物学第一原则，即游戏与生命同在。

游戏是动物自然生命力的自发宣泄。婴儿呱呱出世就本能地挥动手足，高声哭闹叫喊。随着年龄的增长，他们逐渐学会翻身、爬行、蹒跚行走。当他们的智力发展到可以指挥四肢随意活动时，就迅速发展出多项游戏的本能。在自然生态系统的熵变过程中，游戏使生物体本能地建立了正熵输出、负熵输入的生物学模型。动物游戏可促使动物个体生机盎然，生生不息。动物界这类毫无目的而不可取代的游戏，属于生命的本初内涵而非生命的外铄。无论多么忙于求生的劳动者，也有游戏的需要，不是体力游戏就是精神游戏。不妨说，游戏是与生命相偕发展的生命过程，表达了生命的自然本相。

游戏规则与伦理观密切相关，这种关联随着生物群体的进化程度而不断完善。例如，某些兽类的血缘型群体的"兽王"，体现为个体在群体"社会"中地位的差异，这也是人类原始氏族社会伦理系统萌发的位点。

人类发展到氏族社会的群体生活，必然突出表现本初的群体发展三要素，即游戏、求食和繁殖。三者在个体生命发展过程中，总是作为整体综合互动并逐渐发展为伦理观。按生物个体发育的时段为序，可分为三个阶段，依次为：求食－游戏阶段，完成个体由幼年到壮年的生长发育；求食－繁殖－游

戏阶段，促使生物群体数量的扩大；最后，个体衰老，繁殖能力丧失，只余求食和游戏，直到生命的终结。人从婴儿的躯体本能游戏，经过青壮年的体力和智力游戏，直到暮年以思维模式为主的精神游戏，只有游戏陪伴终生。游戏与其他两要素一样，对于人生是本然神圣的。在个体生命三阶段中，繁殖只在生命某一阶段出现。但繁殖是生物界一切行为的核心，生物体享受着求食和游戏的供养，通过繁殖完成生命体的世代传递。其中的求食和繁殖两个生物学要素早已为社会普遍关注，论述浩繁，非本文主旨，在此从略。三要素之一的游戏，因其表象为没有物质的任何诉求，纯属生活中的休闲和消遣，往往被误解为非人类生存所必需，将游戏与正常生活相对立，认为游戏是人类生存正道之外的点缀，甚至误认为游戏是"不务正业"。对游戏最极端的负面理解称为"游戏人生"，假游戏之名推卸人生的道义职责。这是对游戏的重大曲解，也是对神圣游戏的亵渎，由此给游戏的搅局者开了绿灯。

关于游戏的论述散见于有关文学、哲学和美学的论述中，专著不多且欠深入。18世纪德国哲人弗里德里希·席勒（Friedrich von Schiller, 1759—1805）对游戏做了相当深入的探讨。此外不少学者对游戏也多有涉及，如德国哲学家康德（Immanuel Kant, 1724—1804）认为游戏能排除物质利益而为人带来情感的满足。朱光潜认为游戏是不求表达的个人艺术行为。20世纪40年代，荷兰哲学家约翰·赫伊津哈（Johan Huizinga, 1872—1945）的《游戏的人》出版，是为关于游戏最早的学术专著，引起社会对游戏的较多关注，但远未能消除人们对游戏的偏见，尤其在传统文化中，游戏对人类的毕生呵护之功常被忽略甚至遭受错误判读。

游戏对生命和社会生态系统有不可取代的导向和护航作用。在生命三要素中，人类与禽兽的唯一区别在于游戏要素中人类建立了游戏规则并为群体所认同，人类借助游戏而走出禽兽类群。

随着社会文明的发展，逐步衍生了周延于全社会生态系统的游戏规范。人类文明与游戏规则的建立相伴而行，因为游戏赋予人类自外于利害范畴的人格，因此席勒将游戏与人品等值，他说："只有当人是完全意义上的人，他才游戏。只有当游戏时他才是完全意义上的人。"人类社会"思无邪"的游戏智慧应居主流。

现在已经进入全球一体化的后工业文明新时代，但在工业化初期，由于人类文明游戏规范的缺失，"丛林法则"盛行，诸如自我中心主义、民粹主义、种族歧视、宗教排他等恶习，至今仍不绝如缕，暗中流传，或明目张胆地破坏游戏规则，扮演游戏的"搅局者"。他们不是误入游戏场地去作弊的人，因为作弊的人还要假装玩游戏的样子，而搅局者不加掩饰地从外部施加

暴力，"把游戏世界砸得粉碎"，由人倒退为野人或恶魔，摧毁游戏的完美规范，应为后工业化时代文明所不容。

## 二、游戏是社会美德的本然载体

人类作为高度发展的哺乳动物群，在游戏过程中建立了相应的规范，这是体现于社会生态系统的诸多规范伦理学的滥觞。

生命的本质在于运动，而运动的普适形态就是游戏。无论人的职业、年龄、性别差别多么大，都离不开游戏。幼龄动物表现最为突出，婴儿本初的游戏就是本能地挥动手足，高声哭叫。随着年龄的长大，他赋予周围一切物品以游戏的属性。他可以倒坐在一把椅子上开汽车，把小凳子排成一列当火车，让布艺娃娃做自己的朋友。甚至走路也是他们的游戏题材，总是忽上忽下、忽东忽西，不走成人的"正道"。游戏为儿童创造了一个完美的世界，哪怕是短暂的，但它是"真实"的。他们在游戏中认真地融入自己的生命，创造了一个属于他们自己的精神世界（图1）。这正是儿童在不自觉地做着一件严肃的大事，他们绝对纯真无邪地尊重生命的规律，完成生命内部的熵变，推动着生命体的成长。对于儿童来说，只要活着，就要游戏，充分体现为游戏与生命同在（图1）。各类阻碍儿童游戏的社会环境，尤其我们经常看到的许多"好心"人强迫儿童做名目繁多、不恰当的"教育"活动，是违反生命规律的。

图1　丰子恺儿童画：老鹰捉小鸡
（来源：丰子恺著，《丰子恺漫画精品集》，中国青年出版社，2013）

游戏是人类现实世界与精神世界的分水岭。每当我们看到中东战乱造成的难民营里，在棚户废墟垃圾狼藉遍地、生活处于存亡边沿的状况下，一群儿童仍然全神贯注地玩他们的游戏。在我们面前恍然展开两个世界，成年人的苦难世界与儿童的精神世界，分别处于游戏分水岭的两侧。老子说"含德之厚，比于赤子"，儿童是我们的启蒙教师。游戏竟然有如此神奇的"法力"，可以把苦难的现实转化为精神乐园。生命的长河中，生命伊始的儿童之舟是游戏的领航者，成年人和老年人则以各自的方式接橹而来。成年人需要游戏，且不说社会上随处可见的游戏设施，即使那些没有兴趣参加任何游戏项目的人，他们或静坐、或卧息、或如高僧禅定，也难免"想入非非"，他们陷入思想深处的游戏中而不能自拔（图2）。这是伟大的自然通过儿童这块璞玉，给人以可贵的启示。

实际上任何人，只要活着，他们必然把自己置于各类游戏环境之中，从而维持自我的精神境界，建立属于自己的精神王国。这个王国层次有高低之分，领域有大小之别，但在这里他是独立、自由的人。否则他将陷于失落自我的空虚和抑郁之中，终将失去生活的欲望。

图2　禅定

[来源：（清）曼陀罗室主人著，《观音菩萨的故事》，陕西师范大学出版社，2007]

当今社会自杀现象频发，就是此种失落自我者的心理特征。

儿童的初始游戏是本能的，没有规范的，与一般动物的游戏没有本质区别。随着人类个体和集体的发展、进步，人类游戏衍发了丰富的社会文明的内涵，亦即游戏规范的逐步完善，直到建成周延社会规范的伦理学系统。人类社会的伦理系统萌动于游戏，通过诸多社会实践而趋于成熟。

因游戏与人类生活的物质利益看似无缘，它才有可能成为人类摆脱物欲和精神枷锁的路径，充分地展示人类和社会的自然本相，蕴含人类文明的精髓。人类伦理观主要分三大类，或称三层次，即功利论、道义论和美德论。其中最后一个层次美德论，就是摆脱利害关系的羁绊，直接进入美与丑、善与恶的道德认知，亦即不待任何思考，直接从人的精神本底所做出的伦理学判断。这正是游戏所呈现的精神境界，因而游戏是人类道德成长的土壤。我们常说，看一个人的业余生活就可判知其精神境界和人品优劣。因为业余生活是生命自由存在的时空主体，不妨把业余生活当作游戏的轮廓素描。业余生活中有些习惯认定的游戏，如棋牌、猜谜及竞技活动，还有些融合于我们的日常生活不被察觉的游戏，如散步、酒令、聊天、侍弄盆景，甚至扫地、擦桌子等日常生活，只要做得高兴，不是缘起于物质利益的追求，就有游戏的内涵。有些艺术家、科学家，他们把各自习惯的艺术或科学活动当作游戏来充实他们的业余生活或退休岁月，使自己处于无求无欲的自然本体状态，这样的工作与游戏已经融为一体，即游戏与工作互为载体，难以区分了。或许这就是马克思在《哥达纲领批判》中所说的在共产主义社会"劳动是人类

的第一需求"的境界，亦即游戏与生命同在的另一表达。

社会游戏规则系统的健康发展是人类生命共同体健康发展的必要条件。一旦人类社会的游戏规范系统解体，就意味着人类社会生态系统失序，这将是不可想象的巨大悲剧。

说到这里，我们对游戏的定义可进行更为深入的探讨。游戏是生命的本然，拒绝以物质利益为目标而自然获得生命所必需的满足，因而保全了生命纯洁的本质。当人们在全神投入正当游戏的时候，必然遵守游戏的行为规则，体现相应的道德规范。从而自然养成了尊重自我、尊重同伴、爱好完美、按规范行事等文化素质，这就与伦理学的美德论接轨了。因为游戏孕育人格平等、公平、正义的美德。在游戏时空的界定以内，即游戏规范的神圣王国，受到无可争辩的道德认同。如怀有个人的或集体的物质企图，人格平等和自由被剥夺，时空阈限被破坏，社会必然陷入巧取豪夺、物欲横流的"丛林法则"灾难之中。

## 三、游戏是人类多元文明的映射

社会文明在发展提高的路径中，出现不同的发展阶段，每一阶段都具有特定的社会功能和社会结构，与之相应的游戏平台发生实质性改变。

### （一）文化类型的多样性与游戏类型的多样性相偕而生

席勒认为人类有三种生命的冲动，即感性冲动、形式冲动和游戏冲动[1]。游戏冲动即审美过程，从感性冲动过渡到形式冲动需要游戏作为桥梁。只有通过游戏这座桥梁，才足以把感性冲动转化为形式/理性冲动。从感性冲动到形式冲动可能有多种途径，引发繁复的文明形式。如游戏与诗歌，游戏与戏剧，游戏与文学，游戏与哲学，甚至游戏与军事，等等学科，从多方面表达了游戏与社会文化整体的血肉联系，也丰富了游戏的内涵。

### （二）游戏赋予人类超脱现实生活的权力

人类受物质世界的束缚，本能地存在一种突破现实世界、创造虚幻世界的内在动力，以求得精神满足。这是人们生活在现实世界之中而又想突破现实世界的自发需求。从现实到虚幻需经游戏行为的过渡，这映射于现实生活

---

[1] 冯至译文称为"形式冲动"，诠释为"这个概念包括事务的一切式特性以及事务对思维的一切关系"。我们尝试诠释为理性冲动，较易为读者理解。

的众多方面。如大家所熟知的戏剧的化妆表演、群体狂欢节的化妆游行等，就是以游戏形式创造的短暂虚幻世界来满足自我。异形化妆本身就意味着与现实世界保持距离而走向虚幻世界。表演者经过一番化妆，结合某些情景的再现，即进入虚幻世界。影视剧是游戏的特殊样式，人在剧中一旦"进入角色"，就进入了精神的"化妆"，不再是现实人的本体，而是另一类非现实虚幻角色，并引导观众进入同一虚幻世界。人们看了一出动人的戏剧或电影，会被感动得涕泪交流或兴奋贲张。当我们走进寺院或教堂，看到身着法衣、手持法杖，唱赞美诗或诵念经文等各类宗教仪式时，在这个特定时空，人们严肃地、不同程度地融入了另一个非常人的虚幻而庄严的精神境界，这深刻体现了游戏的社会使命，如席勒所说游戏"使人们得到精神盛宴"。我们常说"干什么像什么"，这是虚幻与现实的瞬间转化。父亲在爷爷面前是儿子，当他面对儿子的时候，就瞬间转化为父亲。每个人都时时刻刻，认真地转化各自的社会角色，社会就因这些难以计量的游戏角色的认同而稳定有序。

## （三）游戏是社会仪式系统的设计师

任何一个稳定而有序的世界都具有一套礼仪系统，所谓礼仪就是仪式在社会生活中的系统化。社会实际运行于游戏仪式系统之中。人类通过相关的仪式不断实现个人的角色而联通社会文化整体。婚礼的喜庆，寿辰的祝贺，丧礼的悼念，某一社会团体的成立，某些事业的启动或告成，以及社会上名目繁多的节日活动，都是人类在特定时空、通过一定的"仪式"，完整而简练地表达相关的游戏规则。游戏在这里链接社会不同板块，展现社会文明。仪式将现实社会镶嵌于虚幻框架之中，赋予某些现实行为以神圣的意涵，而所谓神圣本身就是虚幻的另类表述。汉高祖称帝以后命叔孙通制订朝仪系统以体现天子之尊，用仪式把一群称兄道弟的草根群体纳入一个朝代的神圣政治殿堂。刘邦试行朝廷仪式后，大喜，说"吾乃今日知为皇帝之贵也"[1]。这就是仪式使皇帝有了皇帝的样式，群臣有了群臣的样式。其实始于西周的"礼乐"时代，就是依靠系列仪式以维系或称链接国家文明体系而维护封建政权的特定样式。仪式一旦被废弃，社会文明系统将散落为碎片，我们无法想象社会将是何等样式。赫伊津哈认为人类文明"全都滥觞于神话和仪式"。柏拉图充分肯定仪式和游戏的同一性。仪式是人类文明的工程师，中外皆然。

---

[1] （西汉）司马迁，《史记·刘敬叔孙通列传》。

## （四）游戏是人类自我发现的启蒙者和萌生社会智慧的沃土

游戏的主要价值在于它的主体性。人类通过自由的主体行动，启发人们逐步萌发自我意识，即自我的存在和尊严。拥有这类自我意识的人在游戏中互相接触、磨合，自然发生了非自我的他人意识，更确切地说应为"他我"意识，即认知了与我人格等值的"他我"。随着社会文明的进步，增强了对他我的认知、扩大与尊重，进而扩散为群体意识，使群体得到满足感。在这里出现的"满足"二字看来平淡无奇，但它是构建互为关联的社会航船的压舱石，内含本初的游戏规则。满足感是生态系统内部个体生物各安其位的表达。唯物史观的基本原则就在于多组分构建的文明社会，因各个组分得到满足而自由和谐地运行。即使在大社会系统中存在某些局部阻滞不畅，还可利用社会系统中某些小的游戏系统加以调节。例如，我们可以走进某些文艺俱乐部、运动场，或其他特定场合得到宣泄或慰藉，以求得自我满足。游戏的本质规定了游戏的参与者尊重并拥抱一切自愿参与游戏的生命体。通过不同生态系统相互依偎生存，终于蔚然化育为社会智慧，将社会文明提升到新的高度。因此，游戏是任何健康社会形态必不可缺的社会要素。社会应在不同的方面，对不同的游戏需求给以满足，以养成健康的游戏环境，培养健康的游戏规则，吸纳社会人群的广泛介入，从而扩大美德社会的领域，压缩邪恶存在的余地。因为游戏本然承载美德。

## （五）游戏是艺术孵化器

席勒说"人只是同美游戏"，游戏充满着美，而艺术本身就是美的追求，因而游戏孕育了艺术。英国历史学家乔.威尔斯（H. G. Wells, 1866—1946）对艺术产生于游戏做了较为详细的阐述："两三个妇女，无论是哪个种族的，她们在一起聊天，就包括了散文文学的最重要因素，语法的妙用、创造性的想象和生动的刻画"。这些故事常常以演剧般的姿势和穿插停顿表达出来。从很古的时候起，人们就进行述事性的活动来纪念某些大事件和呈现某些大场面的舞蹈过程。舞蹈的时候，说白、吟唱、模仿、节奏的动作和乐器的声音难解难分地交织在一起。"我们追溯艺术的起源，无论舞蹈、诗歌、戏曲，还是各类竞技运动，无一不源于游戏。康德认为游戏是与劳动相对立的自由活动，艺术不过是以游戏方式展现着人类本身忘形的美。赫伊津哈更进一步确认游戏与艺术的同一性，"被文明理解为神圣而高尚的历史上，一切艺术和文学都曾经是神圣的游戏。"他认为"文明生活中，伟大的本能力量滥觞于神话和仪式"。而神话属于精神游戏，仪式是游戏规范的横切面。因此，他认为人类文明"全都扎根在原始游戏的土壤中。"对于文明社会来说，圣洁的游戏灵魂无所不在。

概言之，游戏是人类文明的孵化器，游戏的规范性是人类文明的原胚。一旦游戏规范遭受破坏，整个游戏就会崩塌。对于任何一个系统规范的破坏，都是对游戏规则的破坏，也是对人类文明的亵渎。

## 四、游戏规则在伦理观涨落中的历史投影

游戏规则蕴含人类本初的道义良知，此为伦理观的本真内核。伦理观随社会发展阶段不同而有所变异，而游戏的本真内核不变。伦理观所含的游戏本真内核与社会物质文明发展路径可能同向或异向。它们时而同行、时而离散，在两者之间出现距离。当这一距离保持在游戏规则的弹性阈限以内，可使游戏规则与物质文明同向发展，其伦理观效应可维持社会的正常秩序，带来社会的福祉。反之，必将导致社会失序，引发不良后果。游戏规则在伦理观中涨落的历史足迹不应被忽视。

### （一）游戏规则的历史涨落

不同生态系统构成的生物圈本身存在两种潜势，即合作共存和排他竞争的正反两种力量的互动，即"相生相克"，从正反两方面共同推动了生态系统的生存与发展。合作共存为常态趋势，因而生物圈本身在正反两种力能互作下得以生机长存。我们在这里使用正反两种力量的互作而非斗争，因互作含蕴了正反双方合作共存的大格局。此为亿万年生物圈生存和发展的本然内涵，即"和而不同"。而斗争一词则对合作共存的大格局未能自足恰和，有违生物圈生存和发展的基本法则。

不幸的是人们几千年来，从氏族社会，而封建社会、而皇权社会再到工业化社会的初期阶段，因生存资源的占有欲和由此产生的精神胁迫，排他性竞争逐步被虚幻性膨大，导致社会充满斗争，一如工业社会中资本被虚幻膨胀，导致经济危机。19世纪中叶后期，达尔文物竞天择的科学思想被异化为"达尔文主义"，于是排他性竞争的"丛林法则"，亦即"工业丛林法则"，披上伦理学的外衣，走上道德的神坛，弱肉强食的非道德行为获得社会"理性"认同，人类文明的游戏规则遭受肆无忌惮的毁坏，这无异使人类文明堂而皇之地退回到蛮荒时代。

悠久的中华文明展示了游戏规则涨落的历史范式（图3）。绵延5000年不曾中断的华夏历史足迹说明，中国从氏族社会到邦国形成的夏、商之际，华

夏文明处于萌发期。作为奴隶主的贵族为了争夺领地或掠夺物资，驱使各自的奴隶互相厮杀，被征服者不仅被任意驱使，还被任意屠宰如牲畜，用于祭祀、殉葬甚至被烹食。此时物质文明与游戏规则相关联的伦理系统都处于人类社会的最低水平，"原始丛林法则"盛行，此为游戏规则与伦理观发展的初始阶段。但必须指出，即使人类文明处于"原始丛林法则"时期，体现人类精神本真的游戏依然为初民生活所不可或缺，它孕育了人类文明的原胚。如遗存的岩画、洞穴壁画，启发我们遥想当年不乏投掷、角力以及模仿动物群体的打闹、追逐甚至斗殴等竞技游戏。罗马帝国的斗兽场，以及至今仍普遍流传的格斗、拳击等竞技运动，即为人类文明前期游戏的"活化石"。今天盛行的高尔夫就是古时寒冷地带的牧人在草地上以木杆击石球游戏的遗存。上述事例说明，即使在"原始丛林法则"盛行时期，人类也通过游戏保存了伦理文明的火种（图3）。

图3　（明）蹴鞠图

（来源：孙麒麟等，中国古代体育图录.甘肃教育出版社，2015）

游戏规则的伦理基因在世界的东方曾一度展现从发育、繁荣到衰落的周期。这就是周王朝时期（前1027年—前256年），历时771年，为华夏第一长寿王朝，内含西周与东周两个阶段。西周游戏规则的伦理观进入成熟期，而东周则进入衰减期。尽管西、东两周历时只占华夏文化5000年历史的15%，为一条窄狭的历史缝隙，但它创造的游戏规则伴随华夏文明发展的第一次涨落，演绎了从上升到衰减的周期。

西周以血缘亲疏为主轴，礼乐系统为框架，敬天法祖为总纲，建立了等级分明的封建社会。人类以高度的智慧，把游戏这一人类文明胚芽赋予礼仪纷繁的程式，加以相应的音乐烘托，创造了内含游戏本真内核的精神世界，使王朝内部各氏族成员匍匐于封建王朝的伦理观脚下。他们满怀虔诚，自觉地各安其位、各务其业，建立了群体高于个人，自由寓于规范的文明社会。这无异是在血腥的丛林法则的历史洪流中涌现出一座文明仙岛，即后世称道的"礼乐时代"，在世界的东方焕发异彩，纷繁而神圣的游戏规范就是这个邦国之魂。西周礼乐社会礼仪繁多，什么场合采用什么仪式，选择什么语言，背诵什么诗篇，都有一定章法，虔诚而又有序，否则属"言而无文"[1]的非礼陋行，不能登大雅之堂。在这里游戏已经升华为神圣礼仪，即周礼。孔子通过对周代文化的发掘、梳理，归纳为礼、乐、射、御、书、数等六艺，是为孔子所梦寐以求的理想之国。循规蹈矩地履行周礼，彰显了今天难以想象的诚意和耐心。仅举天子祭天为例，天子需礼拜七十余次，历时一个时辰才告礼成。

中国游戏规则养育的农业伦理观经过西周约300年的探索经营，以人类的纯净童心，接受了礼乐社会的熏陶，蔚然化育为淳朴善美的世风民俗，达到礼乐文明的鼎盛时期。人类文明社会的繁多游戏规则已经筑起了华夏民族的伦理观高地，产生巨大而长远的影响。其中某些片段直到今天仍不失其中华民族文明的伦理观核心价值，凝聚华夏族群，代代承袭，即所谓"周虽旧邦，其命维新"[2]。我们不妨将这一阶段概括为人类游戏规则第一高峰时期。

进入东周的春秋时期，土地资源从分封制向土地私有制转化，促成物质文明大发展，社会游戏规则的神圣光环在物质利益的胁迫下日渐褪色，"丛林法则"再度兴起。社会失序，文明蒙尘，历史终于以弑君三十六、灭国五十二进入了礼崩乐坏的战国时期。在战国时期社会大乱局中，各诸侯国的精英之士，利用新兴的经济背景，纷纷寻觅治世良方，游说于各诸侯国之间，历经两个半世纪的苦苦求索，终于造就了奇思迸发、百家争鸣的壮丽图景。

百家争鸣闪现了游戏规则战胜"丛林法则"的智慧之光。终于以此为转机，产生有秦以来两千五百年的皇权时代。皇权时代以"海内"为"天下"，构建了堪称完善的大陆农业文明系统，即以儒家思想为代表的"正心、诚意、修身、齐家、治国、平天下"为总纲，结合法家的"治术"建立的"内法外儒"农业社会。尽管其中汲取了若干礼乐文明的基因并有所发展，游戏规则主导了较稳定的社会秩序，也不乏可供称道的生产和文化业绩。但纵观史实，因王朝更迭、版图争夺、民族矛盾等原因，战争频率达到惊人的高度。据统计有

---

[1] 《左传·襄公二十年》："仲尼曰：'志有之，言以足志，文以足言。不言谁知其志？言而无文，行而不远。'"

[2] 《诗经·大雅·文王》："文王在上，于昭于天。周虽旧邦，其命维新。"

秦以来的2530年中（至1949年），见诸史册的战争达3 125次、年均1.2次，战争造成的社会苦难不绝于书[1]。我们不难理解，皇权社会的实质乃是在游戏规则为标志的文化主流中，与继"原始丛林法则"而起的"农业丛林法则"正负两种势能互动的展现。其特色为对内施行城乡二元结构，城堡贵族为"刀俎"，乡野黔首为"鱼肉"；对外则在儒家"平天下"的目标下，开疆拓土，杀伐不断，这是一种更加精致的大陆型"农业丛林法则"。我们肯定其继承并发展了礼乐文明的某些精华部分，但不能否认其为"农业丛林法则"的搅局者提供了巢穴。

在世界的西方经过社会的系列发展，18世纪完成了工业革命，也随之引发了更加远离游戏规则内核的"工业丛林法则"。19世纪初，西方的"工业丛林法则"敲开了东方中国"农业丛林法则"闭锁的大门，而使后者溃不成军。中国从此被卷入全球性新的"工业丛林法则"的车轮之下，陷入了不堪回首的一个半世纪的悲惨岁月。尽管"工业丛林法则"以"达尔文主义"的新面貌走上"理性"的伦理观神坛，但它背离游戏规则的缺陷无法掩饰，以多次经济危机为导火索，三十年内引发了两次惨绝人寰的世界大战。全球陷于"新战国时期"，热战和冷战交替统治，甚至有些人得出"和平是战争的间隙"的悲观结论。

人类走近道德悬崖的险境，被迫深刻反思、苦苦求索。于是将目光投入遗忘已久的人类游戏规则的第一高峰期，即闪耀着东方智慧的中国"礼乐时代"。

## （二）东方智慧抛出拯救人类文明的救生圈

今天我们站在后工业化时代的历史高地俯瞰历史，全球有识之士向东方投出求救的目光。发现在物欲横流的滔滔洪流中，世界的东方曾初现闪闪发光的智慧之岛，向人类抛出了"思无邪"[2]的游戏规范救生圈。这是"春秋大义"的孑遗。那些曾被误解为腐朽、过时的文化化石，以其朴拙纯真之美，重新引起世人的关注。我们不妨截取这一救生圈的片段，鉴赏其蕴含的人类美德之一斑，唤醒人类沉睡已久的回忆。

---

[1]　如卫青、霍去病的英烈纪事，苏武与李陵的通信，大唐时期的豪气冲天的边塞诗，杜甫的"三吏""三别"，白居易的《新丰卖炭翁》等文献，都可看出汉唐盛世中国农业社会的缩影。后人多喜传述宋代的物资富饶、文化丰瞻的盛况，但请读读陆游的"王师北定中原日，家祭无忘告乃翁"（《示儿》）和"遗民尽泪胡尘里，南望王师又一年"（《秋夜将晓出篱门迎凉有感》），以及李清照的《金石录》等，可见当时国破家亡的民间疾苦。

[2]　《论语·为政》子曰："《诗》三百，一言以蔽之，曰思无邪。"诗经代表礼乐时代。

伯牙与钟子期的知音之交可为个人之间道义相守的游戏典范[1]。子路结缨而死则为"春秋大义"忠于正义而不失君子之风的道德范例[2]。

在战场上生与死的考验面前，游戏规则仍然凛然不可侵犯。大家熟知的宋襄公的泓水之战就是一例[3]。宋襄公这段故事虽留下千古笑柄，但他勇敢面对"礼崩乐坏"的潮流，坚守游戏规则，作为礼乐时代美德的牺牲者，应为后人击节赞叹。

鞍之战则演绎了神圣游戏规则的美好图景。公元前589年，晋国应卫、鲁两国求援而出兵抗齐。齐顷公率军迎敌而溃败，晋将韩厥率军追赶。齐侯在败亡途中，同车的齐将邴夏指着韩厥对齐侯建议："射那个驾车的，他是贵族"。齐侯说"他既然是贵族，应免于射杀"。齐侯在逃亡途中与齐将逢丑父交换服饰，乱中逃匿。逢丑父假冒齐侯继续奔逃。韩厥终于追上齐侯的座驾，对被俘的敌国齐侯依然行君主之礼，牵着齐侯车的马缰，一拜再拜，叩头触地，然后献上一杯酒和一块玉璧，以外交辞令陈述"我们国君派我们这些臣下为鲁、卫两国向您求情。国君嘱咐'不要深入齐国的领地。'臣下不幸，现任军职，如逃避责任将愧对两国君主。臣作为一名卑下的战士，冒昧地向您报告，臣下不才，滥竽代理此职。"[4]这套礼仪程序表演完毕，然后继续率军追击齐军。当韩厥把逢丑父这个假齐侯交给他的上级郤克时，郤克认出擒获的是逢丑父而非齐侯，要杀逢丑父。逢丑父大呼，我是代国君受难的第一人，岂能被杀？郤克说："一个人拼死拯救国君，杀他不义，赦免他以激励后人忠于国君。"这个故事多层曲折，即使在生死攸关的沙场，君臣之位分明，仁义之师的原则得到尊重。

古代中国这类颇富游戏色彩的礼仪之兵的道德内涵颇为丰富，如君子不重伤（对受伤的敌人再次加害）、不擒二毛（不捉拿头发花白的敌军老兵）、

[1] 《吕氏春秋·本末篇》记载伯牙弹琴，因钟子期善解其意，结为兄弟挚交。某年中秋，伯牙与钟子期弹琴作别，约定来年中秋在此再度相聚弹琴。但到了约定时间，钟子期未如期到来，伯牙得知钟子期已病故，极其悲痛，来到钟子期的坟前重弹他初次订交《高山流水》，然后"摔琴绝弦，终身不复鼓琴，以为世无足复为鼓琴者"。

[2] 《左传·哀公十五年》，子路作为卫国的家臣，为救被挟持的国君与优势敌人殊死战斗。死前帽缨被打断，子路说"君子死，冠不免"。终于结好帽缨、戴上帽子而死，史称"结缨而死"。游戏规则衍发的礼仪重于生命。

[3] 公元前638年（周襄王十四年）宋国与楚国约定在泓水南岸开战。宋军先到，布阵完毕等待楚军到来。宋襄公因恪守正义之师的军礼，一拒"彼众我寡，可半渡而击"的建议，再拒楚军布阵未稳发动攻击的"非仁义之师"建议。等待楚军全部渡河，布阵完毕之后，宋襄公击鼓进军，但远非强大楚军的对手而溃不成军，宋襄公本人负伤。

[4] 原文："寡君使群臣为鲁、卫请，曰：'无令舆师陷入君地。'下臣不幸，属当戎行，无所逃隐。且惧奔辟而忝两君，臣辱戎士，敢告不敏，摄官承乏。"

不以阻隘取胜（不阻敌人于险隘中）、不鼓不成列（不主动攻击尚未列阵的敌军）以及不穷追败敌等[1]。在某些方面比现代的日内瓦公约更加人性化。

人类文明是多元并发的，在国外也有不少类似的事例。如意大利1503年的"巴勒特斗争"，13个意大利武士与13个西班牙武士相遇，发生了一对一的战斗。在西班牙，1571年举行的"司法决斗"中，高等民事法庭在维思斯特附近一块场地，画出60英尺[2]（约5.57米[2]）的决斗场地，规定可从日出战斗到星星出现，或者直到一个决斗者喊出"饶命"为止。决斗不以杀死对方为目的，见血即止。游戏的正宗流派在欧洲中世纪形成骑士和决斗之风，此风在文艺复兴以后早已过时，西班牙的塞万提斯17世纪出版的名著《堂吉诃德》对骑士之风做了结论性阐述，而伟大的作家普希金在19世纪30年代还因决斗而丧生，可见游戏规则对社会道德影响之久远。不过西方这类道德传统断断续续且分散于多地，没有像中国这样形成蔚为全社会的时代之风。

西方有识之士对工业文明的"丛林法则"早有危机感，心仪东方智慧，并将其归结为东方伦理观。法国伏尔泰（Voltaire，1694—1778）为西方学人的代表，他早在18世纪就做出深刻的论述。伏尔泰看出西方以神话，即"美丽的谎话"为基础编造历史的危机，把目光投向东方的中国。他指出，"这里有一个尤其重要的原则，即如果一个民族最早的编年史证明确实存在过强大而文明的帝国，那么这个民族一定在多少个世纪以前就集合成一个实体，中国人就是这样一个民族，4000年来每天都在写它们的编年史"。只有游戏规则才有这样持久不懈而自我完善的张力。他最后归功于伦理学，"中国今天与2000年前的古希腊人、古罗马人的文明一样，都是并不高明的物理学家，但他们完善了伦理学，伦理学是首要的科学。"而伦理学正是游戏规则的规范化。游戏规范的实在性管住了中国，"因此中国从未像世界其他地区一样发生宗教战争。"中国游戏规则衍发的伦理观智慧已经成为拯救西方工业文明精神危机的参照系。

## 结束语

游戏是人类拒绝物质利益而自我满足行为的美德本真。无论个体生命还是生态系统，都证明游戏与生命同始终，富贵而不移，贫贱而不弃，傲然于利禄之诱惑，屹立于风暴之淫威。游戏如阳光之无所不覆，予人以温煦。游戏向全人类平等开放，成为人类生存的道德源泉，进而汇聚为浩荡奔涌的文

---

[1]　《左传·襄王十四年》：子鱼论战。

明长河。

突破当下世界局限，追求精神家园是人类的普遍精神需求。世间唯游戏能使人超然物外，满足人类突破现实而获得情感自足，是为一切艺术和宗教的源头，构建精神家园的工艺大师。

游戏规则提供了人世间树立平等人格的神坛，驰骋自由思想的天地。游戏孕育了人类伦理观的原胚，人类文明由此而衍发。

游戏提出了仪式这一重大命题。任何游戏规则都依靠或简或繁的仪式加以规范，当仪式进入社会生活时则异化为礼仪。附丽于游戏的仪式与社会礼仪是同质异构体。仪式构建了完整的社会系统，是众多社会板块的催化剂和黏合剂。搅局者随意毁弃仪式的权威性，无异悖反了由此达成的一切成果，若干庄严的协议被废弃，社会系统将因此而离散为不可辨识的碎片。

纯真合和的游戏规则的对立面是零和的"丛林法则"。历史上因时代的更替，先后出现过"原始丛林法则""农业丛林法则"和"工业丛林法则"。它们作为搅局者藏身的巢穴，时而在文明的长河中制造或大或小的逆流，造成社会福祉的失落。而游戏规则所护持人类文明的大势毕竟不可改变。

游戏规则在人与兽之间筑起一道不可逾越的万仞高墙，护持人类生存。是否遵守游戏规则，是自觉抉择为人或非人的底线。那些游戏规则的搅局者企图毁坏的不是个别的游戏场景，而是毁坏人类文明高墙的整体而回归洪荒时代。不论他们戴着多么堂皇的面具，手握多么强大的权力，必将受到历史的谴责而葬身于人类护墙之下。这是我们所不愿看到的人类文明之殇。

为创建后工业化时代的生态文明，实现人类命运共同体的宏愿，维护游戏规则是时代赋予我们的重大使命。

# 中国农业伦理学的多维结构

任继周[1]　胥　刚[2]　林慧龙[2]　夏正清[2]　董世魁[3]

（1.兰州大学，中国工程院院士　2.兰州大学草地农业科技学院
3.北京林业大学草业与草原学院）

西方研究物质科学时，维（dimension）的概念被广泛使用，可泛指线段、面积、体积、趋向，是认知物质世界的基本元素。西方的"维"源于欧氏几何学对空间认知的基本概念，物体由一维到三维构成具象的客体，而三维以上的多维结构则构成不具象的抽象客体。此后"维"被广泛用于数学及物质科学，近代移植于哲学社会科学，已为大家所熟知。

我们不应忽略，"维"的科学概念首先发生于中国并用于非物质的人文科学。"维"作为名词或动词，三千年前的诗经时代已广泛使用[1]，是可意指绳索等实物，也可意指纲领等非实物的名词；还可用为系留、挽留、维持等动词。"维"可以很细微，譬如"纤维"；也可以很粗壮，譬如梁柱，《淮南子·天文训》载"天柱折，地维绝"，而"维"的粗壮可与天柱对称。由此可见"维"在古汉语中几乎具有至小无内、至大无外的非凡含义。

战国时代《管子·牧民》篇说："国有四维，一曰礼，二曰义，三曰廉，四曰耻"。作为治国的纲要，管子将抽象的政治思想系统归纳为"四维"。这是"维"作为科学术语首次用于社会科学的多维结构。无论在东方还是西方，无论在精神领域还是物质领域，"维"被普遍运用，意义重大。

## 一、"维"的基本涵义

古汉语中"维"字由"糸"与"隹"组成，前者意为绳索，后者意为良好或高位，意即从高处牵引的大绳。上述管子提出的"国之四维"，是对精神科学"多维"结构的最早认识，现在看来管子有关"多维"结构的论述虽欠完整，但以历史的眼光来看在三千年前就有此认知，实属难能可贵。

西方在文艺复兴以后力图摆脱宗教对科学的束缚，认为物质世界中一切物体都由多维结构构成。"维"在低维空间容易被认知源于欧氏几何学，"二维"可观察物体的平面构造，"三维"可观察物体的立体构造。"三维"以上作为不具象的事物可用多种模型进行模拟。近现代物理科学对物质的"维"的论述极其丰富，一切事物的实质都可以进行多维结构解析。

现代社会，"维"及"多维"结构的概念已经普遍从科学语境进入社会，融入世俗语境，但人们对社会科学的"维"的科学界定似嫌不足。这并非由于前人的疏忽所致，而是"维"的概念在社会科学语境中不断深化和泛化，难以做出具体界定。事出多因，"维"不是某一学科专业术语，意涵多歧，它既抽象又具体，难以刻画描述；既有其独立的品格，又常以群体显示其功能，科学界定确属不易。对于农业伦理学而言，首先需要给"维"一个比较明确而周全的界定，才能进入"多维结构"的认知。因此，我们尝试给"维"以较明晰的阐述，如有不妥请大家进一步商榷。

"维"是一切事物（精神的或物质的）结构本体内部各组分互相关联的轨迹。以欧氏几何系统为例，长度一维、面积二维、体积三维，是维的特征量纲。在维数（n）大于3时（n>3）称为多维结构，则为不具象的抽象事物。它虽无形象，但仍是实在的多维结构的客体，可通过语言或模型加以表述和认知。

生态系统的原理揭示，任何多维结构必内含相应的功能，即多维结构本身的结构和功能"一体二用"。在农业生态系统中，它是由三类因子群（图1）、三个界面（图2）和四个生产层（图3）建构的多维结构，内含相应的功能，产生涵盖物质与非物质的相关内容，例如农业文明与生产水平等。此为结构和功能两者互作而建立的农业多维结构。其中结构是物质的，功能是非物质的，从物质的"结构"过渡到非物质的"功能"而后体现其产业特征。而两者之间的过渡程序则需要"维"作为中介来助力完成。

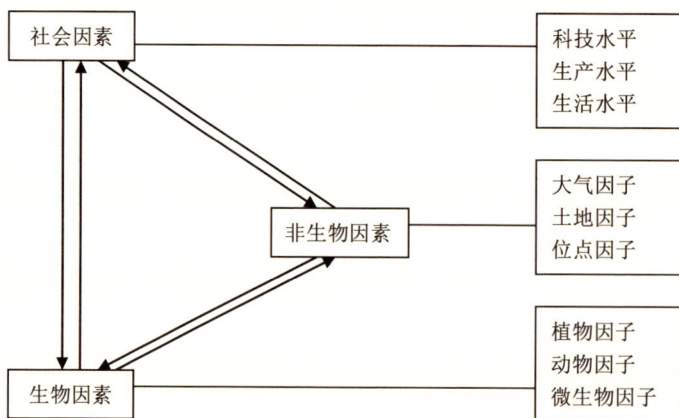

图1　草地农业结构三类因子群示意图

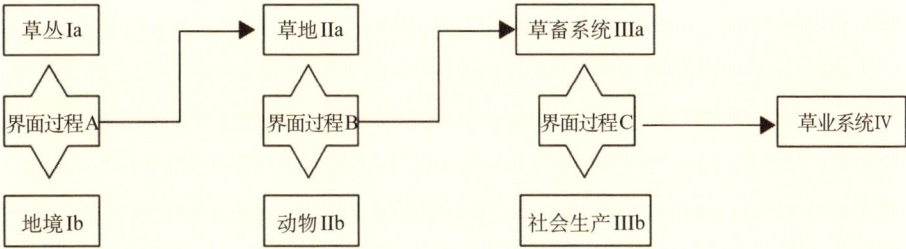

图2　草地农业三个界面示意图

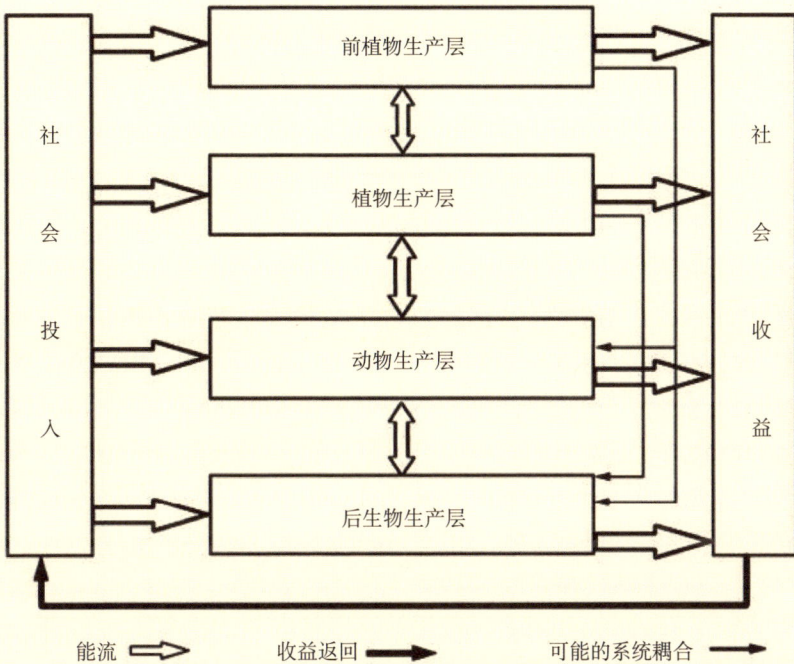

图3　草地农业结构的四个生产层

　　因此，作为农业生态系统从结构到功能的中介和助力的"维"，具有以下系列特征。

　　（1）多维结构中每个"维"都是可以认知的客观存在，且具有独特作用。

　　（2）因为事物/学科总是多"维"的，这些被称为"维"的单因素总是作为群体构成"多维"结构而存在。

　　（3）每个"维"贯通事物/学科整体，并在多维结构内作用于多维结构，凸显其功能，最终共同推动事物/学科整体运行与发展。

（4）"维"对相关事物/科学不仅有连缀作用，还有"规整"作用。所谓"规整"就是依据相应规范排除事物/学科内部知识冗余，把事物/学科本身的必要知识凸显出来，并予以明晰表达。

（5）作为多维结构体的事物/学科，其内在的多维结构存在于事物/科学的全时空，并作用于事物/学科本质显现，非因特殊应激而存废。

（6）任何事物/学科都通过各自特殊多维结构的结构与功能显现其核心价值[1]。

概言之，"维"存在并贯通于事物/学科的整体，它们各有特色，共同组成了事物/学科的多维结构。"维"发挥其规整作用，排除事物/学科自身内部知识冗余，凸显事物/学科功能，帮助人们认知事物/学科的本质。"维"在一定程度上作为中介将农业系统的结构与功能相连缀，发挥农业系统整体效益。

## 二、农业伦理学中的"维"与"多维"结构

农业伦理学依附于农业系统但超越农业系统本身。说它依附于农业系统，是因为它以农业系统为基质，并护持农业系统的健康运行；说它超越农业系统，是因为它对农业系统的合理性与正当性作出诠释、规范和引导。这里涉及两个多维结构，即农业系统的多维结构和农业伦理学的多维结构（图4）。前者为原发结构，后者为前者的派生结构。

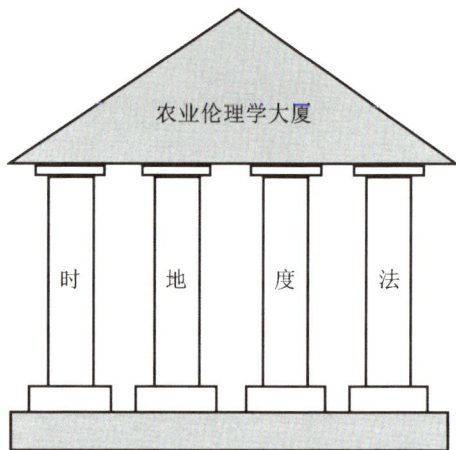

图4 中国农业伦理学多维结构示意图

农业系统的多维结构是自然生态系统被人为农业化而发生的特殊生态系统。它既含有人与自然生态系统的关联，也含有人与社会生态系统的关联。因而农业伦理学需覆盖这两大系统，并阐明农事活动的发生、过程与后果对自然和社会两大系统的道德关联，其变量之巨大难以计量，如循通常途径，罗列事例，加以类比而后抽绎纲目，展开论证而求取其系统实质，不仅会耗费大量资源而且难得要领。这就需要借助农业伦理学的"维"作为切入点来构建农业伦理学的学术体系，亦即构建农业伦理学的多维结构。

　　如上所述，农业系统的多维结构内含结构与功能两大部分。只有通过其多维组建的多维结构作为媒介，将结构与功能相联通，才能显现农业生态系统所蕴含的农业产业特征。本文将就"维"的本体和它所组建的多维结构作必要阐述。农业伦理系统的多维结构由时之维、地之维、度之维和法之维四者构成。

## （一）时之维，即重时宜

　　时是客观存在而又不具象的物质，只有当"时"与具体事物协变时[2]，才体现"时"的存在和功能。它与农事活动协变可显示其在农业伦理学中的存在和功能。其中在农业伦理学中最广为人知的原则便是"不违农时"，这是中华民族对农业伦理的本初认知，也不妨认为其是人类农耕文明的胚芽。从周礼的《秋官·司寇》《礼记·月令》，到诸子百家、坊间杂籍，有关"时宜"的论述浩繁。关于农时的经验来源于先人对于自然规律的基本认知，农业生态系统内部各个组分都按照物候节律因时而动，无论自然生态系统或社会生态系统都无例外。

　　"时之维"由若干元素构成。时序——农业生态系统沿着时的轴线有序运行，称为"时序"，其精微缜密，为现代科学所难以穷尽，运行一旦失序生态系统就呈现病态，如全然无序则生态系统趋于崩溃；时段——在较短的某一时间区限所发生的农业事件，是农业系统多维结构横断面特征的标样；时代——覆盖较长历史过程的特殊时段，社会发生特色显著的质的蜕变而促使农业做出必要的响应；时宜——农事与时间、空间适当契合的过程，应属农业之常态，常态寓常理，农事遵循常态风险系数较低；际会——由时、地和相关事件三者协同发展的上佳和合状态，是农业生态系统中众多子系统的"和而不同"，是协同进化的完美时宜表述，或可称为各类农业伦理要素的时宜升华，可引发外溢效应，扩大某一事件的影响，即我们常说的"风云际会"。"际会"常有而不常驻，是农业伦理智慧的体用所在。因此，必须强调"际会"常显现于社会协同进化的关键时刻，亦即社会转型时期。

　　现代农业系统趋于全球一体化，直至涉及生物圈整体，不仅其"时之维"各元素表现纷繁远甚于以往，更因社会时代演替而引发新的蜕变，使多维结构展现难以预料的时代特征。目前我国正处于从农业社会到工业社会，然后仓促进入后工业化时代的转型时刻（现在普遍认为是工业化3.0向工业化4.0的转化阶段）。全球性的时代浪潮正以排山倒海之势奔腾而来，我们要把握际会、拼搏前进，力求勇立于时代潮头，巧借时代的助力，并为时代作出应有贡献。

### （二）地之维，即明地利

地之维内含土地与地域两重涵义。人们对土地的农业伦理学认识由来已久，它是陆地生物滋生的载体，农业生态系统的初级生产无不仰赖于土地。土地既是农业生物的载体，也是农业劳动的产物，农业系统的盛衰优劣，土地肥瘠可为表征。华夏族群从诗经时代起，即对土地多有歌颂。《易经》给以理论升华，称为"地势坤……厚德载物"；周代已有"地官司徒"专职官吏；《管子·地员》篇对土地类型学已有系统论述[3]。中华民俗常以土地为神祇而顶礼膜拜，对厚德载物的土地自应厚养以德。

在历史的进程中，先民对自己生存地境由不自觉逐步趋于自觉，对土地的伦理学认知由混沌到清晰，其"地之维"解读逐步发展为四重要义：一为地境的地理地带性之伦理学认知，即不同的地理地带提供相应的农业地境，显现相应的农业特征；二为地境的类型学之伦理学认知，即在某一地带之内含有不同的土地类型和与之相应的农业特征；三为地境的生态学之伦理学认知，即在某土地类型之内含有不同的生态位点和与之相应的农业特征；四为地境的土地耕作之伦理学认知，即不同的生态位点之内含有与之相应的土地耕作农业特征。其农业伦理学内涵逐层加深，环环相扣，构建了完整的土地农业伦理学系统。在农业伦理学系统中，农业地境的类型学位居中枢。准确把握土地类型学，农业伦理学的其他三层次自有立足之处，农事活动就能融会圆熟，运行顺畅。这是农业伦理学"地之维"的枢纽所在。

"地之维"的另一涵义为地域。近百年来中国由"海内即天下"的大陆农业国发展为背靠大陆面向海洋，陆海兼有的工业国。"地之维"所蕴含的"地利"之义也由"土地之利"发展为陆海兼有的"地域之利"。中国的地域除960万平方千米的陆地面积以外，还有473万平方千米的领海，和18 000千米的海岸线，内含海陆界面之利、港湾区位之利、近海渔盐之利等巨量资源。我们面向海洋，全球的公海尽收眼底，义不容辞，应予以精神的和经济的伦理关怀。因此，"地之维"现代伦理观须将固有的陆地伦理观拓展为陆海兼容的地域伦理观。这不仅因为海域是一个全新的领域有待开发，还因为必须面对陆地与海域之间、领海与公海之间的双重关联。这里有诸多新机遇，也暗藏诸多新危机。面对辽阔的海洋，我国传统的"耕地农业"伦理观显然领域过分狭小、结构过分扁平。因此，建设现代陆海领域农业伦理观，将是一次农业伦理学划时代的大发展。

## （三）度之维，即行有度

在农业伦理学中最广为人知的是帅天地之度以定取予。生态系统具有开放性，即农业系统有物质输出与输入的功能，农业活动从而发生投入与产出。其中"取之有道"，应使农业系统能量和营养物质在一定阈限内涨落，保持相对平衡，亦即常在合理差异之内，以维持系统自我恢复的弹性，常保系统健康发展。我们常以"熵变"来衡量其有序度。一旦农业系统能量和营养物质入不敷出，突破涨落阈限，农业系统的生机即趋于衰败。中国小农经济时期，依靠农民"生于斯长于斯"的狭小范围，尽管对土地伦理观的四重要义中只认知耕作之义，但因地境熟悉、措施有效，以精耕细作保持了农业系统较强的自组织能力，农业系统的生机历久不衰。进入计划经济和市场经济以后，此种自组织能力丧失殆尽，原来小农时代的农业系统的生机迅速衰竭，直至荡然无存。因此，由中国小农经济的农业结构到现代市场规模的农业结构，应探索其适当的"度"的规范，这就是我们所常说的规模效应，其核心为产业规模与社会生产水平相适应，过大过小均非所宜，规模以常保效益历久为度。

但"度"在社会系统和自然系统中有着更广泛的含义。度是无所不在但又不见形容的中性特殊量纲，当"度"与有关事物发生协变时才显示其存在和功能。"度"虽为非物质属性，但协变功能有类于物质属性"时"的特征。"度"可以是具体可度量的量纲；也可以是难以度量的主观阈限，即无量纲的度。几乎任何事物，无论物质的还是精神的，都可以"度"量之。例如，物质领域的高度、硬度、温度、酸度、碱度等可用不同的量纲加以度量。但有些事物如家畜的肥瘦、年景的好坏、农事运行的顺逆等都是无量纲的度。在精神领域，如在一定情境下表现为高尚与卑下、傲慢与谦和，以及急躁冒进与迟钝保守等，也都内含无量纲之度。当"度"与农事结合时，就显示其农业伦理学的作用。最明显的事例就是对自然资源的无度掠夺，以"征服自然"的"豪迈"心态，不惜对自然资源造成严重损伤，以及"人有多大胆，地有多大产"等极其失度的口号等凸显了"度"对农事成败的决定性意义。我国因"失度"而蒙受惨重损失的事例并非罕见，以至于中国农产品自给的阈限之度，农业结构中口粮与饲料占比之度等在新时期下凸显其深远的战略意义。因此，"度"在农业伦理学中是不容忽视的元素。一般情况下，常态是适度的直观样式，亦即生态系统健康的常态体现适当的度。老子说"不知常，妄作凶"，这里提醒我们真理跨过一小步就是谬误，即便是好主意、好办法，如执行失度，也会变质为坏事情，产生不良后果。

### （四）法之维，即法自然

伦理学之法意为符合自然规律的行为准则。老子说："人法地，地法天，天法道，道法自然"[4]。一个"法"字，统领农业管理之道；这里所说的道，就是自然之法，亦即自然的本体，是理性认知的最高峰。"自然"一词出自老子，源于中国，是中国对人类文明的巨大贡献，而敬畏自然之法是农业管理的最后皈依。农业管理包含土地和附着于土地的人民，以及农业生产行为和产品分配的全过程。其中繁复的技术和社会关联需要周严的伦理关怀，而伦理关怀的手段则为层层伦理法网。因此，要保持农业系统的有序运行，不能离开自然之法的护持。自然之法的伦理准绳为农业系统中可循的"序"，而"法"的操作在于把握"序"的某些节点，即"度"；"法"为农业系统序与度若干节点所构建的理论结构的网络，即体现自然本体的恢恢法网。

自然本体在华夏大地遇到中国农业伦理学的独特问题，即城乡二元结构。中国农业从产生之日起，就内含城乡二元结构的胚芽。这个胚芽随着历史的进程逐步成长、巩固，滋养了城乡二元结构伦理观的巨网，从物质到精神，尽在中国农业伦理的恢恢法网之中。小农经济时代，城市对乡野有绝对的控制权，它指引农民做出无私奉献，强化权力集中，强势集团一旦控制了城市就控制了全国，城乡二元结构把巨量分散的小农户统一于大帝国之中，引导中华民族走过皇权时代的辉煌历程；在新中国建立过程中则利用城乡二元结构的巨大差别，以农村为基地逆向发力，以农村包围城市，挫败城市对农村的传统统治，取得历史性胜利，由城市领导乡野到乡野包围城市而取得压倒优势。这是中国农业伦理多维结构中法之维的历史性大逆转，也是中国传统农业伦理观的最后辉煌，终以工业社会取代农业社会而逐步走向衰竭。当社会进入工业化和后工业化时代以后，为了适应世界经济一体化需求，统领国内外繁复多变、不同层次的众多农业系统耦合[5]的机遇，破除城乡二元结构这一重大结构性障碍，建立新农业伦理观的"法之维"成为当务之急。

总结上述有关论述，可以归结为农业伦理学的"法之维"，聚焦于保持农业有序运行的公平与正义，维护农业系统生存与发展的基本权益。发自于自然之道，皈依于自然之道。而有条文可籍的法律之法，本身为伦理学之法的溢出部分，不属农业伦理学之法的范畴。

## 三、农业伦理学多维结构整体观

农业伦理学以时、地、度、法为四维组成多维结构，是农业伦理学的纲

领。其中"时之维"与"地之维"，具有时空概念的物质属性；而"度之维"与"法之维"则属非物质的精神属性。在农业伦理学多维结构中，物质之维和精神之维并非"二元"孤立存在，而是相辅相成存在于整个农业生产与农业发展的全过程。我们必须深刻反思，传统农业发展历程中由于重物质、轻精神，使农业伦理观这一精神要素缺失，导致我国农业走了不少弯路，甚至引发灾难性后果。因此，我们必须正确认识农业伦理观的多维结构，慎重前行，共同守护农业伦理大厦的完整和牢固。

### （一）四维一体，不可分割

维的本体就是构成多维系统结构的客观实体。农业伦理学多维结构是由时、地、度、法四维共同组成，其中任何一维缺失，都将导致农业伦理大厦的整体崩塌。但这一点与先贤管子所解说的"礼义廉耻，国之四维。一维绝则倾，二维绝则危，三维绝则覆，四维绝则灭。四维不张，国乃灭亡"有所差异。管子虽意在彰显各个"维"在治国伦理系统中缺一不可，但他没有表达在多维结构中"维"的整体全存性（all or none）。四维中只要缺少任何一维将导致多维结构整体崩溃，多维结构之为用不能逐一递减或递加。管子提出维的概念已经难能可贵，但必须指出，任何一维都对系统整体有一票否决权，四维之间的关系就是全存或全无的整体性。需要注意，我们在这里说的是农业伦理学多维结构的全存或全亡，而不是农业系统多维结构的全存或全无。

### （二）时之维与地之维对农业伦理多维结构的贡献

时之维与地之维是农业伦理多维结构的物质平台，辩证唯物论揭示了时间、空间和事物/学科三者是不可分割的整体。农事活动追求的目标为时、空、农事三者洽和。但当今的"时之维"须全覆盖古往今来的人类历史时代，以体现伦理学的时代观；当今"地之维"须涵盖从当地到全球，以体现伦理学的地域观。时之维与地之维的结合，可较全面理解当今时间与空间的全球性农业伦理学特征。

"时之维"受"时"的物理特性规定，时代是永续前进、不可逆返的。以往时代的优秀基因要在时代的更迭中不断传承，失去时代价值的某些部分，如封闭性的田园风光、安适孤立的农村生活、缓慢低效的生产节律等，只可作为古色古香的图画或古董，以其艺术之美供后人欣赏或凭吊，不可重复实践，这是一个不断"扬弃"的过程，是农业发展适应时代发展的必然选择。如西方的某些农业研究者，对中国的小农经济社会颇多赞誉，但小农经济社会不可复制，农业社会的某些过时因素必将随着农业社会的结束而逝去，工业化时代接踵而来已势不可挡。

我们今天所说的"地之维"包括土地与地域两部分，已非我们习以为常的"陆地之维"。如今，面对涵盖全球不同地域的农业资源和农产品市场，需要我们具备全球视野的农业伦理观。全球一体化引发的世界性的农业格局已不可避免，两千多年来的大陆农耕文明养成了中国人关于农产品自给自足的情结，曾一度规定农产品自给率不得低于85%，尤其在"备战备荒"传统影响下，从地区性小而全自给的破灭到全国大而全的自给冀求，力求农产品刚性自给。甚至在改革开放的大好形势下，唯独农业半开半闭，对农产品的国际交流投以疑惧的目光，原定"粮棉油"三大作物严防死守自给大关，结果大豆在国外产品压力下不战而溃，政府杠杆力撑棉花与粮食两者先后折戟告终，进口粮棉的到岸价比我们的成本还低等。虽然我国属于农业资源贫国，但有广袤的国土、充足的资金和现代科技优势，在面对全球农业资源时，相信以国人的智慧在世界农产品贸易大博弈中上演一场惊世好戏并非奢望，至少不致出现举国关注的"三农"问题。我国口粮早已自给有余，缺的只是畜禽草料，只要改变农业结构，即可基本自给并无致命风险。当前我们应以"地之维"的双重内涵为依据，发挥农业系统开放的本然属性，秉持"发展自我，惠及全球"的农业伦理观，以全球农业资源发展全球农业，为建立人类命运共同体的农业系统作出切实贡献。

### （三）度之维与法之维对农业伦理多维结构的贡献

"度"的特征依附于农业行为所用资源、工作条件和产品目标。在这一前提下，一切农业行为应找到各自的适宜度，既要依靠科学，也要依靠经验，这很不容易。尽管有好的意图和好的方法，但做得过度或不足，都得不到应有的效果，甚至适得其反。例如，我们在反对工业社会冷战思维的同时，往往不慎陷入小农经济闭关锁国"备战备荒"的冷战思维。"度之维"的体现靠"法之维"来保证，度与法共同组成农业伦理管理之网，护持农业伦理观多维结构健康运行。

### （四）农业伦理学多维结构的整体关联

农业伦理学的物质要素与精神要素两者耦合，构成农业伦理学的恢恢巨网，护持农业伦理系统健康运行，既对自然生态系统尽道义之责，也对社会生态系统尽道义之责。我国一向对农业予以足够重视，连年发出一号文件强调农业工作。但如以农业伦理学的四维结构来考量，物质要素与精神要素的厚此薄彼、有欠均衡而导致影响农业健康发展之事屡见不鲜，甚至因重视过

度而产生负面作用。如小岗村农民从小农户到大集体，又从大集体返回包干到户的艰难过程；技术投入过度导致漫灌使土壤盐渍化，化肥、农药使用过度导致面源污染；资金投入过分而致产品成本高于进口农产品到岸价等。

　　为了全面认知农业伦理学四维的关联，对农业具体问题进行深入剖析是良好途径。以代表中国传统农业伦理观的城乡二元结构为例作简略说明，这既涉及时之维（如该结构的历史作用），也涉及地之维（如该结构的土地利用），还涉及度之维（如城市与乡村之间依存的合理性）和法之维（对城市管理者与乡野生产者的理性关怀）。由此我们做出对城乡二元结构的全面评价：城乡二元结构在农业社会是可取的，而在工业社会则是发展的阻力。

　　综上所述，在农业伦理学多维结构之中的四维，没有轻重大小之分，都是必要元素。作为农业伦理学多维结构的整体，共同护持农业的健康发展。农业生态系统是自然生态系统的特殊样式，也是自然生态系统的一部分，亦即自然本体的一部分。农业伦理学应立足农业伦理系统的多维结构这一牢固基石，以"道法自然"为皈依，肩负人类命运共同体的道义责任，引导我国农业走上康庄大道。

## 参考文献

[1] 任继周，林慧龙，胥刚，2015. 中国农业伦理学的系统特征与多维结构刍议[J]. 伦理学研究，(1): 92-96.

[2] 任继周，2016. "时"的农业伦理学诠释[J]. 兰州大学学报（社会科学版）(4): 1-8.

[3] 国学整理社，1954. 管子·地员篇[M]// 诸子集成·卷五. 北京：中华书局.

[4] 任继愈，2006. 老子绎读[M]. 北京：国家图书馆出版社.

[5] 任继周，方锡良，侯扶江，2018. 论农业界面的伦理学涵义[J]. 自然辩证法通讯(6): 1-9.

# 敬天以趋时——时的中国农业伦理学解析

郑晓雯

（中国国家图书馆）

在世界范围内，几十年前就开始从伦理道德的视角来审视农业生产和自然环境问题，并建立了相应的研究机制，如成立于1987年的农业食品与人类价值协会（The Agriculture，Food，and Human Values Society，AFHVS）[1]就是其中的代表机构之一。AFHVS致力于食品安全、自然资源与生产、消费、分配、价值等相关研究，主张农业生产在追求盈利的同时，必须遵循一定的道德底线，即维护人类的尊严和自然的完整性。

中国作为有着悠久农耕文明发展史的农业大国，在经济高速发展的当今时代，面临着前所未有的环境污染、资源耗竭、生态环境恶化、农村与农业在城镇化进程中该何去何从的两难选择等亟待解决的诸多问题。以任继周院士为代表的农业学者，心怀强烈的使命感和责任感，从上追溯了中国上万年农耕文明的发展轨迹，从下几十年来不辞辛苦行走在中国农村的田间地头、高山草甸，记录了中国农业、牧业、草业的惊人变化和存在问题，并尝试从哲学伦理的高度，寻求中国农业兴旺发达和持续发展之路。任继周院士提出"重时宜""明地利""行有度""法自然"的四维结构，搭建起了中国农业伦理学的框架体系和核心主旨。

农业行为的产生源自人类生存对食物的需求。食物是人与自然联系的能量环节[2]。农业行为是把双刃剑，是人与自然之间不断创造和破坏伦理的过程：

一方面，农业活动为人类带来稳固的食物来源，让人可以依赖自然却不完全受限于自然，人类社会得以发展壮大，甚至成为万物主宰，成就了人类的尊严。

中国农业伦理学中提出"重时宜""明地利"的思想，"时"与"地"是农业发生发展的载体，是农业的物理属性，只有二者完美耦合才能顺利完成农业活动。

---

[1]　Ethics of Agriculture[EB/OL]. https://www. faithfoodenvironment. org/bibliography/ethics-of-agriculture/[2021-05-20].

[2]　任继周, 2018. 论农业界面的伦理学涵义[J]. 自然辩证法通讯, 40(6):1-9.

另一方面，当人的农业行为与自然规律相背离时，就会给自然带来伤害，人也会受到自然的惩罚。中国农业伦理学指出要"行有度"而"法自然"，人的农业行为本身就是自然的一部分，任何与自然相抵触、相割裂的行为都是对自然完整性的破坏。

可见，中国农业伦理学与AFHVS高度一致、不谋而合。

中国农业伦理学植根于中国传统伦理哲学的深厚沃土，观照了中国农耕数千年的生产实践，是对中国农业文明发展的深刻总结，有着深厚的文化底蕴和浓郁的中国色彩，更蕴含着对人在自然中的价值和人的自然价值观的深刻思考。

"时"是中国农业伦理学的首要维度，也是开启中国农业伦理学的第一道大门。要理解中国农业伦理学的奥义，不妨先从"时"的解析开始。

在中国传统意识形态里，"时"与"天"密不可分。先秦时期，"时"有时也被称为"天时"。"天"，即"自然"，即"道"。万物与"时"协变，无不与"时"相关。

中国农业伦理学中的"时"可分为天象观察、天道认知和天人关系三个层次。

"天象"为自然万物及其变化。"天道"为自然法则，即主宰万物兴衰变化的规律。"天人"不仅包含以上两者所有内涵，更有对宇宙万物与人之间关系的深刻探求。这三个层次相互交织，在彼此辩驳与佐证中，获得共同的发展。

笔者认为，"敬天"以"趋时"是中国农业伦理观中"时"之维的核心内涵。"敬天"的思想来源于中国传统伦理哲学，"趋时"是农耕民族在农事实践中不懈的努力与追求，它们最终都归统于农业状态的"时宜"和农耕活动的"不违农时"。

## 一、天象观察

中国农耕文化历史悠久，最早甚至可以追溯到距今约一万年左右的新石器时代。在殷商时期，中国古代农业已达到相当发达的程度。殷墟出土的甲骨文献中，曾多次出现过 𥞩（黍）字，这是谷物成熟下垂的样子与表示水的象形，说明当时成熟的黍子不仅作为粮食食用，还被用来酿酒。《诗经·国风》中也有"硕鼠硕鼠，勿食我黍"的记载（图1）。中国农业伦理学中的"农时"观伴随中国农业的起源而发生，随农事活动的发展而丰富，是中国人农事活动的时间安排与自然生物的时序规律相协调的系统认知和实践总结。

中国古人对"时"的认知始于对天象的观察，通过自然万物的变化进而萌生对"时"最本初的认知。《吕氏春秋·不苟论》指出："民以四时寒暑日月星辰之行知天。"中国古代先民首先感受到了"时"带来的物候变化，然后把"时"与遥不可及、神秘莫测的"天"联系在一起。

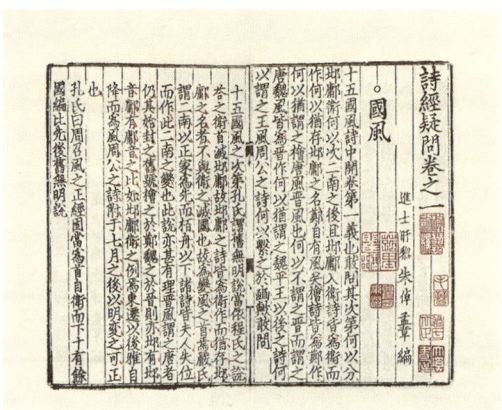

图1 《诗经·国风》

[来源：(元)朱倬撰《诗经疑问》，国家图书馆藏元刻本]

在上古时期，人们还没有明确的时间意识，生存的需要和农耕的发展迫使人们必须准确地知道什么时候播种、什么时候扦插、什么时节种桑，什么时节采茶……面对自然界的万千征候，人们除了依靠自身感觉进行模糊判断，还逐渐学会在夜晚观察星象的不同位置，开始有意识地记录每一次月亮的圆缺程度，掌握了鸟兽抚育后代、迁飞移动的生命规律。《周易·丰》中描述"日中则昃，月盈则食，天地盈虚，与时消息"。过了正午太阳开始偏西，月亮圆了不久又走向亏缺，人们利用天象的变化来推测时间，并不禁感叹事物无常，万物总是不断地走向兴盛或衰亡。

距今7000—5000年的仰韶文化时期，人们从河南濮阳出土仰韶文化的"蚌塑龙虎墓"遗址中看到，古人用蚌壳摆塑的一龙一虎[1]（图2），竟与天上的北斗星和二十八星宿中东西二宫的若干星象完全吻合。中国先人对天象的认知，准确程度令人惊叹。

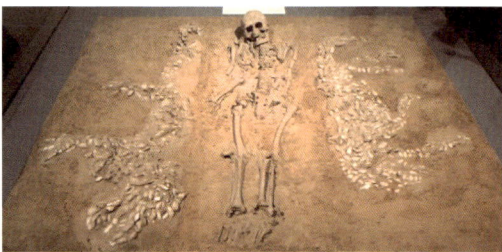

图2 河南濮阳"蚌塑龙虎墓"，国家博物馆藏
（闫岩摄，2018）

西周时期，农业发展已经从依附渔猎采集发展为稳固的种植桑稼。《诗经·豳风·七月》是迄今最早描述季节与农耕生活的文献，全诗按照季节先后，描绘了从年初到年终物候、天象、农事和人们的日常生活。"七月流火，

---

[1] 中国古代天文体系中有"二十八星宿"，共分为东、南、西、北四宫，每宫有七颗星。古人在识别星象时，为了便于记忆，常常将其想象成某种动物。如《史记·天官书》就有"东宫苍龙""参为白虎"之说。因此，该墓葬中的龙型、虎型正是代表着天上的东西二宫。

八月萑苇……"七月[1]天气开始转凉，大火星日渐偏西向下。八月蒹葭长成萑苇，收割下来准备过冬……人们关注寒暑的变化，也积累着对"时"的感悟与经验。

在先秦时代，人们对天象的关注已经较为普遍："三代以上，人人皆知天文，七月流火，农夫之辞也；三星在天，妇人之语也；月离于毕，戍卒之作也；龙尾伏晨，儿童之谣也。"[2]把天象编成民谣，让乡野农夫、妇女稚儿都耳熟能详，更便于人们安排生产生活，体现了百姓生活与"时"息息相关（图3）。

图3　（东汉）天象画像石

注：画中刻有四神：天帝居中；右部日神人首蛇躯，胸部日轮内有阳鸟；北斗七星相连。斗口斗柄分明；左刻月神也是人首蛇身，胸前有一满月；南斗六星相连，与北斗遥遥相对。体现了中国古人对天象的观察和想象。

（来源：中国美术全集·画像石画像砖（一），黄山书社，2009）

不仅是普通百姓，圣人同样需要通过观察天地万物的变化来做出判断。《周易·系辞下》："古者包牺氏之王天下也，仰则观象于天，俯则观法于地，观鸟兽之文与地之宜，近取诸身，远取诸物，于是始作八卦，以通神明之德，以类万物之情。""包牺氏"即为伏羲氏，这里所描绘的是中华民族的始祖之一伏羲对于天地万物的观察过程。"天"与世间万物皆有联系。古人认为伏羲氏之所以能够"王天下"，是因为他能够准确地捕捉到万物随时间变化而走向兴盛或衰亡的过程，能够通晓"万物之情"。

除了变化，人们还意识到"时"具有"久"的特点。《易传》中说："天地之道，恒久而不已也。利有攸往，终则有始也。日月得天而能久照，四时变化而能久成。"还说"天地以顺动，故日月不过，四时不忒。"天道变化，时间无

---

[1]　七月：夏历七月，阳历八九月份。

[2]　魏源全集编辑委员会,2004.魏源全集.第十六册,皇朝经世文编.卷五十四至卷六十九,礼政[M].长沙:岳麓书社:779.

· 75 ·

始无终，天地万物皆按顺序（规律）存在和运行，绝不出差错。人生有限，时间却永久，人在时间、自然面前只不过是渺小的存在。

在物理学中，"时"是非具象的，具有很强的方向属性，只能向前不可后退。古希腊哲学家赫拉克里特说"人不能两次踏进同一条河流"即是此意。但寒来暑往、四季轮回，中国人对"时"循环往复、周而复始的观念却由来已久。这是因为农耕民族对"时"的认知，多来源于依托"时"而发生的物候变化，"昨日之日不可留"[1]，但"年年岁岁花相似"[2]"燕去燕来还过日"[3]，不同的时间、相似的场景在不断上演，主宰其中的正是有迹可循的自然规律。

## 二、天道认知

在农业系统中，"时"不仅指"时间"，更有蕴含其中的"规律"。随着经验的积累，人们不禁疑问：天的力量从何而来？对"天"本质的探求，让人们认识到"时"是一种有序度的存在，一旦违背就会遭遇灾殃，"敬天"、敬畏自然、遵循时序的伦理意识由此产生。

《周易》是西周时期的形势判断手册和行动指南。《周易》第一卦即为"乾卦"，象征天，正体现了古代先哲对"天意""天道"的敬畏。第二卦为"坤卦"，象征地。"乾坤"相提并论，天与地紧密联系，这是农耕文明哺育的中华民族所特有的时间情节。

《尚书·益稷》中说"敕天之命，惟时惟几"，要时时刻刻按照天的意图做事，一时一刻也不能放松，对"天道"的敬畏之心溢于言表。而《荀子·天论》中则更为形象地指出"天行有常，不为尧存不为桀亡。"尧舜与桀纣，是代表圣贤与暴虐的两类典型人物，然而无论人的品行如何，都不能改变"天道"。荀子以借代的方式，阐述了自然规律不以任何人的意志为转移的朴素辩证唯物观点。

为了更好地利用自然规律为生产服务，人们不断总结经验，"时"的出现正是这种探索和经验总结的直接体现之一。"时"的产生与农业的发生、发展是一致的。我国第一部考究字源的书《说文解字》指出："时，四时也。"[4]另一部专门探求事物名源的书《释名》解释为："四时，四方各一时。时，期

---

1　（唐）李白，《宣州谢朓楼饯别校书叔云》："弃我去者，昨日之日不可留；乱我心者，今日之日多烦忧。"

2　（唐）刘希夷，《代悲白头翁》："年年岁岁花相似，岁岁年年人不同。"

3　（南宋）陆游，《暮春》："燕去燕来还过日，花开花落即经春。"

4　（汉）许慎撰，（宋）徐铉校定，2011.说文解字[M].北京：中华书局:137.

也，物之生死各应节期而止也……载生万物也。"[1]何为"四方各一时"？《释名注疏》再解释道："东方者春，南方者夏，西方者秋，北方者冬，故曰四方各一时。"[2]"四方"是地的四个方位，不同地方，"时"的表现方式也不同。"时"与"地"相结合方能孕育而承载万物，可见，"时"的概念从产生之初就含有"耕种之时"的意义，同时也体现出"时"与耕种之母"地"的耦合。

先秦时期，人们开始用"春夏秋冬"来规范农业耕作顺序。对时间序度的规范强有力地推动了农业的进步和发展。统治阶级甚至将其上升到国家政令的高度来指导农业生产，通过授时定法来规范时序的划分和时长的测度。《尚书·尧典》记载"乃命羲和，钦若昊天，历象日月星辰，敬授人时。""羲和"是《山海经》[3]中的人物，是负责定制时历的女神。圣主尧命令女神羲和颁布历法给天下百姓，使他们知道时令的变化，做到不误农时，"敬授"二字彰显隆重、敬畏之意。

夏代的《夏小正》，将一年正式划分为十二个月，这是当时最高等级的时间规定。到了西周时期，出现了更多关于时间的规定性文件，如《逸周书》中的《周月》《时训》《月令》等，也都是当时最高等级的政府规定。《逸周书·周月》云，"万物春生夏长秋收冬藏……雨水之日桃始华；谷雨桐始华；清明萍始生；立夏十日王瓜生；卜满之日苦菜秀；又五日靡草死；芒种螳螂生；夏至十日半夏生……"[4]"时"与自然万物生长规律的关系十分明了。自然万物是"守时"的，其发生发展、兴盛衰亡都会应"期"而至。

到了春秋战国时期，不同地域、不同国家还有各自不同的时间规定，以便更加符合当地的农业生产状况。如《管子》的《幼官》篇和《四时》篇记载了齐国的时间规定；楚帛书反映了楚国的时间规定；《吕氏春秋》中的"十二纪"则反映了秦国的时间规定。时间管理规则的多样化，说明人们的时间意识已经非常成熟，能够灵活地根据实际情况选择更为合理的时间管理方式，将因时制宜与因地制宜结合起来。

除了正规的历法，民间百姓还根据实践经验总结出农事随季节变化的"二十四节气"。《礼记·月令》记载："孟春之月，……是月也，以立春，……天气下降，地气上腾，天地和同，草木萌动。王命布农事，命田舍东郊，皆修封疆，审端经术……"。《氾胜之书》载"凡耕之本在趣时和土，……春冻解，

---

1　（汉）刘熙，2016. 释名[M]. 北京：中华书局：3.
2　（汉）刘熙撰《释名疏证·卷一》，（清）经训堂丛书本.
3　（晋）郭璞《山海经传·大荒南经第十五》，"东南海之外，甘水之间，有羲和之国。有女子名曰羲和，方日浴于甘渊，羲和者，帝俊之妻，生十日。"四部丛刊明成化本.
4　（汉）刘熙撰《释名疏证·卷一》，（清）经训堂丛书本.

地气始通，土一和解，夏至天气始暑，阴气始盛，土复解，夏至后九十日昼夜分，天地气和，此时耕田一而当五，名曰膏泽，皆得时功"。民间的二十四节气与政府授时相比，更贴近自然，对农事活动的指导也更为直接。费孝通先生就曾指出："农民用传统的节气来记忆、预计和安排他们的农活。"[1]

"春夏秋冬"的划分、"时令"的规定、二十四节气的总结以及各种"沙漏""日晷"等时间测量仪器的发明，都昭示着人们对"时"的认知已经从主观体验阶段逐渐发展到能够运用物理参数来测量时间的长短、节点和状态。人的耕作活动注重与农时相契合，有规律的农事活动正式拉开序幕，中国的农耕文明也得以蓬勃发展（图4）。

农时的重要性深入人心，如果统治者耽误了农时，普通百姓还颇有微词。《尚书·汤誓》记载："我后不恤我众，舍我穑事而割正夏"。这说明农业活动适时、合时的理念已经在普通百姓心中扎根。

对于国家而言，能否让百姓按照农时安排生产，是衡量君主治国能力的因素之一，也是国家抵御外强、免于亡国的重要保障。

图4 （汉）双牛耕田画像石，画面中，谷子熟了，鸡鸭肥壮，两牛一犁是当时最先进的生产方式，犁地者前面有一朵云彩被视为吉兆。

（来源：画像石鉴赏，张道一著，文化艺术出版社，2019）

《论语·学而》："道千乘之国，敬事而信，借用而爱人，使民以时。"春秋战国时期，霸主争权，各国势力此消彼长，千乘之国是国家强盛富裕的标志，也是诸侯争霸过程中每个君主的理想，"遵时""守时"不仅是农事守则，更上升为国家的政治考量。

# 三、天人关系

由于生产生活的需要，人们在观察自然、认识理解自然、敬畏自然的基础上，也开始思考人与自然之间的复杂联系。从宇宙到人生，伦理道德的大门由此开启。

在中国传统哲学中，"天"和"人"是两个最基本、最重要的概念。有关"天人关系"的探讨是中国古代最大、最重要的哲学范畴，也是中国哲学的核

---

[1] 费孝通，2013.江村经济[M].上海：上海人民出版社:122.

心。自古以来，中国哲人都把天人关系作为最重要的研究课题。司马迁在《报任安书》中自述，著书写史的宗旨是"欲以究天人之际，通古今之变，成一家之言"；董仲舒在《策问》中答汉武帝："视前世已行之事，以观天人相与之际，甚可畏也"[1]；汉代思想家扬雄在《法言·问神》中说"圣人存神索至，成天下之大顺，致天下之大利，和同天人之际，使之无间也。"[2]；北宋五子之一[3]的理学思想家邵雍在其代表作品《皇极经世书》中指出"学不际天人，不足以谓之学"[4]，意为学问如果没有讨论天人的关系，那就不能叫作学问（图5）。

人在宇宙间的地位如何？人类道德有无宇宙的意义？人类道德原则与自然界的普遍规律有何联系？对这些问题的思考与回答，构成了"天人关系"的伦理框架。在中国农业伦理学的视域内，对"天人关系"的回答围绕农业活动展开，也是"时"的最高伦理层级。

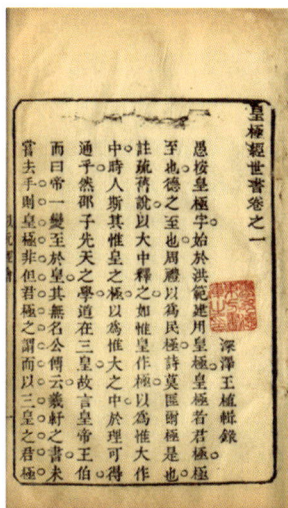

图5　《皇极经世书》

（来源：普林斯顿大学东亚图书馆藏，国家图书馆中华古籍资源库）

## （一）"天人合一"与"道法自然"

作为农业古国，中国传统意识形态中对天人关系的认知很大程度上来源于农业生产实践，人们将人与自然的关系从朴素、浅显的认识逐渐发展和升华为复杂的思想体系。在农业伦理学中，对天人关系的思考和把握，是中华民族农耕实践活动的基本指导思想，也是维系中华农耕文明能够绵亘千年的重要原因。这其中，以"天人合一"与"道法自然"最具代表性，影响最为深远。

### 1. "天人合一"的发展及含义　"天人合一"思想源远流长。在现有已知

---

[1]　（汉）班固,1962.汉书·董仲舒传[M].北京:中华书局:2498.此句大意为：看之前的历史，考察天人之间的关系，实在令人心生畏惧。

[2]　此句大意为：圣人保存心的神明用来探索真理，顺乎天下事物的自然变化，从而使它有利于天下（掌握自然和人事的变化），使天人混合一起，亲密无间。译文参考：许嘉璐主编.文白对照诸子集成.中[M].广州：广东教育出版社,2006:17.

[3]　"北宋五子"是指北宋时期理学的五位代表人物，即周敦颐、张载、程颐、程颢、邵雍五人。

[4]　（宋）邵雍,《皇极经世书·卷十四》："学以人事为大，今之经典古之人事也。学不际天人，不足以谓之学。学不至於乐，不可谓之学。"参见(清)文渊阁四库全书本。

的史料记载中，《郭店楚简·语丛一》[1]中所载的"易，所以会天道、人道也"，被认为是关于"天人合一"思想最早、最明确的表述（图6和图7）[2]。这句话的意思是说，在《周易》这部书中，讲述了天道与人道的关系。《周易》最早是用来卜筮的书，人们依照《周易》的卦象来占卜吉凶祸福，具有很高的地位。

图6  郭店楚简
（来源：中国古代简牍综览，
（日）横田恭三著，张建平译，
北京联合出版公司，2017）

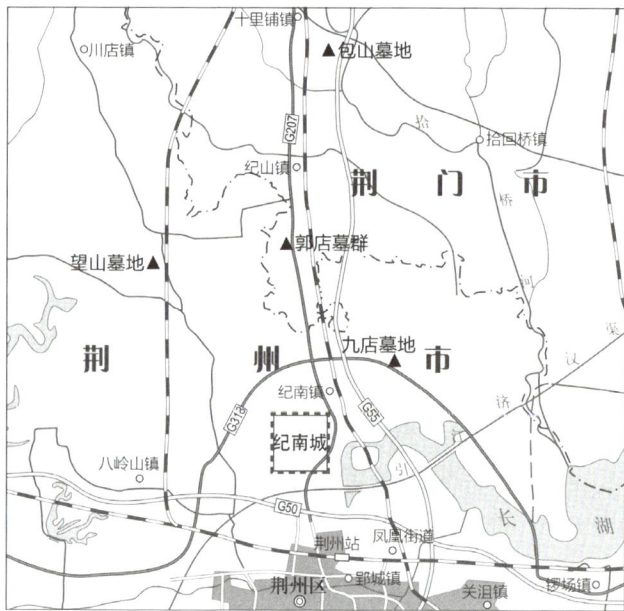

图7  郭店楚墓及相关楚墓分布示意图
（来源：楚地出土战国简册合集（一），武汉大学简帛研究中心、荆门市博物馆编著，文物出版社，2011）
审图号：GS京（2024）0599号

《周易》中记载："大人者与天地合其德，与日月合其明，与四时合其序，与鬼神合其吉凶，先天而天弗违，后天而奉天时"[3]，"合德""合明""合序"与"合吉凶"的要义是"遵守"与"同一"，人要与天（自然规律）保持协调一致，不得冒犯，人与自然和谐一致的思想十分明确。

《周易注疏》对此进一步阐释："仰观俯察象天地而育群品，云行雨施效四时以生万物。若用之以顺，则两仪序而百物和；若行之以逆，则六位倾而

---

[1]  1993年，湖北荆门郭店1号楚墓出土了804枚竹简，上有墨书楚文字13000余字，内容为先秦典籍。郭店楚简是研究中国古典哲学、古代文献、古文字学、古代简册制度以及书法艺术的重要史料，其中涉及儒道学说的佚籍有《语丛》四种，该句即出自《语丛一》。

[2]  （汉）班固，1962.汉书·董仲舒传[M].北京：中华书局:2498.

[3]  《周易·卷一》四部丛刊景宋本。

五行乱。"[1]"用之以顺"和"行之以逆"都是人的行为，人若顺应自然规律则天地调和、百物和顺，反之则会大乱。

在《孟子·尽心上》中指出："尽其心者，知其性也；知其性，则知天矣。存其心，养其性，所以事天也。"[2]这里讲述了人的心、性与天之间的关系。孟子主张"性善"，人要以仁善之心去对待本心、对待本性，从而去对待天命。董仲舒将孟子的这一思想解释为"天人之际，合而为一"[3]，即"性天同一"思想，这被视为"天人合一"的重要发展阶段。

宋明理学史上不可绕开的人物张载，也是"北宋五子"之一，在其最重要的著作《正蒙》中说："因明至诚，因诚至明，故天人合一，致学而可以成圣，得天而未始遗人"。至此"天人合一"的说法正式被提了出来[4]，同时也标志着这一思想的成熟。

"天人合一"包含两方面含义：其一，天与人息息相通，人可以正确认识自然、理解自然、顺应自然、融于自然；其二，天为根本，人是天的一部分，人的伦理道德也出自于天，所以尊重"天"、遵循自然乃是人伦的根本。

《礼记·中庸》里将"天人合一"阐述为："喜怒哀乐之未发，谓之中；发而皆中节，谓之和。中也者，天下之大本也；和也者，天下之达道也。致中和，天地位焉、万物育焉"[5]，这是儒家的核心思想之一"中和位育"的思想体现，是说人的行为中正而不偏逆，与自然相互协调，各安其道、各就其位，互不侵害，就会使万物呈现出勃勃生机。

**2.	"道法自然"的思想内涵**　在中国古代，人们对"大自然"或"自然界"的认知是相当晚的。查已知的甲骨文或金文，"自"与"然"都是分开使用的，从未作为一个词出现。先秦时期，相当于"自然界"的词多是"天地"或"万物"等表述，这与人们的认知是直接相关的。

"自然"一词最早由老子提出，但与现代意义上的"自然界"完全不同，这是一个由副词"自"加形容词"然"所构成的谓语结构，指"自己如此"。不过作为哲学概念使用时，"自然"也可以作为名词来使用。[6]

老子在《道德经》中指出："人法地，地法天，天法道，道法自然"。人之法则在于地，地之法则在于天，天之法则在于道，而道之法则在于"自

1　(三国)王弼注；(晋)韩康伯注；(唐)孔颖达疏《周易注疏·周易正义序》,清嘉庆二十年南昌府学重刊宋本十三经注疏本。
2　《孟子》卷十三,四部丛刊景宋大字本。
3　(汉)董仲舒,《春秋繁露·卷十》,清武英殿聚珍版丛书本。
4　张岱年,2009.中国伦理思想研究[M].南京:江苏教育出版社:140.
5　(汉)郑玄《礼记·卷十六》,四部丛刊景宋本。
6　诸子学刊编委会编,2007.诸子学刊第1辑[M].上海:上海古籍出版社:49-62.

然"。"自然"居于"天""地""人"之上，具有极高的地位，而"道"是联结"天""地""人"的中枢，是起统摄作用的存在，是天下的根本。

老子把"道"看作是宇宙的物质本原和自然界的普遍规律。"道生一，一生二，二生三，三生万物"，天地万物都由道而产生。冯友兰认为，"道"是无目的、无意识的，而"自然"只是形容"道"生万物的无目的、无意识的程序。"自然"是一个形容词，并不是另外一种东西[1]。任继愈将"道法自然"解释为："'道'效法它自己"[2]。

"道法自然"四字，精辟地阐述出天、地、人乃至整个宇宙的存在规律，提出了人与天地万物和谐一体的至高境界和追求。老子通过"道"将天地人联结在一起，指出了它们相偕相伴的共生关系，并将一切事物都归结为其应有的状态，这需要很深的智慧和洞察力。老子学说的继承者庄子的思想进一步表述为："天地与我并生，而万物与我为一"[3]，这就更加明确了。

老子的思想可以说具有独特的宇宙生命统一论观点，他深刻地揭示了人必须服从自然规律、因任自然的道理。著名生态哲学家弗·卡普拉（F.Capra）指出："在伟大的宗教传统中，道家提供了最深刻和最美妙的生态智慧的表达之一。它强调本源的唯一性和自然与社会现象的能动本性。"[4]这说明"道法自然"的思想虽然产生于两千多年前，但对于现代农业文明和生态文明建设依然有指导意义，就是因为它准确地揭示了人与自然之间关联的奥秘。

显然，"道法自然"与"天人合一"从根本上是一致的，它们都认识到人的行为只有与天地和谐、与自然一体，才能够顺畅发展。儒、道两家思想在天人关系上高度统一。

古代先哲对"天"的认知能够超脱于万物运行变化的表象，也不再拘泥于难以抗拒的神秘存在，而是将人的本质与天、与自然相统一，并作为一个整体来思考两者的关系，这是人的伦理道德规范走向成熟的标志，体现了对人与天地万物之间伦理关系的最高认知。

## （二）时宜是农业行为中"天人关系"的直接体现

老子哲学的中心价值是"自然"，儒家思想的中心价值是"仁"。"仁"是一种道德规范，是对人的行为的要求，告诉人该如何行动、如何作为；"自

---

[1] 冯友兰，2000.三松堂全集第7卷[M].郑州：河南人民出版社：254.

[2] 任继愈，2006.老子绎读[M].北京：国家图书馆出版社：56.

[3] （春秋战国）庄周，《庄子·卷第一》，四部丛刊景明世德堂刊本。

[4] 弗·卡普拉，1989.转折点：科学、社会、兴起中的新文化[M].卫飒英、李四南译.北京：中国人民大学出版社：310.

然"是对事物状态的描述和向往，是对人的行为的效果的指引和追求。"仁"与"自然"虽然强调的重点不同，但都涉及人的行为。

在中国农业伦理学中，人的德行要注重"仁"与"义"。"仁"是友爱与同情，"义"是事之"宜"，即"应该"[1]。农业系统中的"时"本无偏私，但是在人的行为的参与下，便有了"适时"与"违时"之分，能否将"仁"与"义"（宜）诉诸"自然"，这是判断农业行为得失的农业伦理学标准，"天人关系"也因此演化为"时宜"。

所谓"时宜"，就是人行为的"时"与事物自身规律的"时"相吻合的最佳状态。在农业系统中，"时宜"是农事活动与自然生物生发规律的时间契合点。"时宜"能够决定农业生产的成败，与农事活动的成效有直接的关系，是中国农业伦理观的第一要义。

"时宜"的内涵可分为两个层面。

**1."时宜"的基本伦理内涵**　农事活动的正确时间点，即符合自然生物的生长规律，能够实现丰产增收的时间范围，这是"时宜"的基本伦理内涵，也是农事活动顺利进行的基本保证。

元代王祯《农书·授时篇》的"农桑通诀"指出："四时各有其务，十二月各有其宜。先时而种则失之太早而不生，后时而艺则失之太晚而不成。"农桑的诀窍，全在于"恰当"。不同时间应该安排不同的农事活动。

为保证农事的"时宜"，政府设有专门的机构或官职进行监督和管理。如《周礼·秋官司寇·柞氏》记载："柞氏掌攻草木及林麓。夏日至，令刊阳木而火之。冬日至，令剥阴木而水之。若欲其化也，则春秋变其水火，凡攻木者掌其政令。""柞氏"是专门掌管伐木植草的官员。政令规定：夏至那天，要剥去山南边树木的皮并放火烧；冬至那天，要剥去山北边树木的皮而后放水淹。这些都是有助于土壤改良的做法。其他官员还有：雍氏，掌管有关沟、渎、浍、池的禁令，凡有可能对庄稼造成危害的都加以禁止；薙氏，掌管杀草；翦氏，掌管除虫等[2]。《群书治要》上也记录有"神农之禁"："春夏之所生，不伤不害，谨修地利，以成万物。无夺民之所利，而农顺之时也。""神农之禁"即神农对农业活动的规定。神农氏虽无确切文献可考，此处极有可能是后人为强调其重要性而假托神农之语。但也足以说明，早在上古时期，人们就很注重对农业"时宜"的管理。

**2."时宜"的深层伦理意涵**　怀仁天下，给万物繁育的时间和机会，这

---

[1]　冯友兰,2014.中国哲学简史[M].北京:生活·读书·新知三联书店:57.
[2]　陈戍国,2006.周礼·仪礼·礼记[M].长沙:岳麓书社:87-90.

更高级别的"时宜"伦理，是农业活动持续发展的保证。

《荀子·王制》中说："故养长时，则六畜育；杀生时，则草木殖……荣华滋硕之时，则斧斤不入山林，不夭其生不绝其长也。鼋鼍鱼鳖鳅鳣孕别之时，罔罟毒药不入泽，不夭其生不绝其长也。春耕、夏耘、秋收、冬藏，四者不失时，故五谷不绝而百姓有馀食也。"这是在告诫人们各类农事活动都有其正确的时间范围，在万物生长繁育的关键节点，不斧不杀不绝，只有给自然生物休养生息的机会和时间，人才能源源不断地得到自然的回馈，农业才能得到永续的发展。不竭泽而渔，不焚薮而田，对自然存有仁慈之心，这也是对"天人合一"思想的一种现实体现。

对"时宜"的把握在于恰切，不歉不过，恰当其时。不违农时是对"时宜"的践行和追求，即"趋时"。《孟子·梁惠王上》中有一段关于"不违农时"的经典论述："不违农时，谷不可胜食也；数罟不入洿池，鱼鳖不可胜食也；斧斤以时入山林，材木不可胜用。谷与鱼鳖不可胜食，材木不可胜用，是使民养生丧死无憾也。养生丧死无憾，王道之始也。"这是两千多年前，孟子向梁惠王描绘如果做到"不违农时"，国家将会呈现兴旺之象。

北魏贾思勰《齐民要术》中："顺天时，量地力，则用工少而成功多；任情返道，劳而无获"，不违农时对农事活动的过程与结果影响重大，费力不讨好事小，劳而无功就要挨饿受冻了。

清代理学著作《知本提纲》更是对"得时"与"失时"做了清晰说明："种有定时，不可不识，及时而布，过时而止，是为得时。若未至而先之，既往而追之，当其时而缓之，皆谓失时。"

违逆农时的后果是十分严重的，"五谷不熟，六畜不遂，疾菑戾疫，飘风苦雨，荐臻而至者，此天之降罚也，将以罚下人之不尚同乎天者也。"[1]五谷不丰、瘟疫肆虐……违逆农时会遭受到上天的责罚，生存危机在时刻提醒着人们要严格遵守农时，也是对人类伦理道德的严峻考验。

"敬畏自然"的伦理思想是建立在对生命同一性和世界和谐性认识的基础之上的，人对其他自然生命的关怀从根本上也是对自身的关怀。"天人合一"与"道法自然"都把自然界的秩序与人的道德相统一。当人的地位上升到可以与"天"相提并论时，人的行为准则，即道德伦理也必然成为规范和造就社会文化制度的重要因素。这对于有着鬼神之说、图腾崇拜和巫蛊术数传统的中华民族而言，是一种伟大的进步，它不仅推动中华文明从蒙昧走向开化，也不断推动着社会制度从低级走向高级。中国"天人合一"的思想揭示了人

---

[1] （春秋战国）墨翟，《墨子》（卷三）。

类伦理的全部内涵，彰显了宏大的智慧和深邃的哲思，是中华民族对整个世界的贡献，即便以现代的眼光来看，仍然具有重要的指导意义。

## 四、敬天以趋时

"时"是人类感知事物存在和变化的一种方式，它与事物相伴相生，是造就一切事物必不可少的要素之一。"时"，绝对中性，毫无偏私，可与任何事物发生协变而构成事物本身。如果将"时"这一维度从事物中抽离出去，那么该事物也将不复存在。

在自然环境中，自然生物似乎比人类更守"时"——时至而生，时过则竭，无偏无私，难以唤回。农业是人类利用自然生物的生长规律解决自身生存问题而做出的努力。农业生物的生长发育、农业生产的吉凶顺逆、农业系统的兴衰消长，无不与"时"息息相关。春种、夏长、秋收、冬藏，人之事稼穑，必须依时而作、适时而动。

"时宜"和"不违农时"是理解中国农业伦理观中"时"的关键所在。"时宜"是一种客观存在，是自然生物在繁育过程中能够达到的最佳状态，是农业生产活动能够顺利运行的时序规律。人通过发挥主观能动性，提高认识能力，可以准确地把握到"时宜"。"不违农时"是对人的行为的描述，它强调人要遵守客观规律，不可做出违逆客观规律的事，是对人的行为的规范。在农业生产过程中，这一对主客观因素紧密联系，高度统一，互为促进，而决定它们能够走向和谐与完美的就是"敬天"（"敬畏自然"）以"趋时"（"遵循规律"）的伦理意识。

"敬天"是对待自然的态度，是人在农事活动中对自然的敬畏与尊重；"趋时"是行止，是人们充分认识自然、按照自然规律办事，不做违逆自然规律的事。"敬天以趋时"是中国农业伦理观的核心要义。

尊重自然、尊重生命，将仁慈之心普及万物，充分实现人的农业活动与自然的和谐统一是中国农业伦理观的深刻内涵。"敬天以趋时"体现了中国农业伦理观中"时"的精髓。

在科学技术高度发达的时代，人对农时的正确把握并非难事，但如何能够心存仁爱、普及万物，不肆意改变自然规律，不让自然成为经济短暂发展的牺牲品，是值得深思的。"精诚所至，金石为开。"农业活动中，唯有至诚者，从伦理道德的角度把握规律、经验与意愿之间的关系，并通过对这种关系的伦理解读去推动农业的发展才能够实现岁稔年丰、永续发展的美好愿望。"敬天以趋时"对现代农业同样具有指导意义。

# 中国农业现代化基准线的农业伦理学界定

任继周

（兰州大学草地农业科技学院，中国工程院院士）

自从1964年召开的第三届全国人民代表大会首次提出我国"四个现代化"的宏伟目标以后，农业现代化就成为我国农业科技工作者的光荣使命。论述农业现代化的文章难以计量。但对农业现代化的实质论述不多，或只涉及某一侧面，管窥一斑，远非农业现代化的全豹。

这或许是因为农业是人对自然生态系统予以农业化干预而建立的新的生态系统，用以生产社会需要的农产品。农业生态系统既包含自然生态系统的若干要素，也包含社会生态系统的若干要素，要对农业现代化做一个无所遗缺的面面观，将是非常庞大的系统工程，很难用文字做出清晰表述。

因此，农业现代化的确切含意，我们议论了多年，也困惑了多年。但这是一个不能回避的重要命题。农业现代化的内涵是什么？笔者以为农业现代化应有一个明确的界定，也可称为台阶，上去就是农业现代化，没有上去或上不去就是还没有现代化，或可简称为农业前现代化，有待我们继续努力。这个问题如果含混不清，我国农业现代化这篇大文章就可能做得文不对题，甚至全然跑题。既然失去了目标，更难评说其进度和成败。

我国的农业现代化需要一个准确的尺度，笔者为此困惑多年，有所思考。现不揣谫，尝试对农业现代化的确切含义加以探讨。

## 一、对农业现代化的一般理解

谈论农业现代化的文献难以计量。笔者烦请检索专家协助查询，其存量的巨大难以备述。只能就其主要内涵加以分类，判读其主旨。

### （一）生产要素说

这是阐述农业现代化的主流。认为农业现代化必须投入足够的生产要素。最早的说法是"机械化、水利化、化肥化、良种化"。后来各地、各人根据各自的理解不断补充，如化学化、电气化。近来更增加到生物化、信息化、安

全化、环保化、循环化、标准化，等等。甚至有人列出我国与农业现代化国家生产要素的一系列差距，认为只要补齐这些差距，就会实现农业现代化。例如，农业机械总动力1952年为18.4万千瓦，2018年为10.0亿千瓦，为5 435倍。化肥1952年为884万吨，2018年为5 653万吨，为6.4倍等。

但问题是，这些投入都合理吗？且不说"大跃进"时翻地五尺、施肥上吨这样荒诞的故事，就说此后我们曾把巨量动能、机械投入滥垦，造成林草植被的破坏，水土流失严重。大水漫灌，浪费水资源2～3倍，导致地面下沉，土壤盐渍化。我们的化肥和农药投入量是世界之最，导致地下水污染、土壤污染、食物污染。显然，这类投入不但毫无效益，反而与农业现代化背道而驰。

当然，生产要素投入是必要的，但离开对时、地、度、法的农业伦理学维度的规范，则往往产生负面作用。

## （二）国家综合扶持说

这也是我所阅读的文献中几乎无一不强调的生产要素。全球发达国家，无不以各自的方式给农业以大力扶持。我国从1949年新中国成立初期，就把农业作为国家工业化的基础而予以重视。所谓国家工业化，就是把农业中国改变为工业中国，工业化看似以工业为目标，但要改变的主体还是农业。因此，几乎用尽所有手段加强农业生产，曾在不同的时期以不同的手段强化农业。国家间断地或连续地发布了强调农业的1号文件二十多个。国家对农业做出巨大努力，给以多种杠杆支撑，也取得丰厚的成果。我国粮食增产的倍数远超过人口增长的倍数。即使如此，我们不得不承认我们的农业还没有现代化。为了实现高度农业现代化，有的文献建议抓住实现工业化4.0版的契机，要国家强力支持，开展农业现代化4.0版的建设。

## （三）管理系统说

现代化农业，从农户到国家，必有系列完整的管理系统。有的文献以美国为例，美国农业部是仅次于国防部的大部，组织严密，从联邦政府到县区，组成全覆盖网络；从生产到加工，到市场，产、工、贸三者紧密结合，效率高，工作见实效。反观我国，由于农业结构的两次大转型，前30年是由小农经济变为计划大农业，后40年从计划大农业转变为市场经济，国家行政机构也多有变化，有农业部、农林部、农牧渔业部（国家农委并存）、林业局、农业农村部、国家林业和草原局。隶属不稳定，专责欠明确。表现为政出多门（如三鹿奶粉事件涉及9个部门，瘦肉精事件涉及10个部门）。尤其生产专业化，是农业现代化的重要一翼，可强化管理、降低成本、提高质量、占领市场。全美国有230多万个农场，平均规模178公顷，专门生产一种农产品的农场比例高达95.5%。我国也有"一村一品"专业化生产说法。但这种类似小农样式的专业化，很难承担现代农业专业化的任务。

### （四）生态文明农业说

有的文献把农业发展划分为若干阶段。其划分依据和各个阶段的内涵，非本文主旨，本文不拟涉及。但一般都把生态文明作为最后目标，以配合社会生态文明的需求。这是农业现代化的最高目标，已超越了本文主旨，农业现代化的基准要求，本文暂不赘述。

## 二、农业现代化基准线的界定与判读

依据现有资料，可以看出我们对农业现代化尽管憧憬多年，也不乏深刻的理论阐述，但对农业现代化的实体情状还欠完整描述。其中，中国工程院现代农业综合体发展战略研究课题组，对农业现代化的界定堪称完善，该研究报告对农业现代化的刻画是"有科学安全的生产管理、严密高效的加工流通、全程追溯的监测检测。表现为产业先进、农民富裕、生态安全、乡村美丽的现代化农村和农业"。其中包涵了实现农业现代化的途径和借此达到的目标。这个界定实际上几乎涉及社会生态系统和自然生态系统的全部内涵。

这一界定几乎无可挑剔，是对农业现代化精心描绘的工笔画。但要从中找出若干参数来作出一条农业现代化的基准线（datum dimension），将现代化农业与非现代化农业进行区分，因其中约束条件过多而内涵宽泛，难以措手。

确定一条农业现代化的基准线是必要的。过了这条基准线就是现代化农业，否则，就是非现代化农业。缺乏基准量度的工作，不是杂乱无序，就是空乏无物。

农业伦理学为我们提供了划定农业现代化基准线的简洁可行途径。

农业伦理学规定农业系统的开放性是农业的基本属性，离开开放性，农业将不复存在。农业的开放性有明确的界定，即不同农业生态系统之间，通过农业生态系统彼此的界面，将A生态系统所产生的废弃物[1]，作为正熵输出给B生态系统，而B生态系统作为负熵输入而成为它的营养源，从而使农业生态系统升级为新的农业系统，大幅度提升农业系统的生产力。生态系统正

---

[1] 其中包含某些社会需要的农产品。

是通过完成正负熵的交换而实现其生命过程，从而使生态系统A与生态系统B双方得以生生不息。在农业现代化发展过程中，恰与农业系统的开放程度息息相关。我们可从不同农业生态系统的开放程度来判定其发展程度，亦即农业生态系统的级别高低，从而指认其农业现代化的基准线。

请允许笔者提醒，对上述一段话勿忘两个要点：农业系统发展的基本特征是开放；农业系统开放的要素是界面和通过界面实现系统耦合，引发一次系统升级从而大幅度提高农业系统的生产力。

人类自从走出蒙昧时期，经过氏族蛮荒时代，进入农业社会以后，农业与社会相偕发展。在农业伦理学的语境中，农业生态系统生存与发展的本质就是开放过程。为此，我们引用农业伦理学原理，尝试找出一条农业现代化基准线。

我国农业系统的建立和发展过程，其本质是开放程度的差异性。随着开放程度的差异而表现其进化水平。

小农经济，以家庭为单位，在很狭小的地区内，以结构简单的农业生态系统，完成农业从投入到产品的产业过程。例如，种几亩作物，收多少口粮，养几头（匹/只）牛、马、羊和几只鸡等等，所产肥料用来肥田。精打细算、精耕细作，使这个农家的农业系统内部耦合完善，从而维持其健康生存。尽管这样的农业结构曾被西方某些学者极力赞美，如被誉为农业圣典的《四千年的农夫：中国、朝鲜和日本的永续农业》说"东方传统小农经济从来就是资源节约、环境友好的，而且是可持续发展的。东亚三国农业的最大特点是高度利用各种农业资源，甚至达到吝啬的程度，然而唯一不惜投入的就是劳动力。"，称赞这种小农生产为资源节约、环境友好并可永续生存的农业。但它的体量太小，正负熵交换量太低，而且劳动力投入太多，也只能做到自给自足或略有盈余。这类农业生态系统属内循环的封闭型农业系统。其系统开放度太低，因此远离现代农业系统，不妨称为农业现代化0.0版。

将以户为单位的小农经济略加扩展到较大地域，如县市级，增加了农业系统的耦合层次，涉及的子系统较多，可接纳较多的生产要素，使用较多的生产手段，获得较多的产品种类和数量。因农业系统的界面增多，系统耦合的层次和领域扩大，其释放的生产潜力可翻倍增加，农业系统整体向现代化农业前进了一步（图1、图2）。这不妨称为农业现代化0.1版。

如将地域更加扩大，以若干中心城市为中心，包容的农业系统更多，界面数量相应增多，系统耦合的层次、深度和广度将更大幅度增加，农业系统的整体生产潜力将获新的跃迁（图3）。例如，农耕区与畜牧区两大系统耦合，牧区生产水平可提高2倍，农区提高4倍。河西走廊山地－绿洲－荒漠的系统

图1　20世纪80年代农村市场

（来源：曲青山，周树春主编；中共中央党史研究室，新华通讯社编纂.中国共产党执政兴国图集.浙江人民出版社，2012）

图2　20世纪70年代市镇农贸市场

（来源：绍兴市商务志，上卷 国内贸易，张子正编，中国商务出版社，2018）

图3　1985年，全国最大的蔬菜批发市场——山东省寿光县

（来源：曲青山，周树春主编；中共中央党史研究室，新华通讯社编纂.中国共产党执政兴国图集.浙江人民出版社，2012）

耦合试验证明，可使河西农业生产能力提高2.5倍。这表明地区间农业系统的开放成效，不妨称为农业现代化0.2版。

以此类推，以国家几个大中心城市为中心，若全国农业系统全部实现系

统耦合，容纳尽可能多样的科学技术和资本投入，达到我国陆地农业系统的系统耦合极限，可将我国农业生产提高到一个全新的高度。即在全国实施多农业系统全部开放，不妨称为我国农业现代化0.3版。至此，我国的陆地农业系统开放到达终点，也就是理论生产能力的峰值。但以现代农业内涵看来，还有一个大界面，即陆海界面有待开放（图4）。

图4　厦门港远洋跨国轮船迎送场景（1991—1994）
（来源：口述历史：厦门港记忆，中共厦门市委宣传部、
厦门市社会科学联合会合编，鹭江出版社，2014）

我国属陆地型农业系统，无论是否受本土农业水土资源贫乏的限制，只有实现陆地农业系统与陆海农业系统的系统耦合，才能走到我国农业系统开放的终点。有关两者系统耦合所释放巨大效益，笔者有专文论述，于此从略。我国从陆地农业系统到陆海农业系统的转移一旦实现，就走到农业系统开放的终极。从这里出发，即可以中国为本体，利用世界农业资源，建设世界农业。这不仅可解决我国农业资源不足的问题，还可吸纳先进国家的先进科学技术，更重要的是在融入世界农业系统的过程中，中国将通过不断的自我创新，使我国农业长期立足于世界现代农业之林而不落败。这也是我国为人类命运共同体应做的贡献。

环顾全球，发达国家的农业系统，其本土农业系统与海外农业系统关联有紧密或疏远之不同，而两者的系统耦合则无一例外。

说到这里，我国农业现代化的基准线已经凸现眼前，即陆海界面的充分开放是我国农业现代化鸿篇巨制的最后一笔。

以此为准绳，通过我们的不断努力，我国终将站在农业现代化的起跑线上。历史将铭记这一时刻，我国掌握了农业现代化1.0版。

从此，我国农业现代化将如何发展，容纳多少生产要素，运用什么管理系统，并由此创造多少价值，那将是我国农业现代化2.0版到n.0版的无尽任务。祝愿我国农业现代化前程远大无限！

# 中国城乡二元结构的生成、发展与消亡的农业伦理学诠释

任继周[1]　方锡良[2]

（1.兰州大学，中国工程院院士　2.兰州大学哲学社会学院）

城乡二元结构的主要特点为城市居民与乡村居民身份与权益的划然分割。乡村居民与其居留的土地凝聚为一体，其农民身份与居留地世代沿袭，不得随意迁徙和变更。城乡二元结构原为中华族群从游牧农业社会向耕地农业社会转变过程中自然形成的社会共生体，为历史的必然。但随着社会发展阶段的演替，今天乡村户籍居民与城市户籍居民所承担的社会义务和所享有的国家权益差别明显，其伦理品格被严重扭曲。农民与市民之间的社会地位差别宛如处于两个时代。这不仅妨碍了社会发展，也为现代社会伦理正义所难容。

商代武丁时期（公元前1250年）（图1），中华北部地区各个族群还处于游牧农业社会，中华族人在周围游牧部族的挤压挟持下，在河南安阳一隅开始耕地农业，并由居无定所的游牧生活逐步转化为农耕定居生活，由原始氏族社会开始进入奴隶社会。随着定居地区的发展和完善，都邑与乡野始现分异。是为城乡二元结构的最初源头。

从事耕地农业的农耕部落，在沿河阶地或冲积平原之要冲建筑城郭，凭借高墙深池，雄踞一方。为了确保贵族这个权力中枢的宅居安全，奴隶居城郭周围的乡野，从事农业耕作，承担多种劳役，并保卫城郭安全。居于城郭内的贵族管理本部族所属土地资源及居留地的人口，并掌握奴隶及其产品的分配权。随着社会和国家中央集权的发展，原来贵族居住的城郭逐渐发展为城市，成为国家管理中枢，遂与乡野分离，形成城乡二

图1　殷高宗武丁画像

（来源：浙江省图书馆"中国历代人物图像数据库"）

元结构。这一格局由西周而春秋战国、而秦汉，迄于清代，经三千年的演替，逐步固化。

城市与乡村的区别世界各国普遍存在，但城乡二元结构所形成的农民与市民之间社会地位的明显差异却是中国所独有。几千年来古老的中华民族，政体虽屡经变迁，城乡二元结构模式也有所演替，但其基本内涵始终未变，居住乡野的农业劳动者始终生活于阴影笼罩之下。

这一历史传统社会架构和它所衍生的伦理观为中华民族伟大复兴所难容。为此我们有必要探索城乡二元结构及其伦理观的生成、发展与消亡进程，明晰其历史功过，以供创建新时期的农业伦理观参照。

# 一、城乡二元结构发展的历史阶段及其农业伦理观

在农业社会中，城乡二元结构中城邑贵族和乡野农民这两个组分构建了生存共同体，两者互为依存，并自发地发生相应伦理学关联。这类伦理学关联在发生与发展过程中，其功能也因历史阶段不同而表现出阶段性特征。

## （一）原始奴隶社会的萌芽期——商代武丁时期（公元前1250年—前1150年）

这一时期在广大草原地区出现少量耕地农业。为了适应耕地农业的需要，族群生活方式从草地农业的游牧生活转为定居农耕生活。其时游牧业仍占有绝大比重，属于草地畜牧农业和耕地农业的复合农业系统。在广大草原畜牧部落中杂有少量农耕聚落，城邑与乡野的区分还不甚明显，奴隶社会的城乡二元结构伦理观处于萌芽阶段，但已经显露其特色（图2）。

图2　河南殷墟妇好墓，墓中有殉葬奴隶的骸骨
（邓晓辉摄，2018）

（1）各个农耕族群占有较为稳定的地域，土地和人群的部落归属概念进一步强化。随着土地与附着其上的人口不断增长和凝聚，这种部落归属观念逐渐演化为融合了血缘、

地缘和文化等因素的乡土、宗族和国家等群体观念，萌生浓厚的故土意识。

（2）女权社会正在向男权社会转变，伏羲与女娲夫妇可并称为羲娲时代[1]即为明证。

（3）有了较稳定的夫妻关系组成的家庭，财产私有概念初步形成。

（4）初现男耕女织的社会分工。其社会的道德意识局限于生活资料的占有与分配，部落之间的生存与发展以及领地的争取被视为全族群成员的义务。

（5）部族的英雄人物在人与自然的抗争以及族群斗争中产生，并逐步成为部族的代表人物。部族伦理关系带有较强的自发性，处于人类文明的原始萌芽阶段。部落领袖逐渐成为奴隶主，其与一般奴隶的各项习俗性关联形成了最初的伦理系统，但尚不具备礼仪范式和清晰契约问责性质。

## （二）西周礼乐时期（公元前11世纪中期—前771年）

周人擅长农耕并兼营畜牧业，以周王朝建立为标志，中国的封建制度和相应的伦理系统逐步完善。擅长稼穑的周族在游牧部族的强大压力下，不断完善其封建体制，在斗争中求得生存与发展。但终因处于弱势地位，至周幽王（公元前770年），西周王朝灭于游牧部落的犬戎。西周立国虽仅275年，但它所建立的封建制度和与之相偕发生的伦理系统，却对后世中华文化产生了长远而深刻的影响。

王国维曾经在《殷周制度论》一文中，高度评价周人在中华文明形成发展与政治文化传统构建过程中的奠基作用，如确立嫡长子继承制、宗族庙数制度和近亲禁婚等制度，制礼作乐、范定后世，建立起融合政治、文化与伦理、道德为一体的社会共同体。这种共同体旨在"纳上下于道德，而合天子诸侯卿士大夫庶民以成一道德之团体"[2]。此文从文化与政治演替角度阐述殷周之际的制度变革和周人的政治构建与文化奠基意蕴，却忽视了周人先祖以农事开国立基的基础作用和历史影响。徐光启在《农政全书》中弥补其不足："盖周家以农事开国，实祖于后稷，所谓配天社而祭者，皆后世仰其功德，尊之之礼，实万世不废之典也"[3]。西周塑造的统治结构、生活模式、文化传统与伦理观念，成为中国社会数千年虽历经战乱纷争而绵延不断、持续发展的稳固根基。而建立在这一耕地农业基础之上的城乡二元社会结构，其历史作用尚待进一步分析阐发。

---

[1] 任继周，2011.中国史前时代历史分期及其农业特征[J].中国农史，30(1): 3-14.

[2] 王国维，1997.殷周制度论//载于王国维文集(第4卷)[M].北京：中国文史出版社.

[3] (明)徐光启，2011.农政全书(上)[M].上海：上海古籍出版社.

随着西周耕地农业逐步发展，城邑数量和规模逐渐扩大，耕地农业所依存的城乡之间的社会结构和与之相适应的农业伦理系统雏形渐显。妇女负责采摘与纺织，贵族妇女在参与部分劳作之余，兼行对奴隶劳动的管理监督职责。男耕女织的社会分工已蔚然成风。社会以血缘关系为基础，自发形成长幼有序、亲疏有别的家族式伦理观。"家族制度过去就是中国的社会制度。"[1]其轴心是个人在家族血缘网络中的地位。社会的伦理结构就是个人家族地位的扩大和演绎。依据血缘亲疏的自然等次形成社会"礼"的伦理框架。礼需乐来彰显其形态，歌颂其权威，"乐章德，礼报情"[2]。在农耕文明中"礼乐不可斯须去身"[3]。礼乐同体，则道统彰显，史称礼乐时代，是为中国社会农业伦理观的奠基期。其若干核心伦理观至今仍不失为中华文明的闪光点。

礼乐伦理系统的高层自认为受命于天，故周王为"天下"共主，可直辖较多的土地和相关属地的奴隶，将"天下"其余土地和附着于土地上的奴隶分封给诸侯，享有宗主权，是为以"君父""臣子"相称的君臣关系。此种君臣关系不能越级，如属于诸侯的大夫只与其直属上级有君臣关系，士只与直属大夫有君臣关系，与越级封主无涉。按照血缘关系和对邦国贡献大小，设公、侯、伯、子、男五级。诸侯对受封属地及其子民享世袭所有权。诸侯以下可逐级分封为"大夫"及"士"。大夫和士无权再度分封，只能任命家臣协助属地管理。诸侯之君称公，其下设卿[4]，是为"授土授民，分封建制"的封建一词的由来。这一时期西周的农业社会已经具有城乡二元结构的明显特征。

（1）上述伦理座次，统归居城郭的贵族独占。即所谓"刑不上大夫，礼不下庶民"[5]。孟子对两者的关系进一步明确，"无君子莫治野人，无野人莫养君子"[6]。居城市的君子应"治野人"而被供养，居乡野的"野人"则被管束而供养君子。城乡居民社会地位划然切割。

（2）城郭内的贵族在城乡二元结构的初期，出于对新事物的关心，亲自参与或派人监督检查奴隶劳作。

（3）土地所生产的农业产品由贵族占有并掌握其分配权。

（4）奴隶所生子女，作为农业产品之一，成为贵族财产，可转让给其他部族。

---

[1] 冯友兰，2013.中国哲学简史[M].北京：北京大学出版社：21.

[2,3,5] 郑玄注，孔颖达疏，1999.礼记正义.北京：北京大学出版社.

[4] 楚国称令尹，或相，秦曾称庶长、不更。卿之官职，有司徒、司马、司空、司寇等，分掌民事、军事、工事、法事。

[6] （宋）朱熹，1983.四书章句集注[M].北京：中华书局：256.

（5）奴隶无限承担贵族所需的各项劳作。

在封建社会的礼乐时期，以"礼乐"为伦理系统主要文化载体，农民生活节律较为迟缓，所承担的赋税义务（大约为十一税赋）较为宽松。这一时期的生活和生产情景被后人理想化，称颂为"诗经时代"。当然这主要是贵族们的感受。至于处于最底层的奴隶劳动者，处于后世儒家所说的"劳力者治于人"[1]的被动地位，奴隶们的呻吟之声仍不绝于耳[2]。

## （三）东周农业伦理观大转型时期（公元前770年—前221年）

从周平王元年东迁，到周赧王五十九年被秦所灭，历时515年，统称春秋战国时期。这一时期是中国城乡二元结构及其伦理系统大转型的关键时期，按其社会伦理观实质可分为春秋和战国两个时期。

**1. 春秋时期（公元前770年—前476年）** 春秋时期，即周平王元年到周敬王四十三年，历时294年，周王朝逐步消亡。随着土地私有制的出现，生产力发展[3]，尤其工商业迅速壮大，助长了封建社会内部士族地位的提高，城乡二元结构进入成长期。以士族群体为基础的社会精英才思迸发，干政欲望亢奋。他们活跃于诸侯国城邑之间，孕育了战国时期百家争鸣的主力。有几项标志性事件值得关注。

（1）城邑数量激增，规模扩大。春秋初年有诸侯国140多个，每个国家的首府都是或大或小的城邑。后期诸侯国大兼并，主要大国首都空前繁盛。例如，齐国首都临淄工商业繁荣，居民近万户，是当时的特大城市。工商业者和社会精英奔走其间，为获取利禄的渊薮。

（2）使用金属货币。春秋时期，晋国大量铸造金属货币。侯马晋国遗址还清理出一处规模宏大的造币厂[4]。

（3）施行新的赋税制度。鲁宣公十五年（公元前594年）实行初税亩，是为中国田税的开始。鲁成公元年（公元前590年），作丘甲，按土地面积征收军赋（甲），合税、赋为一。新赋税制度的建立，对国家的治理与稳定至关重要，"耕战立国"的基本规模于兹形成。

---

[1] 见《孟子集注·滕文公章句上》"劳心者治人，劳力者治于人"，载朱熹.《四书章句集注》，中华书局，1983年，第258页。

[2] 《诗经·魏风·硕鼠》篇中的愤懑呼号。

[3] 冶炼工艺发达，如存世的吴、越青铜剑，冶铸淬炼，合金技术，皆世所罕见。煮盐、冶铁、漆器、铁质工具和农具、齐国的丝织品、楚国的漆器等都有专门工匠。被后世尊为祖师的公输般"鲁班"就生活于此时。

[4] 可参见孔祥毅所著《晋商学》之导言，经济科学出版社，2008年。

（4）产生新的地主阶层和与之相应的"士"群体。公有土地所有制废除，土地买卖盛行，经济繁荣，私人讲学之风盛行，社会精英崭露头角，形成百家争鸣的主力群体。

（5）此时草地畜牧业在农业中仍占主要比重，草地畜牧业六畜滋生，牛为主要农业动力，马因战事、礼仪之需，被定为六畜之首[1]。养马有功的非子被周王封为附庸[2]，是为秦国雏形。

上述诸种社会发展特征，说明封建制本身已经失去生存土壤。以周王为共主的封建体制和附丽于此的伦理系统自然走向"礼崩乐坏"的末路。随之产生了中国城乡二元结构新的伦理特征。①城市工商业者数量在社会中占有不容忽视的地位，他们促进了社会繁荣富庶，在生产流通的实践活动进一步推动了城乡二元社会的交流融通，其社会权益与价值观逐步取得社会认可。②新生地主阶层对所据有的奴隶统治更为严密，城乡二元结构趋于复杂。③农业中的耕地农业渐居主流，但草地农业仍占较大比重[3]。④社会秩序从混乱向稳定过渡，但"天下"仍然列强纷争，远未稳定。⑤封建伦理系统虽然日趋式微，但封建时期贵族陶铸而成的君子之风仍有明显残留，如历史上广为流传的子路结缨而亡、俞伯牙为钟子期碎琴、介子推避封被焚，尤其战场上仍然坚持君子之风的"礼仪之兵"[4]，不杀俘虏、不穷追败军等这类被今人视为迂腐的事例并不罕见[5]。

**2. 战国时期（公元前475年—前221年）**　从周元王二年以齐桓公挟周天子以会盟诸侯开始[6]，到公元前221年[7]秦灭六国结束，历时254年，周朝礼乐

---

[1]　《周礼·夏官·职方氏》："河南曰豫州……其畜宜六扰。"郑玄注："六扰：马、牛、羊、豕、犬、鸡。"参见郑玄注、贾公彦疏：《周礼注疏》，北京大学出版社，1999年，第873页。马为六畜之首，反映出早期农业发展过程中草地畜牧业的基础地位，后来随着耕地农业的发展，马更多地应用于战事、交通和礼仪等方面，更多地向国家、军队和贵族等方向发展；而牛在耕作农业的基础作用逐渐突显，文化习俗中对"牛"也更加重视，如立春日、天子扶犁而行、亲耕籍田、迎春祭祀、鼓励农耕，民间亦有糊春牛、打春牛之习俗，牛作为最重要的生产资料得到了农户和官方的重视。而牛所具有的勤劳踏实、任劳任怨、安分守己等性格特征也随着日复一日的耕作活动日益深入人心，成为农耕文明传统及其伦理道德观念的重要组成部分，使得城乡二元结构渗透到普通民众的意识深处。

[2]　附庸，低于侯国的小领主。受周王室之封，非子成为秦国的首任领袖。

[3]　至汉代鼎盛时期，耕地面积仅占4%～6%，春秋时期耕地农业当然更低于此。参见任继周主编《中国农业系统发展史》之序言，2015，江苏凤凰科学技术出版社。

[4]　如《淮南子·氾论训》"古之伐国，不杀黄口，不获二毛，于古为义，于今为笑，古之所以为荣者，今所以为辱也"，参见刘文典撰：《淮南鸿烈集解》，中华书局，1989年，第431页。

[5]　春秋时期战争中的道德之举如"鞌之战""泓水之战"等故事都出于这一时期。

[6]　今山东省菏泽市郓城县西北。

[7]　另说，从韩、赵、魏三家分晋开始算起直到秦始皇一天下为止，即公元前403年—前221年。

时代至此彻底结束[1]。各诸侯径自称国，完成了从封建时代到皇权时代的社会大转型，社会呈现全新面貌。随着耕地农业的逐步发展和土地私有化的完成，巨室望族和它所带动的民间讲学之风大盛，学派蜂起，史称百家争鸣。其中齐国管仲（公元前719年—前645年）的"耕战论"脱颖而出，将"耕"与"战"并列。耕以图存，战以强国[2]。商鞅相秦，将管仲的耕战论进一步发展[3]，将土地与军旅组织密切结合，管理严密，天下效尤，耕地农业大盛。"秦地半天下""积粟如丘山"[4]，楚国"粟支十年"[5]，齐国"粟如丘山"，燕、赵二国也是"粟支数年"[6]。甚至韩国的宜阳县，也"城方八里，材士十万，粟支数年"[7]。大势所趋，诚如管子所概括，"使万室之都必有万钟之藏""使千室之都必有千钟之藏"[8]。农耕与城郭同时兴旺，为城乡二元结构建立了广泛基础。其农业伦理观特色突出。

（1）土地私有化已经通行"天下"。土地和附着于土地的居民由属于天下"共主"的周天子，转化为诸侯及大夫私家所有，土地和奴隶可以买卖。周朝封建伦理观的社会基础遭受致命打击。独立国家概念肇始于此。

（2）独立的"士"知识阶层大显于世。"学以居位曰士"[9]，附丽于地主阶层的和工商业的士人大开私人讲学之风，出现史称"百家争鸣"的思想解放时代。"士"这一阶层的兴起和发展，某种意义上起到了沟通城乡二元社会、防止社会阶层过分固化和调节社会结构的作用，内在地巩固了传统农业社会的城乡二元结构[10]。

---

[1] 三家分晋是指中国春秋末年，晋国被韩、赵、魏三家瓜分的事件。被视为春秋之终、战国之始的分水岭。

[2] 管仲说："夫富国多粟，生于农，故先王贵之。凡为国之急者，必先禁末作文巧，末作文巧禁，则民无所游食，民无所游食则必农。民事农则田垦，田垦则粟多，粟多则国富，国富者兵强，兵强者战胜，战胜者地广。"参见黎翔凤撰：《管子校注》（中册），中华书局，2004年，第924页。

[3] 《史记·商君列传》，"以卫鞅为左庶长，卒定变法之令。令民为什伍，而相牧司连坐。"参见司马迁：《史记》（第7册），中华书局，1959年，第2229-2230页。

[4] 《史记·张仪列传》，中华书局，1959年，第2289页。

[5.6] 《史记·苏秦列传》，中华书局，1959年，第2259、2243、2247页。

[7] 刘向，1985.战国策（上册），[M].上海：上海古籍出版社，5.

[8] 赵守正，1987.管子注译（下册）[M].南宁：广西人民出版社，2.

[9] 金少英，1986.汉书食货志集释[M].北京：中华书局，12.

[10] "士"这个阶层，以其对民生、社会和家国的关切，经常能够将民生疾苦和吁求上达统治阶层，又能将统治意志和社会政策等下传给普通民众，起到沟通城乡、君民的作用；同时借助于文化、政治等考核遴选机制为个体发展提供必要的上升渠道，为统治阶层源源不断地输送新鲜血液，从而防止社会阶层的过分固化；尤其是在连年征战、社会动荡或政治昏庸、民怨沸腾的时局中，"士"阶层起到传承文化、凝聚精神、表达民意和干政与政的作用，学而优则仕，在个人的穷达之际，"士"或独善其身，或兼济天下。上述特性，使得"士"这个阶层起到了社会调节器与减震阀的作用，内在地巩固了城乡二元社会结构的强大弹性机制和自组织功能，使得传统农业社会虽然历经动荡、征战或灾祸，而仍能不断恢复和发展。

（3）各个诸侯国变革图存，为了壮大各自的中央集权政体，法家的严刑峻法、鼓励耕战及其相关伦理观逐渐在百家争鸣中突显，尤其秦晋两大国鄙弃礼仪教化，以法家的"法、术、势"为政策内核，实施军功爵制，为各国效尤，成为战国时期的政治特征。

（4）春秋时期的伦理古风沦丧。战争规模扩大并日趋残酷。春秋时期难得一见的屠城灭国之事战国时期屡见不鲜[1]。兵家诡道风行于世，习朴拙、重道德的伦理观不再具社会约束力。

（5）随着城邑规模的扩大和工商业的发展，城乡二元结构已居中国历史主流，居处乡野的广大农奴在社会伦理系统中进一步被边缘化。

（6）聚集于城邑的统治阶层为了满足其耕战需求，建立了空前严格的户籍制度，将所属土地和附丽其上的居民凝固为一体，实现全民皆兵。商鞅变法主要内涵之一就是父子兄弟成年者必须分居，以户为单位保证兵源、税源。户籍制度使"城乡二元结构"更为稳固，从而为小农经济基础上的中央集权统治提供了持久有效的伦理支持，为下一阶段的皇权社会奠定了历史基础。

## （四）皇权社会的农业伦理观（公元前221年—新中国成立前）

从公元前221年秦统一六国到1949年中华人民共和国成立，历时2170年。城乡二元结构将众多小农户与中华大帝国熔铸为生存共同体，逐步完成了从封建时代到皇权时代的伦理观蜕变和定型。此后中华农业伦理观不同时期虽各具特点，但从未失去其城乡二元结构的共同特征。此为中央集权大帝国所必需的，以耕地农业为基础、城乡二元结构为轴心的农耕伦理观。

皇权时代的农耕伦理观从秦朝的皇权农耕伦理系统初建期，经过汉代的皇权农耕伦理系统成熟期，迄于1949年中华人民共和国成立。尽管历经诸多动乱和政权更替，但其二元结构为社会基础的农耕伦理观的本质从未改变。包含几个历史阶段。

**1.秦朝皇权农耕伦理系统初建期**　秦始皇统一六国后，采取多项强化中央集权大帝国的创举，如废封建立郡县，书同文、车同轨，建立以咸阳为中心的"驰道"系统和纵贯西部的"直道"系统，开凿贯通珠江流域与长江流域的运河等，这些都对中央集权帝国具有长远的战略意义。

但秦始皇为统一天下的胜利所陶醉，急于求成，实施了一系列有违伦理原则的谬误措施。

---

[1]　如秦赵长平之战，秦坑杀降卒40万人，赵国丁壮几乎悉数灭绝。

（1）穷兵黩武，秦王嬴政灭六国的十年内连年征伐，几乎每年灭一国，西通西域，南伐百越，未能与民休养生息，平民或辗转死于沟壑，或饿殍相望于途，国力大伤。

（2）大兴巨型工程。战国末期社会苦于长期战乱，资源匮乏，民生极度贫困，而秦朝除上述的大举交通、水利建设以外，还穷全国之力，大修阿房宫，建始皇陵墓。其穷奢极欲为历史所仅见。

（3）严刑峻法，施行"族诛"[1]"连坐"[2]等亘古未有之酷刑。诚如贾谊所说"重以无道：坏宗庙与民，更始作阿房之宫；繁刑严诛，吏治刻深；赏罚不当，赋敛无度。天下多事，吏不能纪；百姓穷困，而主不收恤"[3]。

（4）"以吏为师""焚书坑儒"，社会伦理系统陷于断裂。集大权于一身的皇权虽可为所欲为于一时，但难以维持久远。源于战国时期绵延数百年的社会思想活跃之风，至秦代为之丕变。士人由神采飞扬的百家争鸣骤然进入"万马齐喑"的阴冷岁月，令人窒息的异样气氛必导致绝地反击。始皇承袭秦国历经39代君王[4]苦心经营的霸业，积累不可谓不厚，而不可一世的秦王朝不过15年而土崩瓦解，其历史教训发人深思。

**2. 皇权伦理观的成熟稳定期**　从汉代（公元前220年）到清朝（公元1912年），历时2132年，此为中华农耕伦理观维持最久的历史阶段。

汉朝汲取了强秦败亡的教训，汉高祖开国之初即宣布"约法三章"："与父老约法三章耳：杀人者死，伤人及盗抵罪"[5]，汉初历代帝王施行"黄老"简政措施予民休养生息。其间只有叔孙通从高端整顿朝廷礼仪，建立高层伦理秩序；颁布抑制工商令，从底层安定农业社会秩序。经过五代皇帝、六十五年的休养生息，至汉武帝时国势大盛。他一改先祖传统，对外大举用兵，扩展版图直达中亚；对内采取"罢黜百家、独尊儒术"的伦理建设，佐以法家的严刑峻法，皇权政体逐渐形成礼法并用的格局，中央集权得到空前巩固。

全面考察汉武帝形成的高度中央集权的皇权国家，其基本要义有三，即皇权神授、大一统和三纲为特色的伦理系统。

（1）皇权神授说。董仲舒改造儒家学说，杂以阴阳家理论，构建天人感应、君权神授说，一方面确立了皇权不可撼动的地位，另一方面又以灾异谶言规劝君王统治者自我约束，以保证统治的持久稳定。

---

[1]　一人犯罪，全族被诛杀。

[2]　公元前356年，商鞅"令民为什伍而相牧司连坐，不告奸者腰斩""匿奸者与降敌同罚"。

[3]　贾谊，2000. 新书校注[M]. 阎振益，钟夏校注. 北京：中华书局，15.

[4]　从周孝王封非子为附庸于秦（公元前886年）到秦二世（公元前209年）被废。

[5]　（西汉）司马迁，1959. 史记·高祖本纪[M]. 北京：中华书局：362.

（2）巩固大统一的城乡二元结构，抑制工商业，完善户籍政策。皇权政治认为活跃的工商活动，会诱导民众脱离农耕之业，世人游离于农耕社会，冲击耕地农业为基础的城乡二元结构；富商巨贾等豪强交接王侯，富可敌国，挑战中央集权[1]。董仲舒针对现状提出了"限民明田、以赡不足、塞兼并之路"[2]的建议，使得劳动力与土地资源稳定结合，城乡二元结构得到进一步巩固。

（3）支撑大统一的思想建设，执行"罢黜百家，独尊儒术"思想建设。东周以来，传统封建体制瓦解，百家争鸣，导致师异道、人异论，百家之言宗旨各不相同，天下莫知所从。汉武帝采纳董仲舒"元光对策"的建议"春秋大一统"是"天地之常经，古今之通谊"[3]，现在他建议诸子百家之"不在六艺之科孔子之术者，皆绝其道，勿使并进"[4]，进一步将儒家思想简约化为"三纲五常"[5]的伦理框架，以巩固中央专政。从此儒家独居显学地位，以法家为儒家之辅弼，并行于世，其他各家逐渐失势。

（4）建立了支持大统一的国家教育系统。中央设太学，地方各郡国设立学校，完善教育系统。太学是儒学教育官方化的标志，将"五经"[6]定为国家教材，确保儒家思想垄断教育。先秦时代中华就有重视教育的传统。夏称校、殷称序、周称庠，"学则三代共之，皆所以明人伦也，人伦明于上，小民亲于下"[7]。汉代加以完善，"里有序而乡有庠，序以明教，庠则行礼而视化焉"[8]；按人生不同阶段施以适当教育，"八岁入小学，学六甲五方书记之事，始知室家长幼之节；十五岁入大学，学先圣礼乐，而知朝廷君臣之礼"[9]，之后一步步进入庠序、少学、太学，太学中的优秀人才将授以爵位、命以重任，是为"先王制土处民富而教之"[10]。这一套空前完善的国家教育制度，将"宗法人伦、尊卑有序、经世济民、修齐治平"等观念意识融入个人成长及人伦日用之中，从思想观念深处拱卫了城乡二元社会结构。

（5）依赖法家强化大统一政治建设。汉代虽以儒教立国，但倚重法家官僚系统掌握政权，重酷刑，以强化中央集权。汉书酷吏传共14人，号称独尊儒术的武帝时期就占10人。后世称汉代为内法外儒，不为无据。

---

[1]　如《汉书·食货志》中专门分析了商人兼并农人，迫使农人不得不流亡的状况，详细阐发"重农抑商、轻徭薄赋"的必要性与举措。

[2,8,9,10]　（东汉）班固.汉书（卷24）//食货志上[M].北京：中华书局.

[3,4]　（东汉）班固，1962.汉书（卷56）//董仲舒传[M].北京：中华书局：2523.

[5]　三纲五常，汉代董仲舒综合各家学说提出。"君为臣纲""父为子纲""夫为妻纲"和"仁、义、礼、智、信"五项为人处世的道德标准。

[6]　"五经"指《诗》《书》《礼》《易》《春秋》。

[7]　朱熹，1983.四书章句集注[M].北京：中华书局：255.

至此，汉武帝以城乡二元结构为基础，借助儒家的伦理系统，法家的权术手段，构建了完善的中华皇权时代农耕文明的伦理框架，将巨量分散农户与中央集权的大帝国的政权凝聚为生存共同体，生气勃勃延续几千年，创造了历史奇迹。伦理系统的巨大功能在此充分显现。

### （五）农耕伦理观的异化和消亡期（1949年迄今）

中华人民共和国成立迄今，随着土地所有制和国民经济结构的多元化，尤其在世界经济一体化的大潮冲击下，中华以城乡二元结构为基础的农业伦理观被迫异化并逐步走向消亡之路。

中华人民共和国成立之前，利用城乡二元结构的特殊环境，在农村发动土地革命，以农村包围城市，取得革命胜利。1949年以后，限于当时的历史背景，依然恢复城乡二元结构的传统意涵，农民没有取得与城市居民同等的权益。城乡割裂，严重阻滞了社会发展。中华人民共和国成立以来支农政策从未改变，多种方式的支农措施从未中断。中共中央在1982—1986年连续五年发布以农业为主题的中央1号文件。2004年之后更连续发布以"三农"（农业、农村、农民）为主题的1号文件，可见农业在中国现代化过程中"重中之重"的地位。但成效不显，甚至在全国崛起的大好形势下，"三农"问题依然成为举国为之关注的焦点。直到2002年，中共十六大以后，才开始采取一系列重大措施[1]，力图摆脱城乡二元结构造成的恶果，走向新的未来。但城乡二元结构历经封建社会和皇权社会3000多年的传承与发展，以耕地农业为基础的中华农耕文明，根深蒂固，彻底改变非朝夕之功。

## 二、结束语

城乡差别通见于世界各地，但社会的城乡二元结构则为中国所独有。中国作为一个传统农业社会，伴随耕地农业的发展，形成独特的城乡二元结构。这一结构将统治阶层所居留的城市群体与为统治阶层服务的基层农民群体，截然划分为两个社会。是"劳心者治人，劳力者治于人"[2]儒家思想的扩展。前者居社会领导者地位，对后者有保护的责任；后者处于被保护、被领导地位，接受前者的领导并为前者服务。两者共同保证了社会正常运行和发展。这是自发形成的社会分工样式。

---

[1] 如取消农业税，明确提出城市反哺农村。
[2] 朱熹，1983.四书章句集注[M].北京：中华书局，258.

城乡二元结构所体现的社会分工，在一定的社会生态系统里组建成生存共同体，并构建了中华农耕文明，雄踞伦理学高地[1]，历经两千多年长居世界文明前沿。直至18世纪末叶始败北于海洋文明和工商文明。中华人民共和国成立前后，中国共产党创造性地将城乡二元结构功能异化，以乡村包围城市，取得国家政权，农村养活城市，并支撑中国工业化的最初积累，甚至在国际国内战争中从不言败。中国的农耕文明和与其伴随的城乡二元结构，以全新面貌达到新的辉煌。应该肯定，城乡二元结构及其衍发的农耕文明对中华民族的生存与发展功不可没。

如今在全球一体化的大潮下，我们长期据以自豪的农耕文明，与海洋文明、工商文明迎头相撞，即破绽毕露、拙于应对。邓小平尖锐地指出"不改革死路一条"[2]，我国走上改革开放的必然之路。从20世纪80年代以来，我国不断做出挣脱城乡二元结构这个旧窠臼的多种尝试。几十年来我们从未放弃支农的多种努力，多次发表以农业为主的"1号文件"，但对城乡二元结构的本质认识不足，长时期停留在所谓"离土不离乡"阶段，坚持农民对土地的依附传统，反对农民改变其身份。这无异维护了"城乡二元结构"的核心价值观，以致即使在国家崛起的大好形势下，城乡之间的割裂仍然积累为"三农"问题。直到2002年的十六大以后，明确提出城市反哺农村，取消农业税，取消了遍布全国的收容离土农民的强制机构。十八大以后更有多个城市开展取消当地农村户口试点探索，迎来了我国新农业伦理观的破晓。

当今时代，倡导开放包容、合作共赢，破除城乡二元结构有许多理由。

（1）改革城乡二元结构，促进社会公平正义和稳定发展。从农村精准扶贫到农民工有效就业，从"三支一扶"政策[3]到各类城乡、地区统筹政策，从新型农村合作医疗、社会救济制度到留守儿童帮扶计划，等等，让更多农民分享改革的红利和平等的国民权益，使农民群体具有更强的获得感、社会归属感，不仅为社会稳定发展所必需，也是伦理正义所不可或缺。

（2）改革城乡二元社会结构，国家从教育和就业政策、人事任用制度、

---

[1]　中华文明深深扎根于农耕传统，赋予农业以基础地位，进而强调耕战立国、重农抑商、重本轻末。或强调牧民之道，在于谨守农时、丰衣足食（管子），或主张治理之道，在于富庶而教（孔子），如此民众才能安居乐业、安土重迁、顺命安处。悠久的农耕文明传统和丰富的农耕生活经验，一方面塑造了中华文明健进不息、厚德载物和生生不息等文化精神，另一方面又造就了重视宗法人伦关系、政治伦理秩序和尊卑有序格局等治道传统，深深影响后世文化传统和治理模式，故而占据伦理之高地。

[2]　本报评论部，不改革死路一条，《人民日报》，2014年8月19日。

[3]　三支一扶政策，指国家出台相应政策，鼓励大学生毕业之后，到农村基层地区从事支农、支教、支医和扶贫工作，这一政策为农村基层地区输送大批紧缺人才和新鲜血液，以缩小城乡差距，促进城乡协调发展。

社会保障制度等角度破除固有的社会阶层固化，促使社会各阶层成员正常流动，不断提供社会发展新鲜血液，尤其给广大农村学子和农村基层工作人员以充分机会，发挥个人才能，实现自我，增强社会发展动力。

（3）打破城乡二元结构，实施城乡一体化，释放巨大社会生产潜势。以"互联网+"的思维，实现城乡互利共赢，促进不同地区、城乡之间的互联互通、产业耦合[1]，可成倍释放生产潜势。

城乡二元结构消亡的趋势已不可逆转。但城乡二元结构的改革涉及社会巨系统的大变革，必将触及社会集团利益和文化深层，绝非朝夕之功。随着改革开放带来的社会发展和文化内涵的提升，新的伦理系统也将伴随新旧事物之间"方生方死"的演进过程而逐步完成。这既要坚定，又要耐心。需要我们沉下心来，以虔敬的态度、科学的方法、坚强的毅力，付出长期努力以期其成。

---

[1] 任继周，1999. 系统耦合在大农业中的战略意义[J]. 科学(6): 12-14.

# 由陆地农业转型陆海农业是中国农业现代化的关键一步

任继周[1]　林慧龙[2]　胥　刚[2]

（1.兰州大学，中国工程院院士　2.兰州大学草地农业科技学院）

　　我国农业在全国崛起的大好形势下相形见绌，出现"三农"问题，原因众多，但囿于陆地农业的陈规，陆海界面的开放功能未能充分发挥，应为主要原因之一。中国海洋资源禀赋丰厚，东南半壁为海洋所拥抱，海岸线绵延18 000千米（图1），包含难以计数的大小港口，这些都是适于开放的陆海界面[1]（任继周等，2018）。如通过陆海界面实现海内陆地农业系统与海外农业生态系统的系统耦合，可爆发巨大产能，此乃全球现代农业发展之趋向。大家所熟知的我国古代茶马市场，就是利用农耕地区和草原牧区之间的界面系统耦合，解放两大系统的生产潜力，使农耕地区与草原牧区获双赢硕果，成为当时"淘金者的富矿"（任继周，2013）。而陆海界面可促进全球农业系统耦合，领域无比广阔，类型难以计数，生产潜力之巨大难以想象。茶马市场与之相比不过沧海之一粟。我国改革开放以来，沿海地区城乡的迅猛发展，已将陆海界面的潜力大显于世。

　　华夏族群地处欧亚大陆东端这一广大地域，西、北两面有高山和荒漠屏

图1　中国海岸线示意图

审图号：GS京（2024）0599号

---

　　[1]　即可供陆地和海外交流的现有和可能的港口。

障，而东、南两面被大海所包围。这一广阔地区从南到北，有珠江、长江、黄河三大主要水系的冲积平原和与之相邻的丘陵、高地。来自太平洋的季风给以水热哺育，生物繁茂、土壤肥沃，是亚欧非大陆中唯一兼封闭与开放之利，适于农业发展的地域。华夏族群有幸繁衍于此，并完成从氏族社会到农业帝国的历史过程。公元前211年秦朝统一大陆全境，建立了农业大帝国。后经汉朝近百年的休养生息，人口达到5 500万的高峰，但耕地面积只相当于今天的4%～6%。到明朝，华夏人口从6 000万人增至1亿人，但仍属地广人稀。17世纪乾隆年间人口增至4.5亿人，已感土地狭蹙，但仍可以"地大物博"、物产丰盛的天朝自居，当时全国GDP约占世界GDP总量的1/3，是华夏农业帝国的鼎盛期[1]。1949年新中国成立至今，人口由5亿人猛增到14亿人，人均水、土资源降至世界人均值的1/4，属农业资源贫国，形势危殆，用以维持小康水平已属不易，如欲比肩发达国家，亟待另觅出路。

# 一、华夏民族与海洋的深厚历史渊源

据不同的论述，华夏族群的起源大体可分本土说和外来说两大类，其中本土说的真实性尚存争论，即使确有，经过漫长的历史演变，本土居民与外来居民已互相交融，泯灭无存。我们依据华夏文明外来说的历史轨迹略加梳理，揭示华夏族群与海洋间的深厚历史渊源。

出自非洲大陆的原始族群，沿地中海北岸东进，进入亚洲地区，然后分为A、B两支[2]进入中国大陆。

## （一）原始族群之A支

沿地中海北岸东下，至印度洋地区，沿澜沧江流域，经云南进入中国大陆，然后从青藏高原的东缘，东下到黄土高原。在此分为A1、A2两支，A1支留居黄土高原，然后经太行山南段，出三门峡入华北平原。A2支从黄土高原继续北上，达黄土高原的北缘，至辽河流域创造红山文化；然后沿太行山东麓，古华北平原湿地，向东南迁徙，进入华北平原黄河流域，与原留居族群融合，共同创建了以黄河流域为中心的系列文化，如仰韶文化、龙山文化等，发展为黄河流域的古华夏文明，是为华夏族群的华北支系源头。

1　http://www.360doc.com/content/20/0319/10/69126775_900278375.shtml.
2　另有原始族群从欧亚大陆进入青藏高原是为吐蕃先祖，进入蒙古高原是为突厥先祖，与本文无涉，从略。

### （二）原始族群之B支

出非洲后，经地中海沿岸，穿越中南半岛和东南亚群岛，从珠江流域进入中国大陆，在江淮流域创建良渚文化和后来的荆楚文化。是为华夏族群的华南支系源头。在更新世末期、全新世初期，发生了全球性的洪水泛滥，良渚文化毁于洪水，只余荆楚文化。至春秋战国后期，古华夏族群的华南支系与黄河流域的华北支系相融合，奠定了华夏文明，绵延至今。如此看来，在史前时期华夏族群就含有海洋支系血缘基因。据现代基因研究揭示，我国华南居民与东南亚民族的基因相似性大于与我国华北居民的相似性，证明了华夏族群与海洋族群存在血缘关系。中国古代使用的"贝币"是与海洋关系密切的另一佐证。

### （三）华南族群与华北族群交互融合形成华夏文明

同源于陆海界面的华南族群与华北族群融合形成华夏民族以后，长期定居大陆，终于形成绵延数千年，以陆地农耕为特征的中华帝国。但这并没有切断帝国通过陆海界面与海外的历史交流。中华帝国大陆居民通过陆海界面移居海外，对侨居地发生巨大影响，这就是为大家所熟知的东南亚中华文化圈，与大陆血脉相连。每当祖国大陆遭遇政治（如抗日战争）或自然灾难（如汶川地震）时，海外侨民热情支援，彰显其华夏文化禀赋。我国东南沿海侨乡的独特风貌，更显示海陆界面对大陆一侧的影响力度。华夏族群在陆海界面两侧发生着反馈与再反馈的共振，不断强化而延续久远。由此可证华夏民族与海洋的联系，始于史前迄于今日从未中断。

## 二、历史时期中国陆海关系的疏离

### （一）秦汉及以前陆海关系的疏离

中华大陆早期的民族融合奠定了农耕文明的基础。史前时代有南、北两支族群自海洋进入中国大陆。进入历史时期以后，华夏族群华北支系在黄河流域建立了北方邦国群，形成陆地农耕文化；华南支系在珠江和长江流域也建立了南方邦国群，在长江以南形成稻鱼文化。南北两大邦国群经过长期融合兼并，逐渐形成了南方和北方各具特色的华夏文明。在历史演替过程中，北方支系取得强势地位。原因复杂，不遑多说，举其要者有二：一为黄河流域族群产生了文字，踞文化优势；二为强于征战，于是北方族群居中国大陆的主流。秦代统一中国，在较为封闭的欧亚大陆东部，建立了重农耕、轻工贸、自给自足的农耕文明，形成海内即天下的倨傲思想，视海洋为化外。但港口作为陆海界面，仍保持了海内外不同生态系统的联系。

中华民族在欧亚大陆的东端，在这一相对封闭的独特地域，建立了夏、商帝国。于商末周初，初现农业萌芽，至西周农耕文明定型为礼乐时代。延及东周末期，礼崩乐坏，兼并征伐盛行，管仲的耕战论应运而生。后商鞅相秦，将耕战论发展为举国战争体系[1]，国力大盛，进而统一"海内"，建立了大陆型皇权帝国。汉继秦而兴，至汉武帝时期罢黜百家，儒家凸显为国教，以"治国平天下"为人生最高境界，佐以法家的法术，完善了重农耕、轻工贸的农耕文明。随后将北方部分草原畜牧族群，与东南的渔稻族群融合，保留各自的生活方式，和而不同，天下一统于农耕文明的皇权政治。至此，大陆农耕文明鸿篇巨制写完最后一笔。安居大陆的皇权帝国，两千多年来虽然也长期苦于灾害和战乱，但以其城乡二元结构的独特机制，经济发展仍长期稳居世界顶峰[2]，自足自豪、睥睨四海，"海内即天下"的陆地农耕文明树立了牢固基础，从此将海疆视为极边。

## （二）唐宋元时期中国陆海界面伦理观的回归

华夏族群与海洋的历史渊源不容断然切断。华夏王朝进入大唐盛世，走到"天涯海角"，一眼望不到边的海岸线挡住了去路。不自觉间，陆海界面展现眼前。

陆海界面具有的生态系统内在生命力，给华夏第一个开放型帝国唐朝提供了机遇。大陆唐人与东南亚诸邦国，或隔海相望、或海岸线毗连，舟楫来往频繁，商旅联系密切。唐朝因势利导，设立市舶司，相当于现代的海关，管理海外商旅出入国境。当时设市舶司三处，即福建泉州、浙江明州（今宁波）和广东广州，是为我国最初的陆海界面，经营以丝绸、茶叶和瓷器为主的出口，以宝石、香料和奇珍异玩等洋货为主的进口。市舶司当时成为商贾云集的"淘金者乐园"。更有大量闽越人民或逃避战乱，或为生计所迫出海谋生，成为后世东南亚华人文化圈的先驱。

宋朝财富充裕，其陆海界面比唐代更加活跃，唐代所设三个市舶司更加繁荣，其中泉州已经发展为世界第一大港。《宋史》[3]记载，赵光义于初年

---

[1] 将土地与居民固结为一体，以军伍系统制订户籍制度。

[2] GDP总量，从汉代至清代中期，占全球30%～80%。

[3] 《宋史·食货志》详细记载了中国历代的全国人口数量、耕地面积、粮食总产和单产数量等统计数据，为研究中国经济发展历程和方向，提供了基础数据；也记述了中国封建土地私有制的形成过程，以及与此相关的财政赋税制度的演变，记述了中国赋税形态从劳役经实物到货币化的演变轨迹。引自中国社会科学网．2012-07-25[引用日期2021-05-22]。

(976年)[1]对海外船舶设税法，这是世界第一部海关税收法。北宋庆历[2]中，船税每年收入为一千九百七十五万缗[3]，熙宁年间[4]增至占总缗钱的（即全国商业税）的三分之一，是北宋财政的重要来源。南宋版图大缩，更加依靠市舶司提供的税金。从10世纪（北宋）到13世纪（南宋），三百年间中国陆海界面经济获得巨大发展。从中国海港出发的航船不仅链接东南亚各地，甚至可辗转通达欧洲。中国生产的茶叶、丝绸和瓷器，风行于当时欧洲上流社会，海上丝绸之路或称瓷器之路著称于世。

草原游牧民族习漂流、尚冒险、重工贸，文化素质比农耕民族更接近于海洋文化。元朝忽必烈称帝后，两者在陆海界面相碰撞，闪光迸发。这一短命王朝历时虽仅97年，但海上贸易空前繁荣。元朝完全开放海上贸易，先是放任私人经营，后来政府也组织大量船队，参与海上贸易。尤其元朝和日本之间的海上贸易，可为陆海界面伦理观佳话。元朝虽两次伐日均遭败绩，应属敌国，但它们彼此不记前愆，利用陆海界面互通有无，日本成为元朝"东洋"的主要贸易国。在元朝大力开拓海外贸易的推动下，始于唐、兴于宋的市舶司大盛于元。除原来泉州、庆元、广州三大市舶司外，增设集庆（今南京）市舶司，各市舶司进一步发展其所属的次要港口，各自依靠其腹地资源支撑海上贸易。泉州港口设立灯塔馆舍，管理完善，时称世界第一大港，中国也成为世界第一贸易大国，海上贸易盛况空前。陆海界面将所获富源传输内陆，珠江三角洲和长江三角洲先受其利。以长江三角洲为例，至元七年（1270年）颁农桑之制14条，其中"种植之制"规定每丁（男劳动力）年植桑20株。武宗时下令各地相土地之宜，筑围墙种桑园，每年采桑葚推广种植，颁文"风示诸道，命以为式"[5]。于是蚕桑业蓬勃兴起，形成桑蚕基地。官营和私营丝绸作坊鳞次栉比。农业结构在丝绸贸易带动下自发调整。同时设立专司丝绸类产业的"丝檀"，丝绸业成为元代官列22大类手工业之翘楚。从植桑、育蚕、缫丝、纺织、染印到工贸，形成完整的产业链，中国首批产业工人于兹萌芽。以集庆市舶司为例，下设三局，仅东局就有作坊3 006家，其他两局分设于句容、溧阳，其产业工人总数当以万计。蚕丝行业的发展不仅影响农业结构，还成为中国小农经济中萌生的资本主义胚芽。为了适应产业

---

[1] 北宋君主宋太宗一即位，就改年号为"太平兴国"(976—984年)，表示要成就一番新的事业。引自https://baike.baidu.com/item/太平兴国。

[2] 宋仁宗赵祯的年号(1041—1048年)。

[3] 缗，以绳串钱千文为一缗。

[4] 北宋时期宋神宗赵顼的一个年号(1068—1077年)。

[5] 《元史·食货志卷一》。

发展，有关学术著作《农桑辑要》、王祯《农书》和《农桑衣食撮要》[1]相继问世。元朝立国不足百年，出版三部农书，为中国历史所罕见。有元一代对中国航海、商贸、经济、文化，尤其农业结构诸方面的影响深远，对陆海界面的伦理观开拓之功尤不可没。

大陆农业帝国传统思想是重陆域而轻海疆，但陆海界面自然张力无可抗拒。即使在国力昌盛时期，对东南海疆也以通商互利、政策羁縻为主，并无政治扩张意图，于是创造了纵贯唐、宋、元三朝连续400年（1669—1330年）陆海界面的全盛时期。

### （三）明清时期闭关锁国，陆海界面逆势而进

明清两代相继而起，厉行海禁政策，陆海界面突然沉寂，但民间贸易暗流从未中断。

**1. 明朝的海禁**　明朝是中国封闭性最强的历史时期，北筑长城，南封海疆，导致我国陆海界面的活动骤然陷于冰冻期。朱元璋称帝后，朱的劲敌张士诚等旧部多有水军背景，盘踞沿海岛屿，或流为海盗，或与倭寇结合，统以倭寇之名，骚扰东南沿海，成为明朝大患。为治理倭寇，明朝制订相应禁海政策[2]。洪武四年（1371年）朝廷颁布"禁海令"，规定："濒海民不得私出海"。洪武七年（1374年），明朝更撤销了始建于唐朝的各地市舶司[3]，并禁止渔民造大船。《大明律》规定：擅造三桅以上桅式大船，带违禁货物下海，前往番国买卖，潜通海贼，同谋结聚，正犯处斩，枭首示众，全家发边卫充军，所打造的海船，卖与夷人图利者，比照处刑（怀效锋，1999）。

明成祖在位28年中（1405—1433年）曾派郑和七下"西洋"[4]，宣扬国威，赏赐纳贡。郑和下"西洋"纯以政治为目的，绝无商贸业务，靡费巨大，致

---

[1] 元鲁明善曾任寿阳（今安徽寿县）郡监，他考察了江南一带的农业，并研究了当时流行的许多农书，在此基础上写成《农桑衣食撮要》。引自中华典藏，https://www.zhonghuadiancang.com/xueshuzaji/nongsangyishicuoyao/。

[2] 明朝的海禁政策https://wenku.baidu.com/view/5e9ae938182e453610661ed9ad51f01dc2815786.html。

[3] 市舶司是中国于宋、元及明初在各海港设立的管理海上对外贸易的官府，相当于海关，是中国古代管理对外贸易的机关。https://baike.so.com/doc/6156507-6369723.html。

[4] 为开展对外交流，扩大明朝的影响，从永乐三年（1405年）起，朱棣派郑和率领船队七次出使西洋，拜访了30多个国家和地区，最远到达东非、红海。是中国古代规模最大、船只和海员最多、时间最久的海上航行，也是15世纪末欧洲地理大发现航行以前世界历史上规模最大的一系列海上探险。见《明史·郑和传》。

使国库空虚。此后仍严格实施海禁[1]。

明朝尽管海禁不开，但陆海界面的张力仍在，民间私人贸易从未根绝，而且倭寇侵扰也从未消减，朝廷内部的禁海与开海之争也从未停止。一些有识之士看到了"海禁"与海寇之间依附的关系，极力主张开放"海禁"[2]。明穆宗隆庆元年（1567年），宣布解除海禁，史称隆庆开关，仅开月港[3]一处，"所贸金钱，岁无虑数十万，公私并赖"。出口产品主要为丝织品、茶叶、瓷器、铁器等，广受国内外欢迎，出口兴旺，但进口因无适当的产品，只能以白银支付，从此中国逐渐成为白银存量大国。海陆界面之开放，惠及官民双方，沿海各地争相设立舶市。

明朝的陆海界面开放史，从正反两方面给人以启发。明朝初期为宣扬国威而舍弃商贸，违反农业伦理观的开放原则，郑和七下西洋，导致国库空虚。隆庆开关，发挥陆海界面正常功能，经济效益大显。即使在明朝闭关锁国的压力之下，陆海界面仍展示其农业伦理观张力之不可抗拒。

**2. 清朝的海禁**　海禁在清朝仍严行甚至加强。清朝入主中原后，初为防止郑成功等前朝余党反扑和倭寇骚扰，仍严行海禁。顺治时期甚至实施空前绝后的"迁海令"[4]。规定沿海居民迁至海岸线三十至五十里（15～25千米）以内。以致沿海广大土地荒弃，港湾毁弃，居民流离失所，求生无路。

但18世纪西方工业革命已经完成，西方工业化国家纷纷寻找资本出路，清朝为保持政权稳定，再度强力维护海禁，如雍正元年（1723年）与罗马教廷间发生礼仪之争[5]；乾隆二十二年（1757年），下令除广州一地外，停止厦门、宁波等港口对西洋贸易，即所谓"一口通商"[6]。但已难挽狂澜于既倒，终于被动开放。

后因中外贸易日趋频繁，人民反清起义日益加剧，朝廷颁布《大清律

---

[1]　郑和七下西洋之后，明朝统治者认为政治目的已达到，航道已畅通无阻，许多农民"弃本逐末"，因为海外贸易所得复兴颇厚，逐渐成为国家所称的海寇。这样不但减少封建国家的收入，而且还影响其政治。明朝统治者自此执行更严厉的海禁政策。明朝中后期"海禁"主要是因为倭寇横行。见《明史·朱纨传》。

[2]　李国祥，杨昶，1993.明实录类纂.福建台湾卷[Z].武汉：武汉出版社：13-14，545.

[3]　月港，位于福建漳州，地处九龙江入海处，因其港道"外通海潮，内接山涧"，其状似弯月而得名。

[4]　清实录.世祖实录（卷102）[Z].北京：中华书局，1985.

[5]　清廷尊天、尊祖、尊孔及相关礼仪，与天主教遵上帝的信仰和礼仪之争长期存在，清廷拒绝外国人入境。

[6]　指封闭其他口岸，只留广州一处对外开放，共三次。1523—1566年（明嘉靖年间），共43年；第二次是在清初康熙年间；第三次是1757—1842年（清乾隆二十二年至道光二十二年），至签订《南京条约》止，共85年。

例》[1]等严酷法令实施海禁。康熙帝于1759年，颁布了《防范外夷条规》[2]，此条例较全面地反映了清代的排外措施。但条规仅对本国人民严刑管束，对外国人士则形同虚设。现举两例，一为旅居印度尼西亚华侨的红溪惨案[3]，一为归国华侨的陈怡老案[4]。自陈案发生后，数十万户华侨都不敢回家。这种虐待海外华侨的政策一直到19世纪末年才废除。曾任新加坡总领事的黄遵宪为发生于百年以前的惨案写《番客篇》感叹："国初海禁严，立意比驱鳄，借端累无辜，此事实大错。事隔百余年，闻之尚骇愕。谁肯跨海归，走就烹人锅？"

本该是生气勃勃、人财两旺的陆海界面，却被残酷而愚昧的清廷糟蹋成"烹人锅"。但这段黑暗历史相对于陆海界面这一永恒自在的自然本体，不过是太阳中的黑子，无伤陆海界面的阳光普照。

## 三、陆海界面的农业发展潜势及历史使命

### （一）陆海界面引领中国农业接触海外

农业作为一种特殊的生态系统，其开放功能为生存所必需。即使在闭关

---

1  顺治二年（1645年）以"详译明律,参以国制,增损剂量,期於平允"为指导思想，着手制订法典。三年律成，定名为《大清律集解附例》，颁行全国。十三年复颁满文本。康熙二十八年（1689年），将康熙十八年纂修的《现行则例》附於律文之后。雍正元年（1723年）续修，三年书成，五年发布施行。乾隆五年（1740年），更名为《大清律例》，通称《大清律》，共四十卷。

2  建立专司外贸的"公行"机构。海国来华贸易必经公行办理，商人行动需受公行约束。只准外国商人每年5—10月来广州贸易，期满必须离去。在广州期间限住公行所设"夷馆"。外商在华只能雇用当地翻译和买办，不能向内地传递信件。中国人不准向外商借贷资本。条规加强河防，监视外国船舶活动。此后嘉庆和道光年间多次重申上述条规。

3  在印度尼西亚爪哇的巴达维亚（今雅加达），荷属东印度公司对华人凌辱虐待，搜掠财物，强迫搬迁。华人忍无可忍，于1740年10月武装起义失败。在红溪地区被集体杀害近两万人，只有少数人逃至森林中幸免于难，世界为之震动，史称红溪惨案。荷兰政府自知理亏，将滋事荷兰人治罪下狱，并持"说贴"到北京致歉。但清廷反说："被害汉人，久居番地，屡邀宽宥之恩，而自弃王化，按之国法，皆干严谴，今被其戕杀多人，事属可伤，实则孽由自作。"10年以后，咸丰八年（1858年）订立"天津条约"时，多国外交代表汇集天津。当时美国代表杜普（CaptainDupout）建议清廷关注红溪惨案，与直隶总督有一段谈话，为杜普的翻译马丁（W. A. PMartin）记录，描绘清朝官员的残忍愚昧，颇为详实生动。杜普：中国应派领事赴巴，以便照料中国侨民。总督：敝国习惯，向不遣使国外。杜普：但贵国人民在太平洋沿岸者，人数甚多，不下数十万。总督：敝国大皇帝拥有万民，何暇顾及此区区之漂流外国之浪民？杜普：此等华人在敝国开掘金矿，颇有富有者，似颇有保护之价值。总督：敝国大皇帝之富，不可数计，何暇与此类逃民计及锱铢？

4  陈怡老，福建龙溪人，侨居巴达维亚二十多年，为当地华侨领袖。于1749年（乾隆十四年）"携番妾子女并番银番货，搭谢冬发船回籍。船到厦门立即被捕判刑：'此等匪民，私往番邦，即干例禁，况潜往多年，其或借端恐吓番夷，虚张声势，更或泄漏内地情形，别滋事衅，均未可知'。将他发边远充军，银货追入官"。连船主谢冬发也"照例枷杖，船只入官"。

锁国的皇权时代，海陆界面的开放功能仍逆势而进，为中国带来利益。

**1. 陆海界面增强国力**　陆海界面尽管在明清两代阻力重重，但仍表现出不可遏制的发展潜势，可概括为三个方面。

（1）形成了中国强大的海运实力　鸦片战争前中国全国船舶总计400多万吨。当时英国全国总计为240万吨、美国为135万吨，两国之和为375万吨。中国超过英美两国船舶吨位之和。

（2）饮茶市场覆盖世界各地　早在元代以前饮茶习惯已传至海外。通过元代发达的海上贸易，将蒙古游牧民族的饮茶习惯传入欧洲。17世纪初，饮茶风气首先在西方的海上强国[1]荷兰兴起，然后传到法国巴黎。17世纪中叶，饮茶更成为英国[2]伦敦的社会风尚，并由此东传至[3]莫斯科，与来自中国内蒙古包头市的陆地的茶叶之路交会，形成欧亚茶叶交易圈。一旦饮茶成为欧洲人不可缺少的生活习惯，茶叶就成为贸易资源，中国茶农也将从中获得稳定收益。

（3）茶叶的出口产值超过丝绸，位居第一　清人魏源[4]在《海国图志》[5]中记载[6]，茶叶收入约占当时出口总值的60%。英国每年因进口茶叶，大量白银流入清朝，使得英国外汇短缺，急于以输出鸦片来换取清朝的白银，弥补其贸易逆差，成为鸦片战争的主要导火索，可见茶叶富国利民之重大意义。

**2. 引进农作物新品种，改进农业结构**　陆海界面的全面开放，使大陆农业与海外农业出现系统耦合的萌芽。主要表现在以下四方面。

（1）农作物新品种输入，缓解食物压力　玉米、甘薯、辣椒、番茄、烟草、花生、向日葵、南瓜、棉花等农作物自南美进口以后，在中国本土成为主要作物，迅速普遍栽培。玉米、甘薯分布于全国，在一些贫瘠地区几乎取

---

[1]　在16世纪，荷兰造船业居世界首位，被誉为"海上马车夫"。1601年，荷兰商船首次来到中国，中国的茶叶等物品由荷兰商船转运到西欧诸国，从而使中国茶叶风靡整个欧洲。见姚国坤，荷兰：东西方饮茶文化的融合[J]. 茶博览，2020，210 (10):9, 78-80.

[2]　姜春红，2012. 中国茶对英国茶文化形成与发展的影响[J]. 大家，5:130-130.

[3]　李怀莲，2012. 论俄罗斯茶文化的演变[J]. 农业考古，2:306-312.

[4]　清代启蒙思想家、政治家、文学家 (1794—1857年)，近代中国"睁眼看世界"的首批知识分子的代表。

[5]　一部介绍西方国家科学技术和世界地理历史知识的综合性图书。全书详细叙述了世界各地和各国的历史政治、风土人情，主张学习西方国家的科学技术，提出"师夷长技以制夷"的中心思想。是一部具有划时代意义的巨著。

[6]　道光十七年，广东出口英国茶叶价值四百余万银元，弥利坚国 (美国)购茶价值三百六十九万银元，荷兰岁需茶三百八十万斤不等；佛兰西 (法国)三百二十万斤。此外西洋各国大约二百万斤。茶叶随即经欧洲盛销美洲。从嘉庆二十二年至道光十三年，仅广州一地，茶叶平均年出口值达一千二百零九万银元。

代其他粮食；花生、向日葵为油料作物，其油粕为畜禽蛋白饲料的重要来源；棉花是我国主要纺织原料，棉籽粕可作为蛋白饲料；烟草为国税大宗，且有洋商订单收购，经销海外。

（2）农业新品种的介入改善了中国的农业结构　海外引入的多种农作物品种，各有其生态和经济特色，多方面影响中国的农业格局。以长江三角洲为例，长江三角洲的地理和人文环境，对陆海界面反应敏感。唐宋时期，长江三角洲盛产水稻、小麦，为全国粮仓，同时兼营蚕桑，富甲天下，时称"苏湖熟，天下足"。后来引入棉花，棉纺与丝绸业成为长江三角洲的主要产业，而稻米退居地方自给的次要地位。商品稻麦主产区转移至长江中游，配合引入的甘薯和玉米，充分利用生境较差的丘陵土地，发展为主要食物，遂有大量商品稻麦上市，天下仓遂由"苏湖熟、天下足"，改称"湖广熟，天下足"。这一农业结构地区性大转移，成为中国农业发展史的重大事件。

（3）陆海界面培养了上海经济中心　长江三角洲摆脱商品粮的地位以后，其陆海界面的作用得以充分发挥。20世纪初期，西方工业强国困于第一次世界大战而无暇东顾，长江三角洲地区的陆海界面的优势，因时顺势，迅速转向蚕丝、纺织、面粉、轻工业等工贸企业，成为以农业－轻纺工业产品为基础的出口基地，带动猪鬃、桐油、茶叶、苎麻等农业土特产加工企业大兴，成为亚洲商贸大港，江浙财团蓬勃兴起，从而发展为上海经济中心，不仅带动中国内地经济发展，在亚洲也独居鳌头。后因二战后美苏两大阵营的相互封闭，上海在亚洲的商贸中心地位移至香港，但仍为今天的振兴打下基础。

（4）陆海界面缓解农业的人口压力　在经济开发的同时，大量华人出海经商、务工、务农。我国东南沿海土地资源不足，贫苦农民为生计所迫大量出海谋生，是为福建、浙江、广东、广西农村劳动力的主要出路。大陆居民在漫长的历史过程中，通过陆海界面移居海外，对侨居地发生巨大影响，这就是大家所熟知的与大陆血脉相连的东南亚中华文化圈。据估测，现在东南亚一带有华侨3 348.6万人，1980后移民250万人（庄国土，2009）。农村劳动力的大量输出，减轻了土地资源的压力。人力的调节是农业生态系统结构优化的必要因素。每当祖国大陆遭遇政治（如抗日战争）或自然灾难（如汶川地震）时，海外侨民热情支援，彰显其华夏文化禀赋。由此形成的海外"华人圈"，也有所加强，发挥其国际、国内影响力。

**3.完成食品的革命性转型**　海外新农产品通过海陆界面流入我国，无

形中促成了一场食品的革命性转型。我国每年进口大豆近亿吨，相当于增加了6 000万公顷的产能，约相当于我国18亿亩耕地的一半，9亿亩耕地的产能），缓解了我国土地资源不足的压力，极大地丰富了我国畜产品供应，使得我国口粮消耗量减少，而肉奶消耗量大增(图2)，推进了我国居民食品转型。

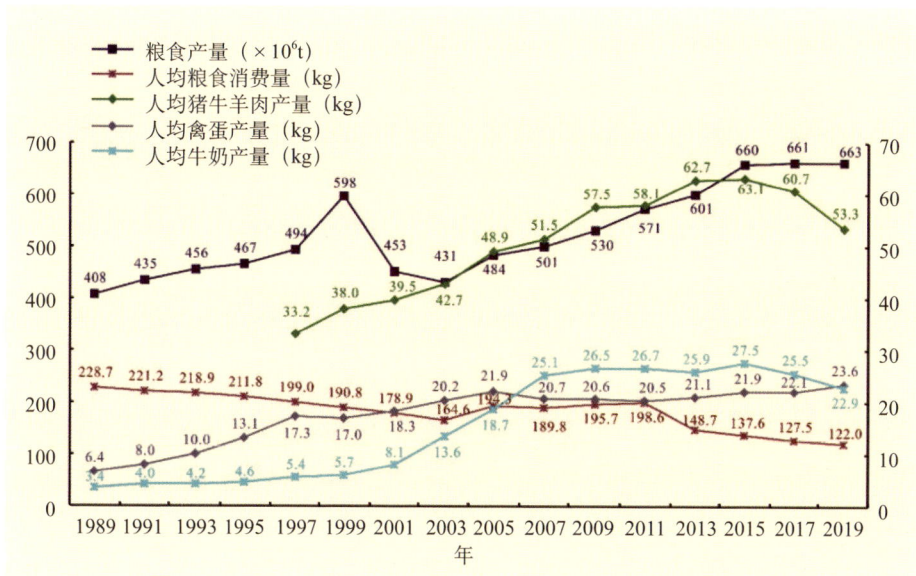

图2　1989—2019年我国粮食、肉、蛋、奶的消费动态

图示我国口粮消费由1989年的228.7千克/人下降到2019年的122.0千克/人而各种畜禽产品无不上升

## （二）陆海界面是建设现代农业的必要手段

陆海界面可将各有特色的农业生态系统加以系统耦合，是建设现代农业的必要手段。不妨举几个例子。

荷兰是陆地资源奇缺的小国，他们自豪地说"上帝造人，荷兰人造陆"[1]。荷兰的国土面积只有4.15万千米$^2$，不到浙江省的40%。但其人口密度达每平方千米459人，超过了我国大多数省份。荷兰的农业仅占GDP的4%，但出口换汇占25%，成为仅次于美国的世界第二农产品出口大国（有时与以出口葡萄酒见称的法国并列第二）。大约每公顷农业用地创汇4 500美元，每个农业劳动力创汇33 000美元。总结荷兰农业发展的诀窍不外两条：第一是优化农

---

[1]　中国农业考察团，1999.为什么资源小国成为农产品出口大国？ [J]. 中国农业经济，6: 74-78.

业结构。荷兰仅将土地资源的16%用作农田，其余84%作栽培草地，发展畜牧业。因为优质牧草与籽粒作物相比，产生的饲用蛋白多3倍，饲用能量多5倍。第二就是依靠举世闻名的鹿特丹和阿姆斯特丹港口的优越陆海界面，放手大进大出，把陆海界面和系统耦合作用发挥得淋漓尽致，堪称陆海农业的典范。

爱尔兰则是另一类型。爱尔兰面积7.5万千米$^2$，人口400万，人口密度每平方千米53人，与荷兰比，相对地广人稀。爱尔兰原是欧洲最穷的国家，农业占GDP的53%，工业只占15%。20世纪30年代开始，改进农业结构，扩大陆海界面联系。其农业用地500万千米$^2$中，草地占80%，谷物生产只有9%，成为欧洲的奶罐和肉仓。2008年，三类产业所占GDP份额为：农业4%、工业38%、服务业58%，人均GDP 27 300美元，已经进入全球发达国家行列。21世纪开始，爱尔兰实施"亚洲战略"，市场将更加扩大。爱尔兰的另一特色为发展农业与维护生态并重。田园风光秀丽，农村旅游业已经成为爱尔兰的一大产业。

第三个例子就是日本。日本人口密度是中国的2倍，农产品自给率只有37%。日本二战后大力经营陆海界面，建设谷物贸易公司，最著名的有红丸株式会社（红丸）和全国农业协同组合联合会（全农）两大家，他们的收购网站遍布全球，经营以大豆、玉米、稻米、小麦为主的多种谷物。广设仓储和专用码头，雇佣当地职工数以千计，开展全球谷物贸易。尤其发人深思的是，日本虽不产大豆，但我国进口大豆中居然有不少于20%来自日本农贸公司。发达国家中还有英国、德国，也是农产品进口国。他们利用陆海界面，把食物需求融入全球农业系统，从容应对国家的正常生活和发展建设，并没有农产品必需自给的危机感。

### （三）打开陆海界面，开辟中国农业新生路

华夏民族与海洋有悠久而深厚的历史渊源，但在上下五千年的历史中我们却没能发挥海洋优势，甚至将陆海界面的权益交于他人之手。华夏民族来自海洋，但滋生繁衍于欧亚大陆东边的一角，这个较为封闭的环境孕育了陆地农业系统，衍生了农耕文明。正当我国安居大陆一角，陶醉于自给自足的农耕文明时，与来自海外的工商文明不期而遇，把陆海界面的权益完全交给对方。从17世纪开始，华夏民族不断受到来自海外的工贸文明干扰，辗转挣扎于工业丛林法则的重压之下，历时一个半世纪之久。

新中国成立后，陆海界面的权益慢慢回归到自己手中，成为我国振兴之路的指向标，但其潜在的能量远不止于此。不自觉间，我们获得了陆地农业

与陆海界面耦合效益。当下我们应该因势利导，自觉组建陆海界面的农业耦合系统。我们需突破"海内即天下"的陆地农业的局限，放眼全球，充分发挥我国优越的海洋禀赋，回溯我国海洋的历史渊源，建立新的农业格局。尤其当前世界工业文明已经进入4.0版[1]，我国农业应充分利用这一优势，开展全球性农业系统耦合，突破我国农业资源贫乏的瓶颈，建立与国家势力相应的现代化农业。而不是反其道而行之，继续榨取已经不胜负荷的农业资源，盲目减少进口，争取农产品自给。一旦将我国陆地农业生态系统与海外广泛的农业生态系统实现系统耦合，势必爆发巨大产能，这是现代农业发展之新趋向。

陆地农业系统转型为陆海农业系统，是我国农业现代化的必要出路。陆地农业系统是我们固有的依靠耕地农业自给自足的大陆农业。陆海农业系统则是依靠陆海界面，将陆地农业与海外农业联为一体的农业系统。农业具有本然的开放性，有利于通过陆海界面，把分散于全球各地、各有特色的农业系统加以系统耦合，释放全球农业资源生产潜势，发展全球农业。我国农业产能将与国外相关农业系统发生系统耦合而共同发展，不但可实现我国的农业现代化，也可为全球人类命运共同体做出应有贡献。我们议论了多年的农业现代化，目前已经面临现代化的最后一个台阶，即走出封闭的陆地农业，跨越陆海界面，扬帆出海，建立一个面向全球开放的全新的陆海农业系统。

## 四、对陆海界面的理性反思和建议

中国拥有陆海界面禀赋，但在华夏民族的历史长河中，我们并没有利用海洋，而是将海洋视为立国的极限，以"海内"为"天下"。农业社会历史阶段，我们曾经"地大物博"，创造了世界顶端的物质财富和精神文明。但我们忘记了固有的与海洋的历史渊源，被陆地自给型农耕文明一叶障目，忽略了我国绵长海岸线所提供的陆海界面这个众多对外开放的门户和全新的财富之源。

目前我们是世界第一人口大国，但农业水土资源却只有世界平均水平的1/4，生活水平达到小康已属不易，要达到发达国家水平，只有发挥陆海界面的优势，摆脱陆地农业的束缚，走向陆海农业系统。实践往往走在认识的前头，我国加入WTO以后，陆海界面已经为我们带来许多福祉，例如进口的大

---

[1]　2013年德国政府提出"工业4.0"战略，称为打破传统产业界线的第四次工业革命。以"智能工厂""智能生产"等高度灵活的智能制造为特征。

豆，取代了中国约9亿亩土地和其所承载的水热资源。另外，大豆、玉米等饲料的大量进口，使我国完成了跨时代的食物革命，支持了国家工业化超速前行。这不仅是现在发达国家已有的样式，更是社会发展的必然趋势。2020年的中央1号文件明确提出"主动扩大国内紧缺农产品进口，拓展多元化进口渠道。"这正是陆地农业向陆海农业转型的政策性诠释。何况还有"一带一路"的强大支撑。我们的农业现代化已经走到最后一个台阶，让我们这些习惯于陆地农业的人们，鼓起勇气，扬帆出海，勇敢地踏上最后的台阶，亲身完成农业现代化的光荣事业，以庄严步伐走进第一世界。

为此，提出两条建议：

其一，国内，根据国内、国际两个市场动态，认真落实农业供给侧改革政策，口粮（主要为稻麦）与饲料分别统计。以草地农业系统取代耕地农业系统。这不仅可保证稻麦口粮自给，还可生产5亿吨牧草为主的畜禽饲料，弥补饲料不足的短板。我国有广阔的内陆腹地，可供市场调节，避免风险。

其二，国际，将发展陆海农业定为国策，做好陆海界面这篇大文章。下决心组建覆盖全世界农产品的经营网络，有选择地与跨海农业系统实施系统耦合。加强中粮公司，作为国家的主力军，务必使其深谙陆海界面的内涵与操作。如再有几个民间"农业华为"活跃于国际陆海界面，我国农业的丰产、高效、现代化，当指日可待。

由海洋到陆地，再由陆地返回海洋，我国农业将伴随华夏民族完成跨越数千年的壮美旅行，最终回归我国禀赋优厚的陆海界面。

# 中国农业在大国崛起中的苦难历程

任继周[1]　林慧龙[2]

（1.兰州大学，中国工程院院士　2.兰州大学草地农业科技学院）

改革开放以来，中国百业兴旺发达，GDP连续翻倍，30年内成为世界第二经济强国，大国崛起之势举世瞩目。但与此同时出现了"三农"问题，即农民、农村和农业未能与城市同步发展，且一度出现差距日益扩大之势，乡村几乎形同我国的"第三世界"，引起举国忧虑。

追溯"三农"问题的根源，既有发轫于春秋战国时代、完善于皇权时代的城乡二元结构的历史影响，也与我国农业开放不足有关。两者叠加，"三农"问题势所必至。

诚然，城市、尤其海陆界面的城市，具有发展多种行业系统耦合、解放生产潜力的巨大优势，改革开放的红利多集中于城市；乡村虽也有所收益，但与其付出的劳力和资源相比则少而又少，于是城乡差距越来越大。这样结构性畸形的社会，不仅有悖于伦理原则，更制约国家的持续发展。

但中国毕竟历经艰辛，通过历史的多重考验，完成了工业化，并顺势迅速进入后工业化时代。这种中国式的时代性历史转折有其伦理学独特内涵，发人深思。

## 一、中国从农业国到后工业化的时代背景和伦理学映射

中国从一个农业古国走上工业化道路，然后马不停蹄地踏入后工业化时代，其发展过程颇富传奇性。

回顾世界工业革命的发展道路，其主流思潮是由达尔文物竞天择理论衍发的排他性竞争。经过300年的高速发展，不同利益集团之间竞争愈演愈烈，终于爆发了两次世界大战的人间惨剧，接踵而来的是40年的冷战时代。人们开始冷静反思，物理主义思想笼罩下，以石化动力、科学技术和产业资本三个维度推动的工业化过程，缺失了伦理学维度。自然生态系统和社会生态系统协同进化的伦理学基础被摧毁，引发了自然的和社会的历史性灾难。

农业本身就是人对自然生态系统干预而衍发的特殊生态系统。以工业化

手段施诸农业，发生直接而显著的影响。人们以某些工业化手段，强加于农业生产的某些片段，生产效率大幅度提高，产量增加、财富积累，同时对生存环境无情掠夺，甚至提出"征服自然"的口号，因而导致资源枯竭、环境污染，殃及社会食品安全。其影响之深远，已经溢出农业本身而扩及全社会。人们300年来追求的工业化没有带来预期的美好社会和幸福生活，这是一条不可持续的道路。从此人们开始思考世界未来的走向。

1949年《沙乡年鉴》出版，恰逢新中国成立之年，是一个意义重大的巧合。到1992年发布《联合国气候变化框架公约》，历时近半个世纪，全球完成从工业化到后工业化的过渡期。此后，世界进入了后工业化时代。

后工业化时代是不可忽视的人类文明的新起点，人类智慧绽发了新芽。人们从切身利害的物理主义解脱出来，产生了新的哲学醒悟，深入思考人与生命、生物个体、生态系统、生物圈，乃至自然本体的伦理关联。展开了当前流行的物质主义与生态文明的高层对话。现在有人已经将世界工业化排到第四代，甚至预见到第六代，希望通过智能化建立物质的高度文明世界。但第一代工业化引发的后工业文明应该是人类皈依自然，走向"天人合一"的总纲。否则，无伦物质的工业化达到怎样的高度，终难免陷入背离自然的境地，与我们预期的美好社会和幸福生活背道而驰。

为了探索后工业化社会的发展道路，一批未来学家应运而生，同时产生了探讨生命与广泛环境关系的"深生态学"[1]。本文无意全面涉及后工业文明，仅就后工业文明的农业响应做简约阐述。因为农业是任何时代的社会基础，总是在时代主流思想的裹挟下紧跟时代前进的，中国的农业也不例外。它承受了中国工业化带来的一切后果。在中国特有的城乡二元结构的大背景下，其时代的绝大部分红利归属城市，农村只分得一点残羹剩饭，而时代遗留的祸患则由乡村打包照收。由此说城乡之间是主仆关系并不为过分。

中国就是在这样的大背景下，以自己的努力和智慧，克服难以预料的艰辛，走进了后工业化时代，一路上深深镌刻着农民的血汗脚印。

## 二、中国农业在中国工业化进程中的伦理负荷

人们常说中国30年走完了西方发达国家300年的道路。这话不够确切。实际上中国从1949年到1992年，亦即全世界从工业化到后工业化转型的约半个世纪中，也正是新中国建立并进入工业化发展的时期。中国的工业化可分为两个阶段，从1949年到1980年为封闭自给的第一阶段，从1980年到1992年为改革开放的第二阶段。

　　中国工业化的第一阶段，从新中国成立的1949年开始，就致力于把农业国改变为工业国。新中国成立30周年时，中国已经从"一穷二白"的农业大国初步打下了工业化的基础，有了比较完整的工业体系，位列世界第十大经济体，主要工业产品产量已居世界前十位。取得这样的成果，苏联的援助只起到开头计划和撬动的作用。这一时期从苏联取得的经济援助仅5万美元[2, 3]，连同抗美援朝战争等其他援助，总计不过40万美元。这点钱只能对工业化起撬动作用，大量的人力物力投入还是靠我们自己。不言而喻，这就是依靠农业和农民的贡献。在帝国主义的严密封锁下，不可能还有其他国外援助。

　　中国农业挑起了国家工业化起步的重担，做出了伟大贡献。1949年全国GDP仅123亿美元，人均GDP 23美元，人均收入仅16美元，排名世界倒数第一。当时中国工业经长期战争的破坏，几乎荡然无存，当时钢产量全国只有15万吨。大跃进提出工业"以钢为纲"的口号，全民大炼钢铁的奋斗目标也不过1 070万吨。现在看来这个目标低得可怜，但在当时尽管全国人民"砸锅卖铁"，竭尽全力，也没有达到。这样的工业基础，说是"一穷二白"一点也不过分。

　　当时的农业生产水平也很低。粮食亩产仅68.5千克，不到现在生产水平的一半，粮食总产量1.387亿千克，按当时5.4亿人口计算，人均209千克，尚属温饱水平。但作为国民经济基础的农业，要承担国家机器运转的全部需求，然后留足种子，最后才是农民的口粮。很多农民只能处于"糠菜半年粮"的半饥饿状态。

　　中国农民就是在这样的低生活水平下，为国家工业化做出了贡献。农业伦理观也为此付出了严重扭曲的沉重代价：①为了支援国家建设，城乡二元结构空前紧固。农民流动被严格限制，不许离开户籍所在地，甚至源自远古的"日中为市"的乡村农贸市场也被定为"资本主义尾巴"而割除。社会自组织功能全然缺失，也妨碍了城市化进程。②即使在生活极端艰难的时刻，城乡差距依然显著。市民有最低的口粮保障，而农民口粮则全部自给，至于医疗保健则主要靠农民自己组织的早期的"农村合作医疗"和"赤脚医生"。儿童教育也要由农民集资办学，以几百元的极低年薪聘请"民办教师"。一些农民在极端困难的情况下，尤其在青黄不接的季节，只能外出逃荒，名曰"盲流人口"。"赤脚医生""民办教师"和"盲流人口"成为这个时期难以忘怀的农业伦理学被扭曲的历史符号。

　　这时我国处于封闭状态，虽然"以粮为纲"和"大炼钢铁"等生产活动造成水土流失和天然植被严重破坏，但还没有发生严重的环境污染，尤其没有外来的污染源。

我国工业化的第二阶段，即20世纪80年代至今，恰逢全球从工业化到后工业化转型的初期，发达国家急于为卸掉污染寻找出路。我国则加快工业化进程，并在2015年进入后工业化时期[4]，取得了举世瞩目的成绩。但与此同时收获的不仅是迅速工业化的成果，一切工业化的苦果也骤然集中出现。当时"两头在外"[1]的工业化途径，毫不回避将污染企业引入国内，甚至进口大量工业垃圾，从中捡取廉价工业资源，以致我们的国土一度成为世界主要的垃圾消纳场。当然还有我们自己的农业面源污染，首先是水资源污染，然后是土地污染。农业和农村成为社会污染危害的终端。

## 三、"三农"问题引发的思考

20世纪80年代以后，我国呈现了大国崛起的大好势头，但"三农"问题却更加突出，这引发我们深思。国家对农业一贯重视，中共中央从1982—1986年连续五年发布以农业为主题的中央1号文件。2004年之后更是连续多年发布以"三农"为主题的1号文件，可见农业在中国现代化过程中"重中之重"的地位从未动摇，几十年来各类支农措施从未间断。

我国政府历来重视"三农"问题，不断推出有关"三农"问题的政策措施，而"三农"问题仍延绵至今，其根本原因在于背负着封闭自给的"以粮为纲"[2]的传统未能因时而变。当改革开放的阳光普照中华大地的时候，全国各行各业都沐浴在改革开放的阳光中蓬勃发展，唯独农业要在封闭自给的阴影下承担源自远古的"民以食为天"的天赋使命，背负喂养城市、养活国家的超重义务。这在以"海内"为"天下"的农耕文明时代无疑是可行而必要的。我国就靠此国策屹立于世界数千年。

重视粮食的思想源自三千年前战国初期管仲的"耕战论"。管仲说："富国多粟生于农，故先王贵之。凡为国之急者，必先禁末作文巧，末作文巧禁，则民无所游食，民无所游食则必农。民事农则田垦，田垦则粟多，粟多则国富，国富者兵强，兵强者战胜，战胜者地广"[3]。商鞅在秦国将耕战论加以发展完善，开展了"垦草"种粮、编民为伍的全民皆兵的变法，国势大盛，威临"天下"，时称"虎狼之秦"。一时天下诸侯国无不变法自保，积粮成风。大势所趋，诚如管仲所说，"使万室之都必有万钟之藏""使千室之都必有千钟之

---

1　两头在外，即原料和产品在国外、生产在国内。

2　赵守正，1987. 管子注译，下册[M]. 南宁：广西人民出版社：72.

3　管仲的耕战论简言之，就是抑制工商—垦田种粮—屯粮强兵—发动战争—开疆拓土。

藏"[1]。到汉代更定义为"辟土殖谷曰农"，也许这是世界最早也是最偏颇的农业定义。尽管汉代人口最多时不过6 000万，实际占用耕地面积约1.2亿亩，为今天18亿亩耕地的6%，比散布于荒漠边缘的绿洲面积还少，大部分农用土地还是草地，其GDP主要来自草地畜牧业。春秋末年有个弃官从商的大贾范蠡，他对致富之道的回答是"子欲速富，当畜五牸"，即养各类家畜的适龄母畜，发展畜牧业。西汉的卜式，因养羊致富，屡行慈善事业，声名鹊起，位至齐相[5]。可见即使在古代，耕地农业也非致富良策。但在战国时期各诸侯国救亡图存的耕战思想压力下，"耕地农业（费孝通称之为"五谷农业"[6]），风靡天下，中华民族的粮食情结由此养成。

我们遗憾地指出，当世界已经进入后工业化时代，我国仍然囿于"耕战思想"，力图粮棉油等大宗农产品自给。所谓自给必然与封闭同在。当我国面临改革开放的机遇时，农业仍然被选边站到了改革开放的对立面，即半封闭性自给。囿于粮食情结，我国农业曾以大水、大肥、大农药，以及其他多种杠杆苦撑，但产品成本仍高于舶来品的到岸价。留下的却是水土污染和资源破坏。我们曾不止一次地指出传统"以粮为纲"的耕地农业已经走到了历史的尽头[2]。

说到这里"三农"问题的根源已经一目了然，即固守农业社会的农业伦理观：继承城乡二元结构，死守自给红线，拒绝开放。但中国农业历经上下求索，尽管遍体鳞伤，最终找到了自己的出路，新的农业觉醒破茧而出。

## 四、我国新型农业破茧而出

从1949—2015年，新中国终于在70年内完成了工业化，继而跻身后工业化社会。伴随后工业化时代的到来，中国新农业伦理学觉醒终于破茧而出，出现艰难的化蛹为蝶的蜕变过程。

我国从农业大国经过工业化而达后工业化，必须跨越独有的两道嶂隔：一个是城乡二元结构，一个是耕地农业。城乡差别各国皆然，但两者存在结构性差异，为中国所独有。自西周而下，历经几千年的社会大变动，农民仍未能享受与城市居民同等的权益。他们世代被羁绊于土地不得解脱。直到2002年中共十六大，明确提出"三农"问题解决途径，城市支援农村、工业反哺农业，取消的农业税，以及多项城乡统筹的具体措施。中共十七大、尤

---

[1]　赵守正，1987. 管子注译，下册[M]. 南宁：广西人民出版社：261.
[2]　任继周，2013. 草地农业系统与耕地农业系统的历史嬗替[J]. 新华文摘，10:58-60.

其十八大后，我国各省、自治区已先后实施户籍改革，城乡之间横亘数千年的鸿沟正趋于泯灭。虽然还有许多遗留问题有待陆续解决，但毕竟打开了通向后工业化的大门。

农民摆脱了土地羁绊，获得自主流动就业的机会，"耕地农业"这个嶂隔也不攻自破。农业从此走出封闭自给的阴影，在改革开放的阳光之下，与其他行业比翼齐飞，同圆大国崛起的美梦，"三农"问题即将成为历史。我国稻麦两大食物源已自给有余，有了这样的底气，我国农业可睥睨世界，迎接任何挑战。在后工业化时代，农产品合理自给和适当进口才是可取的。像过去那样关起门来刚性自给，有悖于农业生态系统的开放原则，有害无益。

后工业化的世界经济系统早已为海洋所被覆，无远弗届。世界资源、包括农业资源的流通性已经是不可阻挡的潮流，这是生态系统自组织的内在动力，是不可遏制的。无伦自然生态系统还是社会生态系统，其内部的各个子系统之间，总是协作多于对抗、凝聚力大于离散力，否则系统早已失序而崩溃。"和而不同"使我们面临冷战40年而不曾爆发第三次世界大战，我们应感谢后工业化时代人类萌发的新智慧。中国人民有志气大开国门，我们首创进口商品博览会，以建设人类命运共同体为长远目标。

## 五、中国农业伦理观的解冻和重铸

当1992年世界进入后工业化时代，我国作为工业化的后来者，也于2015年仓促进入后工业化国际阵营。我国农业物质生产的高速发展，远远超前"农耕文明"的农业伦理观范畴。我们面对农业伦理观大断层，愕然不知所措。

首先遇到的是文化断层。我国在70年[1]内走完了发达国家300年的路程。但却不可能在70年内建立相应的工业文明。而工业文明，尽管暴露了明显的缺陷，但毕竟是人类文化发展的重要历史阶段。有关工业文明的论述浩繁，我们不遑备述。仅就工业文明与农业文明相比，略举其差异之荦荦大者，凡六类：重开放与重封闭，重契约与重亲情，重效率与重闲适，重创新与重法古，重流动与重安居，重集团与重分散，重海洋与重陆地。逐一论述两者的异同非本文主旨，现仅就其与农业伦理学密切相关者作简要阐述。

首先，任何生物都处于一定开放的生态系统之中。耗散结构理论阐明，生态系统必须排除生命过程中产生的废弃物，吸纳新鲜营养，维持其旺盛生

---

[1] 中国工业化从1949年起步，到2015年进入后工业化。

机。农业本质上就是对自然生态系统的农艺加工，以获取农产品的特殊生态系统。自然生态系统故有的开放功能不但不能削弱，反需力求增强，以获取较多的农产品。农业伦理学的基本原则，就是尊重农业生态系统的生物多样性，并保护其生存权和发展权。而"以粮为纲"的耕地农业只允许粮食作物的生存和发展，排斥农业生态系统内部本然的生物多样性，也排斥生物圈内本然的其他生态系统，例如林业生态系统、草业生态系统，这有悖于伦理学基本法则，自难持续发展。中国改革开放40年来国门大开，面对全球商贸机遇，在后工业化时代，我国农业尽可放开手脚，挥洒自如，使"三农"问题泯灭于无形。

其次，当前中国面临产业转型任务。这不能简单理解为工业由"中国制造"转为"中国创造"，当然这是应有之义。我们必须认知，从农业文明到工业文明的转型有其更深刻的文化意涵。文化的发展无论快慢，都是步履相继的文化蜕变过程，其发展的阶段性是不能缺位、也不可逆转的。对文化的"蜕变"规律，任继愈曾大力呼吁"文革"中的"先破后立论"和"一刀两断论"，有悖于文化发展原则，至今已经成为社会共识。从2002年中共十六大到2012年中共十八大，经过多年的努力，中国明确认知"三农"问题，提出城市反哺农村、工业反哺农业和取消农业税。尤其在"五个统筹"中，包含了城乡统筹和社会生态系统与自然生态系统的统筹，表达了后工业化时代的伦理观特色。中国农业伦理学也随之找到了重时宜、明地利、行有度、法自然的伦理学多维结构所展示的新道路。

第三，农业伦理学肯定了农民作为农业主体的话语权。而这恰是中国农耕文明的短板。中国以儒家为主流的传统文化中，农民是被歧视的。"无君子莫治野人，无野人莫养君子"（《孟子·滕文公上》）。孟子说的"野人"与孔子说的"小人"为同义词，即农民。历史证明，在农业中国的皇权时代，高踞城镇的君子承袭并发展农耕文明，奔忙于乡野的"小人"承担各类劳役，这类社会分工有其历史的合理性。但由此养成事事都由被农民供养的"上头"说了算的伦理惯性，这种伦理学位差决定了农民失去社会伦理观的话语权，于是中国农业伦理学长期进入冰冻期。现在既然城乡二元结构已经铲平，农民的国民地位正逐步确立，新时代的农业伦理观自应重建农民应有的话语权。

第四，后工业化时代需建立与之相适应的思维方式。目前中国已经从农业文明跃进为后工业文明，但我们的思维惯式还过多地滞留于农耕文明。诚然，农耕文明有许多珍贵的文化基因，如勤、俭、诚朴、信义、仁爱、协和、敬畏自然，等等，是中华民族的宝贵精神遗产。中国农业也获得西方某些专家的赞许。有机农业的先驱富兰克林·H.金就对中国传统农业高度肯定。他认为东亚传统小农经济从来就是资源节约、环境友好、可持续发展的。他说"东亚三国[1]农业生产的最大特点是，高效利用各种农业资源，甚至达到吝啬的程度，但唯一不惜投入的就是劳动力。"[2]这最后一句话，"唯一不惜投入的就是劳动力"点到了小农经济的死穴。工业文明之所以取代农业文明而兴起，就是它提高了劳动效率，解放了劳动力。历史唯物论告诉我们，这是历史发展的必然。我们需要的是农耕文明与工业文明融合重铸，而不是农耕文明时代的复制，更不是作为古董来欣赏。例如，过去农民为积肥争夺城市厕所而斗殴，农户厕所与猪圈相连积攒粪便的习惯已成历史，小农经济的积肥习惯不可重复。我们自觉地提出后工业文明的关键语言，"美丽中国"和遍布全国的"美丽乡村"。美丽不是空洞的，包含了富裕和幸福。遗憾的是在众多评论工业文明缺陷的言论中，对消费大量"农闲"时光的"慢节奏"田园牧歌式的生活甘饴回味。庶不知工业社会以慢调节过快的常规节奏，绝非一慢到底。"时间就是金钱，效率就是生命"，这个出现于体现"中国速度"的深圳的口号并没有过时。当前以《弟子规》为儿童教材，兴办读经"私塾"等也屡有所闻，清末洋务运动"中学为体，西学为用"之风若隐若现。那次的文化错位为我们带来怎样的灾难性后果，大家记忆犹新。如今我们面临后工业文明的新机遇，与先进国家差距近在咫尺，切莫再次错过这次文化转型的良机。虽然我们还不够熟悉，但我们应有勇气、有兴趣尝试以后工业化文明思维厘清工业文明的利弊，而不是以农耕文明的眼光来欣赏千年不变的田园风光。

一如农业是国民经济的基石，农业伦理学是中华文化的基石。概言之，农耕文明的农业伦理观是适应自然，工业文明的农业伦理观是胁迫自然，后工业文明的农业伦理观是道法自然。其农业路径是遵循自然法则，开拓生产与生态兼顾、自然与社会共美的美丽农业。我国农业一旦破除城乡二元结构和自给情结与封闭的阴影，迈向改革开放的光明世界，定将绽放史无前例的美丽光华。

生态文明时代已经到来，与之相伴而来的生态农业和生态农业伦理观即将呼之欲出。

---

[1] 在他所著的被誉为西方农业圣典的《四千年农夫：中国、朝鲜和日本的永续农业》指中、朝、日三国。

[2] [美]富兰克林·H.金，2016.四千年农夫：中国、朝鲜和日本的永续农业[M].北京：东方出版社：中文版序言.

## 参考文献

[1] 任继周, 2018. 中国农业伦理学导论 [M]. 北京: 中国农业出版社. 145.

[2] 沈志华, 2001. 新中国建立初期苏联对华经济援助的基本情况(上)——来自中国和俄国的档案材料 [J]. 俄罗斯研究(1): 53-66.

[3] 沈志华, 2001. 新中国建立初期苏联对华经济援助的基本情况(下)——来自中国和俄罗斯的档案材料 [J]. 俄罗斯研究(2): 49-58.

[4] 胡鞍钢, 2017. 中国进入后工业化时代 [J]. 北京交通大学学报(社会科学版), 16(1): 1-16.

[5] 任继周, 2015. 中国农业伦理学史料汇编 [M]. 南京: 江苏凤凰科学技术出版社. 310.

[6] 费孝通, 2006. 乡土中国 [M]. 上海: 上海人民出版社.

[7] 石玉林, 唐华俊, 王浩, 等, 2018. 中国农业资源环境若干战略问题研究 [J]. 中国工程科学, 20(5): 1-8.

地域和特色农业伦理问题

专论篇

# 江河流域农业伦理

苏德荣

（北京林业大学草业与草原学院）

## 一、流域的概念

江河流域是以水为媒介联系起来的一个整体，是由水系按一定格局构成的地貌单元，水系的边界为分水线，由分水岭的山脊线形成，分水线所包围的集水汇水区就是流域（图1）。每条河流、小溪都有自己的流域，大的江河有大的流域，小的小溪有小的流域。大的江河水系有干流、一级支流、二级支流、三级支流，等等，流域也可以按照水系的等级分成不同等级的小流域，小流域又可以按等级分成更小的流域。当然，为了研究或管理的方便，也可以取江河的一段，单独划分为一个流域。

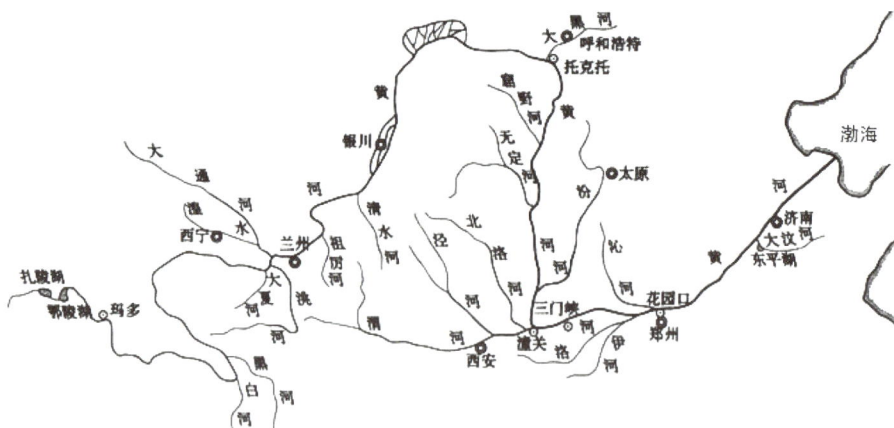

图1　黄河水系示意图

流域就是水向一个出口流出的集水区。水的汇集有地表水和地下水两种形态，因此，集水区也分地面集水区和地下集水区两类。如果地面集水区和地下集水区的边界重合，这样的流域称为闭合流域；如果不重合，则称为非闭合流域。通常人们所称的流域，一般指地面集水区。

　　从自然的角度来认识，流域具有一定的面积，流域上的水系具有一定的结构，江河水流具有一定的方向。从社会经济角度认识，流域是一个重要的农业及社会经济发展的载体，流域不仅是一个自然属性鲜明的地理单元，更具有广泛的社会属性。从自然属性上，两个或多个流域相比较，一般是流域面积越大，流域干流的水量也越丰富。从社会属性上，适宜早期人类居住、繁衍的流域，社会经济发展的就越早。流域的自然属性实际上划定了一定的区域，在不同区域中生活的人们，其社会人文属性已经与其生活区域的自然属性达成了一种和谐，产生了人对流域的基本伦理观。

　　流域的自然与人文特征深刻影响着沿岸人民的农业伦理观。例如，流域的上游与下游、左岸与右岸、近水与远离水系农业区域的人们，对水的认识以及对水的伦理有着明显的不同。"逐水而居"是自古至今人类一直遵循的争取生存与发展的基本规则。人们处在江河流域的位置不同，水与人类的关系也不同。千百条小溪汇流形成的江河流域不仅改变了自然，也改变了人类社会，并越来越多地影响着人类的生存与发展，人们对"水是生命之源、水是生态之基、水是生产之要"的理解越来越深刻。深刻理解江河流域农业伦理观离不开对流域基本特征的认识。

　　流域是以河流水系为纽带连接各个子单元形成的人文景观区域。研究和分析流域的特征，首先是对河流水系形成的地理单元特征的认知。流域特征包括流域的几何特征、自然地理特征和流域人文景观等。

　　**1. 流域几何特征**　流域的几何特征包括以下几个方面。

　　（1）流域面积　为河口或河流某一断面以上分水线所包围的面积。

　　（2）流域长度　为流域从河源到河口的几何中心轴长，但通常用干流的长度近似表示。

　　（3）流域平均宽度　为流域面积与流域长度之比值。比值越小，流域越狭长。

　　（4）流域平均高程　从地形图上量出流域内每相邻两等高线间的面积与相应两等高线间的平均高程的乘积之总和，与流域总面积的比值。

　　（5）流域平均坡度　流域内每相邻两等高线间的平均地面坡度与相应两等高线间面积的乘积的总和，与流域总面积的比值。流域平均坡度的大小，是表明流域汇流快慢、水能蕴藏状况和侵蚀条件的指标之一。

　　（6）流域不对称系数　为左右岸流域面积之差与全流域面积之比。

　　**2. 流域自然地理特征**　流域自然地理特征包括以下几个方面。

　　（1）植被盖度　流域内植物覆盖的总面积与流域面积的比值。植被盖度的大小影响流域的产流、汇流和水土流失的情况，也是流域生态环境状况评价的重要指标。

（2）湖泊率　流域内湖泊、水库水面总面积与流域面积的比值。与之相近的还有沼泽率：流域内沼泽、湿地所占总面积与流域面积的比值。湖泊率、沼泽率均可说明流域的径流调蓄能力的大小。

（3）流域平均降水量　用雨量站所测的降水量数据绘制成降水量等值线，用求算流域平均高程的类似方法计算；或用雨量站在流域内控制面积的权重求取其加权平均值，亦即泰森多边形法。

（4）流域平均蒸发量　用绘制的蒸发量等值线进行量算。

（5）流域干旱指数　为流域平均年水面蒸发能力与流域平均年降水量的比值。比值大于1，说明蒸发能力超过降水量，流域干旱程度大；比值小于1，则说明该流域气候湿润。

流域的自然地理特征还包括地理位置、气候属性、主风向、气温、日照、土壤类型及其分布、地质构造等自然地理特征。

**3. 流域人文景观特征**　除那些直观的自然特征外，流域内还积淀了丰富多彩的社会、历史、文化内涵，如此形成了独特的以流域为地理单元的流域文明。流域人文景观特征包括：

（1）人们为了满足自身的精神需求，在自然景观基础上附加人类活动的形态痕迹。集合自然物质和人类文化共同形成的景观，如历史遗迹、风景名胜及园林景观等。

（2）依靠人类智慧和创造力，综合运用现代科学技术和文化等方面知识，形成具有文化内涵和全新形态面貌的景观，如城市、乡村、建筑、艺术景观；城镇村落、工厂田野、路网林带、灌溉渠系、种植养殖、水土保持，等等。这些都是由人的意志、智慧和力量共同形成的景观，其内容和形式反映出人类文明进步的足迹，体现出人类的创造力及与自然和谐相处的能力。

从流域自然属性和社会属性中我们可以看到，流域自然是人类赖以生存和发展的物质基础，保护流域自然环境和生态平衡是人类生存和发展的需要。因此，在一个流域范围内，要建立人与流域自然之间的基本道德伦理关系，使流域自然与人的关系和谐，这样才能促进流域可持续发展。

## 二、流域与农业

一个流域内社会经济的发展首先是从农业发展开始的。人类的农业发展历程，经历了三个阶段：一是原始农业，历时7000年左右；二是传统农业，历时3000年左右；三是现代农业，发展至今尚不到200年。原始农业是以人力、

畜力为动力，以简单的农具为工具，依靠手工劳动和自然条件，以满足家庭生活需要为目标的自给自足的农业，是典型的靠天吃饭的农业。如果一个流域具有适宜人类发展的环境条件，又有便利的水土资源，农业的发展便是十分顺应自然的事情。世界四大文明诞生地就是在两河流域、尼罗河流域、印度河流域和恒河流域以及黄河流域。

两河流域，是指底格里斯河和幼发拉底河，两河流域诞生了两河流域文明，又称美索不达米亚文明，是指在底格里斯河和幼发拉底河之间的美索不达米亚平原所发展出来的文明，是西亚最早的文明。这个文明的中心大概在现在的伊拉克首都巴格达一带。两河流域气候干旱、降水稀少，但流域下游土地肥沃，降水条件不能满足农作物生长的需要，必须靠引河流水灌溉。因此，两河流域的农业类型是典型的灌溉农业，主要引两河的水进行灌溉。通过完善的灌溉渠网，使两河流域的农业得以稳定发展，形成了古代两河流域的农业社会。

古埃及的发源地是尼罗河流域。在古埃及文明萌芽之初，人们就利用尼罗河的泛滥对两岸的农田进行自然灌溉，这种得天独厚的条件驱使古埃及人纷纷迁移到尼罗河两岸居住，建立了人类历史上最古老的农耕社会。尼罗河下游地带自然降水稀少，但这里是埃及最肥沃的土地，尼罗河水成为所有植物和动物的生命之源。许多世纪以来，尼罗河在河谷地带定时泛滥，古埃及人因此找到了一个固定方式来应对这些泛滥的洪水。在河水泛滥时，耕地被淹没，农民们用自建的灌溉系统将河水引到尼罗河不经过的土地上。动物们在这个时期都迁移到了安全的高地。河水泛滥过后，开始耕种土地。一年一度的河水泛滥甚至被称为"尼罗河的礼物"，如果没有它，古埃及就不会存在。

古印度文明最早在印度河流域兴起，它是人类最古老的文明之一。后来雅利安人入侵建立了恒河流域文明。古印度人建立了严密的社会等级制度，是世界三大宗教之一佛教的诞生地。古印度文明可细分为两部分：一是印度河流域产生的文明，另一就是恒河流域产生的文明。通常所说的古印度文明消失指的是印度河流域的文明消失，而恒河流域的文明则未消亡。印度的远古文明直到1922年才被发现。由于它的遗址首先在印度哈拉巴地区发掘出来，所以通常称古印度文明为"哈拉巴文化"，又由于它主要集中在印度河流域，所以也称为印度河流域文明。

而华夏民族的发源地是黄河流域。由于黄河从上游带来许多泥沙淤积，在黄河中下游流域形成了肥沃的土地，非常适合农业特别是种植业的发展。流域的中上游植被比较丰富，河流水质清澈，也适合人类居住生活。地形平坦的河流还为人民提供了便利的交通，从而加强了不同区域之间的沟通和交流，使流域内人们的语言交流、思想文化、道德观念和对自然的理解更加趋于统一。黄河流域位于暖温带，气候温和，适于人居，在此基础上的广泛交流，促使黄河流域文明的形成。相比于古时长江流域的泥淖广布、沼泽遍地、气候炎热、土质黏重，黄河流域更适合人类的繁衍生活。

综上可以看出，四大文明的诞生都与河流有关系，幼发拉底河、底格里斯河、尼罗河、印度河、恒河、黄河、长江。这些大江大河无一不是当地文化的摇篮、当地人民的母亲河。

# 三、流域与水资源

## （一）中国水资源特征

众所周知，水是生命之源、生产之基、生态之要，是人类文明的基础，更是一个国家重要的自然资源和战略资源。中国是一个水资源短缺的国家，全国年平均水资源总量约为2.8万亿米$^3$，如果按水资源总量考虑，水资源总量居世界第六位，排在前五位的分别是巴西、俄罗斯、加拿大、美国和印度尼西亚。但是，我国人口众多，若按人均水资源量计算，人均占有量不足2 200米$^3$，约为世界人均水资源量的1/4，在世界排第110位，被联合国列为13个贫水国家之一。中国水资源的特点：

**1. 人均水资源量少**  按照国际公认的标准，人均水资源量低于3 000米$^3$为轻度缺水，人均水资源量低于2 000米$^3$为中度缺水，人均水资源量低于1 000米$^3$为严重缺水，人均水资源量低于500米$^3$为极度缺水。我国属于水资源短缺国家，人均水资源量不足2 200米$^3$，仅为世界人均水平的1/4。水资源与经济发展格局不匹配，北方地区以占全国19%的水资源量，支撑64%的国土面积、60%的耕地和46%的人口。全国年平均缺水量约500亿米$^3$，可持续的水资源供给与高质量需求不适配，全国70%以上的城市群、90%以上的能源基地、60%以上的粮食主产区位于水资源紧缺地区，其中大部分地区水资源已严重超载或临界超载。依据第三次全国水资源调查评价成果，水资源短缺并且开发利用程度较高的海河区、黄河区和辽河区等水资源衰减突出。2001—2016年系列与1956—2000年系列相比，西辽河、乌力吉木仁河、滦河、潮白河、永定河、大清河、漳沱河、滏阳河等流域的河川径流量减少超过30%，水资源紧缺形势进一步加剧。

**2. 地区分布不均匀**  中国水资源地区分布很不平衡，南北分配的差异非常明显。长江流域及其以南地区，国土面积只占全国的36.5%，水资源量占全国的81%；长江流域以北地区，国土面积占全国的63.5%，水资源量仅占

全国的19%。由于自然环境以及高强度人类活动的影响，北方的水资源进一步减少，北方资源性缺水日益严重。我国年平均降水量小于500毫米的地区占国土面积的50%左右。

**3.时间分布不均匀**　中国水资源的年际变化大，而且年内分布不均匀。由于受季风气候的影响，中国大部分河川径流量的年际变化大。例如，黄河曾出现过连续11年(1922—1932年)的枯水期，也曾出现过连续9年（1943—1951年）的丰水期。这种连续枯、丰水年现象，是造成水旱灾害频繁、农业生产不稳定和水资源供需矛盾尖锐的重要原因。

我国面临的最突出问题之一就是水资源短缺。造成水资源短缺的根本原因主要有两方面：自然因素，包括水资源时空分布不均匀、全球气候变化等；人为因素，包括社会经济活动以及对水资源的不合理开发利用与管理等。水资源是基础自然资源，是生态环境的控制性因素，同时又是战略性经济资源，是一个国家综合国力的有机组成部分。展望将来，水资源正日益影响全球的环境与发展，甚至可能导致国家间的冲突。

## （二）流域水资源水文循环属性

**1.水文循环过程**　地球表面的水是循环的，因此，水资源是一种可再生的资源。地球水循环也称水文循环，是自然环境中主要的物质运动和能量交换的基本过程之一，是地球上的水连续不断地变换地理位置和物理形态的运动过程。具体指自然界的水在水圈、大气圈、岩石圈、生物圈四大圈层中通过各个环节连续运动的过程。水循环可以描述为如下的图式：在太阳辐射能和地球表面热能的作用下，从地球上海陆表面蒸发的水分，上升到大气中；随着大气的运动和在一定的热力条件下，水汽遇冷凝结为液态水，在重力的作用下，以降水的形式落至地球表面；一部分降水可被植被拦截或被植物散发，降落到地面的水可以形成地表径流；渗入地下的水一部分从表层以壤中流形式进入地面水体，一部分以地下径流的形式补给河道，成为河川径流的一部分；贮于地下的水，一部分上升至地表供蒸发，一部分向深层渗透，在一定的条件下溢出成为不同形式的泉水；地表水和返回地面的地下水，最终都流入海洋或蒸发到大气中（图2）。水循环是多环节的自然过程，全球性的水循环涉及蒸发、大气水分输送、地表水和地下水循环以及多种形式的水量储蓄。

（2）影响水循环的因素　影响水循环的因素很多。自然因素主要有气象条件，如大气环流、风向、风速、温度、湿度等和地理条件（地形、地质、土壤、植被等）。人为因素对水循环也有直接或间接的影响。蒸发是水循环中

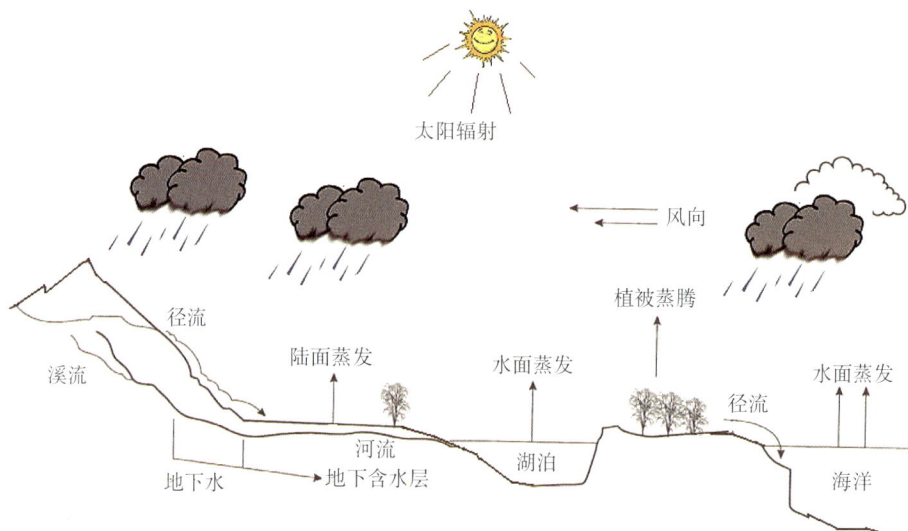

图2　水循环示意图

最重要的环节之一，由蒸发产生的水汽进入大气并随大气活动而运动。大气中的水汽主要来自海洋，一部分来自大陆表面的蒸散发。大气层中水汽的循环是蒸发－凝结－降水－蒸发的周而复始的过程。陆地上或一个流域内发生的水循环是降水－地表和地下径流－蒸发的复杂过程。流域上的大气降水、地表径流及地下径流之间的交换又称三水转化。流域径流是陆地水循环中最重要的现象之一。

（3）水循环主要类型　水循环按其发生的空间又可以分为海洋水循环、陆地水循环、海陆间的水循环。海洋水循环虽不能补充陆地水，但从参与水循环的水汽量来说，在所有的水循环中是最多的，在全球水循环整体中占有主体地位。陆地水循环主要是陆域蒸发造成陆上降水的循环，陆地水循环更新水资源的数量虽然较少，但对于内陆干旱地区却有着重大的意义。海陆间水循环，主要指海面蒸发→水汽输送→陆上降水→径流入海的过程，使陆地水得到源源不断的补充，水资源得以再生。

与农业或种植业紧密相关的土壤是陆地水循环的一个重要驿站。地表水通过入渗进入土壤形成土壤水。如果土壤有足够的保水能力（田间持水量），进入根系层土壤的水分，可被保持在土壤中，超过土壤保水能力的水分会继续下渗补给地下水。保持在土壤中的水分通过植物根系吸收进入植物体内，绝大部分通过蒸腾成为大气水分，只有很小一部分保持在植物体内。另外，土壤表面通过蒸发使土壤水分散失。地下水通过流动又成为江河湖水的一部

分。地下水储量虽然很大，但却是经过长年累月甚至上千年蓄积而成的，水量交换周期很长，循环极其缓慢。

## （三）流域水资源特征

水是人类及一切生物赖以生存的必不可少的重要物质，是工农业生产、经济发展和环境改善不可替代的、极为宝贵的自然资源。一般认为水资源概念具有广义和狭义之分。广义的水资源是指能够直接或间接使用的各种水和水中物质，对人类活动具有使用价值和经济价值的水，均可称为水资源。狭义的水资源是指在一定经济技术条件下，人类可以直接利用的淡水。可以说，淡水资源是人类社会和生态环境最重要、最基本的资源。

**1. 周期性**　水资源的特征之一是具有周期性，我们注意到的现象是，河流每年都有洪水期和枯水期，年际间有丰水年和枯水年。地下水位的变化也具有类似的现象，这种在时间上具有年的、月的甚至日的往复变化称为周期性，相应地有年、月或季节性周期等。但是，任一条河流不同年份的流量过程不会完全一致，地下水位在不同年份的变化也不尽相同，泉水流量的变化也有一定差异。这种现象反映了水资源的随机性，其规律需要大量的统计资料或长期系列观测数据进行分析。

**2. 相似性**　主要指气候及地理条件相似的地区或流域，其水文与水资源现象具有一定的相似性。例如，湿润地区河流径流的年内分布较均匀，干旱地区则差异较大；水资源的形成、分布特征也具有这种规律。

**3. 循环性**　水是自然界的重要组成物质，是环境中最活跃的要素。它不停地运动且积极参与自然环境中一系列物理的、化学的和生物的过程。水资源与其他固体资源的本质区别就在于其具有循环性和流动性，它是在循环中形成的一种动态资源。水循环系统是一个庞大的自然水资源系统，地表水资源和地下水资源在开采利用后，能够得到大气降水和地表水渗透的补给，处在不断地开采、补给和消耗、恢复的循环之中，可以不断地供给人类利用和满足生态平衡的需要。从这一点说水资源确实具有"取之不尽、用之不竭"的特点。

**4. 有限性**　虽然水循环系统使水的总量保持不变，可实际上全球淡水资源的蓄存量是十分有限的，全球淡水资源仅占全球总水量的2.5%；且淡水资源大部分储存在极地冰盖和高山冰川中，真正能够被人类利用的淡水资源仅占全球总水量的0.796%；而人类比较容易利用的淡水资源，主要是江河水、淡水湖泊水以及浅层地下水，储量约占全球淡水总储量的0.3%。从水量动态平衡的观点来看，一定时期水资源的消耗量应当大致等于该时期水资源的补给量，否则将会破坏水资源的平衡，并由此带来一系列生态环境问题。

另一方面，与人类息息相关的淡水资源量在不断减少。原因有两方面：一是人类在利用淡水资源的过程中常常会对水体造成污染。自然水体虽然有自净能力，但是污染超过一定的程度，水体就不能恢复到未污染前的状态。二是水的存在形式有多种多样，如大气水、冰川水、江河水、湖泊水、地下水、植物中的水、土壤水、岩石裂隙水，等等，其中以冰川水最多，但是人类目前无法利用，也不能任意开发利用。通过水循环恢复成人类可利用的淡水资源量受到多方面的制约与影响。因此，人类可利用的淡水资源越来越少，水资源并不是取之不尽、用之不竭的，而是十分有限和紧缺的。

**5. 分布的不均匀性**　水资源在自然界中具有一定的时间和空间分布。时空分布的不均匀是水资源的又一特性。我国水资源在区域上分布不均匀。总的说来，东南多、西北少，沿海多、内陆少，山区多、平原少。在同一地区中，不同时间分布差异性很大，一般夏多冬少。

**6. 利用的多样性**　水资源是被人类在生产和生活活动中广泛利用的资源，不仅广泛应用于农业、工业和生活，还用于旅游、环境改造和生态建设等。在各种不同的用途中，有的是消耗用水、有的则是非消耗性或消耗很小的用水，而且对水质的要求各不相同。此外，水资源与其他矿产资源相比，一个最大区别是：水资源具有既可造福于人类，又可危害人类生存的两重性。水资源开发利用得当将为区域经济发展、自然环境的良性循环和人类社会进步做出巨大贡献。水资源开发利用不当，又可制约国民经济发展，破坏人类的生存环境。如灌溉排水系统设计不当、管理不善，可引起土壤次生盐碱化。无节制、不合理地抽取地下水，往往引起水位持续下降、水质恶化、水量减少、地面沉降，不仅影响生产发展，而且严重威胁人类生存。

## 四、流域农业伦理

一方水土养一方人。一方，就是地域；水土，就是环境。不同地域上生活的人，由于环境不同，生存方式、思想观念、历史文化、人文特征也不同。也就是说不同的地理和环境孕育了不同的文明。古代农业或是现代农业，都是以流域为依托建立起来的，流域的动脉就是水系，支撑流域农业发展的基本资源就是流域水土资源。人们在利用自然的同时也在改造着自然，由此不断推进着生产和社会的发展。而不断变化的自然环境又时刻影响着人类的生存和发展。所谓"水能载舟，亦能覆舟"，流域生态环境孕育了农业的发展、社会的文明，也能毁灭它们。印度河流域孕育了古印度文明，而过度的人口膨胀和人口集中

的压力，导致垦荒耕植快速发展，能源消耗扩大，加剧森林面积萎缩，最终导致水土流失加剧，鼎盛的文明至此消失。

所以，江河流域的农业伦理，首先是在充分认识流域自然地理、山川河流、土壤植被等自然特性的基础上，建立人与流域自然和谐共处的关系，保护流域自然环境，合理利用流域水土资源，建立空间和时间尺度上公平合理利用流域水土资源的标准，即在流域上、下游不同的区域与流域的不同时期之间的公平合理，流域内的受益群体利益共享、责任共担。所以，江河流域农业伦理是一种农业发展实践中的伦理，主要解决流域农业水土资源利用中的伦理问题。

一个流域的农业，依据是否具备水利灌溉条件划分为雨养农业和灌溉农业。雨养农业就是仅仅依靠自然降水作为作物主要水分来源的农业生产。黄河流域中游黄土高原干旱半干旱区的农业大多属于雨养农业。现代雨养农业也不能与"靠天吃饭"划等号，比如集雨种植，丰水期收集蓄积雨水，缺水期补充灌溉的集雨补灌农业，蓄水保水高效用水技术等都是干旱半干旱地区雨养农业的技术进步。灌溉农业就是完全依靠灌溉设施从水源输配到田间，以满足作物生长对水分的需求。基于向作物提供水分的方式，农业灌溉方式可分为地面灌溉（畦灌、沟灌、格田灌溉）、喷灌及微灌（包括微喷灌、滴灌、渗灌等）。传统大田农业生产很多采用地面灌溉方法。现代草地农业往往采用大型喷灌机进行喷灌，高附加值的经济作物、果树、蔬菜等采用更为节水、节肥的微灌方法。我国内陆河流域的绿洲农业是最为典型的灌溉农业。

流域农业不仅仅指小麦、玉米等粮食作物的种植，还包括畜牧养殖、生产加工以及农产品的营销等等。无论是种植业还是养殖业，农业的发展离不开科学技术。农业科学技术的进步，不仅为农民提供了更多的作物品种，也为他们开发了更多的提高土壤肥力、提高灌溉效率和水资源利用效率、控制作物病虫害及田间杂草以及农产品收获、储存、加工、分配等的技术手段、材料及设备。

农业实践中的技术创新贯穿于人类历史始终。种植植物和驯养动物的简单行为，标志着基本技术的进步。传统农业的形式多种多样。例如，改善或保持土壤肥力有许多可能的技术解决方案，很多传统农业是雨养农业而不是灌溉农业，但古埃及和中国发展了大规模的灌溉系统，从而提高了传统农业的稳定性，也促进了向灌溉农业的转变。黄土高原梯田的建造也是一种从古老的传统农业向现代雨养农业的转变，同时解决了水土流失问题。

综上可以看出，流域农业的发展和成就与江河水系带来的水资源的保障是密不可分的。我们对流域农业的认识和价值观，更多聚焦在对流域水资源、农业灌溉的伦理。无论是雨养农业还是灌溉农业，农业与水的关系都是最为紧密的，农业与水的矛盾和冲突从未像今天这样尖锐。流域农业与其他产业争水、甚至与社会生活争水是不争的事实。流域上下游的用水矛盾、流域农业用水与生态用水的矛盾、流域空间不同地理单元之间的用水矛盾、开采地下水与利用地表水之间的矛盾，等等。即使农业生产本身，一方面灌溉水资源不足的矛盾突出，另一方面灌溉水资源的浪费现象普遍存在。因此，认识流域农业伦理，最为关键的是深刻理解流域水伦理或灌溉伦理的重要性，重新构建与流域水和谐自然的可持续价值观，树立在流域农业发展中利用水资源、保护水资源应遵循的道德准则，将流域局部与整体利益、流域农业生产与生态保护、生产与生活乃至上下游之间的利益相协调。

## 五、流域水资源价值及伦理

正确认识水资源价值对于流域农业及社会经济可持续发展具有重要意义。水资源的稀缺性是体现水资源价值的基本依据。联合国环境规划署（UNEP）指出，所谓自然资源是指一定时间条件下，能够产生经济价值以提高人类当前和未来福利的自然环境因素的总称。自然资源是由人发现的有用途和有价值的物质，有量、质、时间和空间属性，相对稀缺性使以前没有价值的东西变成宝贵的资源。这就说明，自然资源是自然的、有价值的，能给人类带来福利、舒适或价值。

水资源是否具有价值，特别是未经开发利用或没有人类涉足的水资源是否有价值，主要体现在以下三个方面，即稀缺性、资源产权和劳动价值。稀缺性是水资源价值的基础，也是市场形成的根本条件。只有稀缺的东西才在市场上有价格。水之所以成为资源，是因为其相对的稀缺性。为什么是相对的，这就是水资源在流域空间和时间的分布不同造成的，也就是说，流域水资源的价值具有时空差异。对于水资源价值的认识，是随着人类社会的发展和水资源稀缺性的逐步提高逐渐发展和形成的，水资源的价值也存在逐渐从无向有、从低向高的过程。

以江河水系为命脉的流域农业，引用江河水系中的地表水或地下水灌溉农田生产人们所需的食物，几乎是河流沿岸人们千古不变的认知和伦理观。因为水作为粮食生产或更广泛的食物生产的重要资源，是一种必不可少且不可替代的资源，可以或多或少地有效利用，但无法替代。这就意味着任何一个社会的伦理体系和伦理实践中从江河流域取水以获得足够的食物是一种普

遍接受的社会行为。

　　古往今来，草原民族逐水草而居，农耕文明正是依靠着大江大河两岸的水土资源发展壮大起来，从而创造了闻名世界的四大文明。中华文明的源头正是大河中下游的两岸，这里不仅仅有着平坦肥沃的土地，也有着有舟楫和灌溉之利的大河水资源。这种人与水的关系促进了社会文明，产生了灿烂的文化。江河流域农业因水而生、因水而兴。但是，因水而衰、因水而废的也不乏其例。古丝绸之路上的楼兰古国，位于今新疆巴音郭楞蒙古自治州若羌县境内，这里是我国极端干旱的地区之一。当年科学家彭加木就从孔雀河北岸出发，徒步穿过荒漠到楼兰遗址考察。楼兰在历史上是丝绸之路上的一个枢纽，是中西方贸易的重要中心。司马迁在《史记》中曾记载："楼兰，姑师邑有城郭，临盐泽。"这是文献上第一次记载楼兰城。西汉时，"设都护、置军候、开井渠、屯田积谷"，楼兰仍很兴旺。不知在什么年代，这个繁荣一时的小城神秘地消失了。直到现在对楼兰消失之谜专家学者各执一词，但楼兰衰败于缺水，最终生态环境恶化是不争的事实。

　　人们对流域水资源的认识是逐步深化的，原先认为水是"取之不尽、用之不竭"的，到后来逐渐认识到水资源的自然再生需要一定的条件和时间，流域社会经济的发展要与水资源条件相适应。人们对流域水资源的认识变化过程也反映了人们对水资源伦理价值观的转变，提出了以水定规模、以水定产量、以水定发展的流域农业水资源利用的新伦理观，通过地表水、地下水的优化配置和开发、利用、节约、保护，解决城市、工业、生活、农业的用水需求，使不利的环境影响降到最低。因此，在认识上，不仅要认识到水资源的实际利用价值，也要认识到水资源的道德伦理价值。

## 六、流域农业伦理面临的问题

　　流域农业潜在的伦理问题范围非常广泛。这些问题可以大致分为：一是流域农业与人类健康的关系问题，主要是食物安全问题；二是流域农业与生态环境的关系问题，也是人类对流域生态系统和农业生态系统地位及其与自然关系的认识问题；三是与流域农业产业和生活方式相关联的法规、制度、社会、文化和历史等问题，也就是流域农业社会组织的问题。

　　解决温饱、摆脱贫困、保障食物安全，是流域农业发展最为正义的道德标签。但是，在流域农业发展中获取水资源的公平、公正或道德上可接受的标尺或模式是什么？能否界定与脱贫或保障食物安全有关的水资源消耗的伦理基础？《史记·郦生陆贾列传》指出"王者以民人为天，而民人以食为天"。

民以食为天，首先要有食物的数量保障，要有维持生存所必需的粮食。其次，要有食物的营养保障，要有能维持生命健康所必需的营养食品。这就是民以食为天，食以安为先，安以质为本。随着我国经济的快速发展，人民生活水平的不断提高，消除饥饿、解决温饱的问题已经完全解决。但是，伴随着食物种类繁多、食品市场空前繁荣，一些快速催熟、农药残留、食物生产过程中过量使用生长素、添加剂等问题也随之而来，蔬菜种植过程中过量添加生长激素、催红素等让人们对食物安全产生深深担忧。第三，流域农业发展的基本目标是要保障食物安全，在流域农业发展中获取水资源以保障粮食生产之所需。但是，保障粮食生产安全的伦理在不同的发展阶段应有不同的衡量尺度，特别是对在保障粮食安全标签下过量使用水资源以及各类化学品的行为，需要确立一定的标准来约束。

因为流域农业的发展是有代价的。比如，以提高粮食产量为目标的化肥、化学农药的使用，流域内经济条件较差的地区农民买不起这些化学品，他们生产的粮食产量可能较低，获得的收益较少。也就是说，在从贫困走向富裕的阶梯上，他们还位于较低的台阶，但他们少用这些化学品减少了环境问题。另一方面，流域农业发达地区，广泛使用化学品虽然提高了农作物产量，但也造成了一定的环境问题。使用水资源的情况类似，一般流域上游多山，以雨养农业为主，几乎不依靠流域所拥有的水资源；而流域中下游地势平坦，是完全依赖流域水资源的灌溉农业，灌溉农业的另一种说法就是旱涝保收。显然，我们在对待流域农业发展中不同区域用水规模具有不同的价值判断，从而也就有了不同的道德伦理。

## 参考文献

曹顺仙, 2014. 当代中国水伦理的理论形态与研究领域[J]. 南京工业大学学报(社会科学版), 13 (4)：51-54.

李原园, 李云玲, 何君, 2021. 新发展阶段中国水资源安全保障战略对策[J]. 水利学报, 52 (11)：1340-1347.

郑晓云, 2020. 论社会科学在应对当代水危机中的作用[J]. 清华大学学报(哲学社会科学版), 35 (1)：177-188.

# 山地农业伦理观的特征及时代价值

董世魁　赫凤彩　史　航　郝星海
（北京林业大学草业与草原学院）

　　山地农业是指人们在山区生存和发展过程中，对可利用的资源进行农业化的活动，包括种植业、园艺、林业、畜牧业及其他涉农产业，具有立体性、多样性、脆弱性和多宜性等特征[1]。山地农业的发展不仅是农业生产发展的重要组成部分，更是农业文明发展的基础。中国是一个多山的国家，山地、丘陵和高原占全国国土面积的69%，人口和耕地分别约占1/3与2/5，大多是"老、少、边、穷"地区[2]。山地在中国原始农业的发生期具有重要作用，山地作为农业生产的起源地，不仅因为它具有刀耕火种的条件，且是人类居高而处的选择。《吴越据春秋·吴太伯传第一》记载"尧遭洪水，人民泛滥，逐高而居。尧聘弃，使教民山居，随地造区，研营种之术，三年余，行人无饥乏之色"[3]，可见，山地以洪水防治为纽带而与原始农业紧密联系在一起，农业便随着民之山居最早在山地起源、发展，为平原、低地等区域的农业形态提供了参照基础。

　　在山地农业发展过程中，人们改变原始的农业形态（渔猎、采集），发展与种植有关的营种之术，并将山地农业生产技术带到平原、低地[4]，人们不但积累了丰富的生产实践经验，而且也形成了独具特色的农业伦理观。随着社会经济的发展，渔猎、采集在社会生产的地位进一步下降，同时粮食生产提供了稳定的保障，"耕田种土"的生产生活意识得到进一步加强。在这一历史进程中，赖以生存的农业和山地让他们感怀在心，由此衍生山地崇拜农业祭祀活动的雏形。山地农业崇拜思想常见于中华文化，如"乃立冢土""冢土，大社也""社者，土地之神。土地阔不可尽祭，故封土为社，以报功也""土地广博、不可遍敬""故封土立社示有土尊"。从事农业生产的先民形成对山地的热爱之情，就是早期山地农业伦理的萌芽[5]。

1　祁春节，2019. 现代山地农业高质量发展路径[J]. 民主与科学(1): 18-22.
2　王秀峰，程康，2019. 山地农业研究文献综述与展望[J]. 南方农业学报，50(5): 1149-1156.
3　（后汉）赵晔撰，周生春辑校汇考，2019. 吴越春秋辑校汇考[M]. 北京：中华书局.
4,5　刘兴林，1997. 山地崇拜与农业起源[J]. 中国农史(4): 3-5, 12.

山地农业伦理观的形成必然对劳动行为产生深远的影响，对社会发展不同阶段起到促进或阻碍作用。我国南方保留原始山地农业的民族多以扁担、锄头、镰刀为基础，坚守"耕田种土"的伦理观，创造了诸多独具特色的农业产品。西南地区有高低起伏的山脉，嵌有大小各异的山谷，还有河流贯穿其间，为水稻和其他粮食作物的种植提供了良好条件，造就了世代相袭的山地农业生产模式，具有平原或低地农业无可比拟的立体性和多样性优势。山地农业在发展过程中产生了丰富的伦理思想，与"耕田种土"的农本思想同期发展的"稻鱼结合"和"稻林兼营"的山地农业伦理观，促进了山区农业生产的发展，提供了多样性的食物资源，并创造了可观的经济收益[1]。在当今人与自然关系不和谐的背景下，继承和发扬合理的山地农业伦理观，树立绿水青山就是金山银山的时代价值，对于有效解决山地生态环境问题和"三农"问题、促进山地农业的可持续发展具有十分重要的意义。本文以中国农业伦理学的"时、地、度、法"四维结构[2]为依据，全面梳理我国山地农业伦理观的时宜性（合时宜）、地宜性（明地利）、有序度（行有度）和自然之法（法自然）的基本特征，系统分析山地农业伦理观在推动我国农业现代化方面的重要作用，为新时期构建我国山地农业伦理观的传承和发展路径提供基础。

## 一、山地农业伦理观的时宜性

"不违农时"是中国农业伦理观时宜性的最佳概括[3]，其基本原理是生态系统内部各组分以其物候节律因时而动。对于农业生产而言，无论科学技术发展到何种程度，都不能违背时间节律来进行农业活动，山地农业（包括种植业、养殖业、渔业等）也不例外。农业是人类通过社会生产劳动，利用自然环境提供的条件，促进和控制生命活动过程来取得所需要产品的生产部门。这个定义暗含农业生产受三个自然规律的制约，一是自然环境变化和分布规律，二是生物的生命规律，三是社会需求规律。这三个规律决定了农业生产具有四个特性：生命性、季节性、地域性和周期性[4]。植物的生长繁殖过程要从环境中获得二氧化碳、水和矿物质，通过光合作用将它们转化为有机质供自身生长、繁殖；食草动物通过采食植物，消化合成供自身生命活动的物质，将植物性产品变为动物性产品；由动物产生的排泄物等废弃物返还

[1] 杨安华、杨庭硕、粟应人，2008. 侗族传统农业伦理对发展畜牧业经济的制约[J].吉首大学学报（社会科学版）(5):43-48.
[2,3] 任继周，2018. 中国农业伦理学导论[M]. 北京：中国农业出版社.
[4] 朱启臻、陈倩玉，2008. 农业特性的社会学思考[J].中国农业大学学报（社会科学版）(1): 68-75.

到土壤中，经过微生物分解成植物能利用的营养物质。这就形成了以土壤为载体的动植物、微生物生命循环体。缺少任一环节，农业发展都会陷入不可持续的危机。

随着科学技术的发展，人类对动植物生长发育规律的认识日益深入，改变动植物生长发育过程的手段也日益加强。但是，无论生长发育过程如何改变，动植物的生命性是不可改变的。农业的生产对象是生命体，就要给其创造良好的生长环境和进行精心的呵护。由气候周期性和作物的生长周期共同决定了农业生产的季节性，这是农业伦理不可或缺的要素。作物在生长发育过程中所经历的发芽、生长、开花、结果、成熟、采收等环节都需要一系列的农事活动，稼穑之事，须依时而做、适时而动。其中的每一个环节都有严格的时序规律，农作物得不到有效的照料，就前功尽弃。由此，中国人发明了二十四节气，产生了大量指导农业生产的谚语，在黄淮以北的地区常说，"头伏萝卜，二伏菜，三伏只得种荞麦""白露早，寒露迟，秋分麦子正当时"，就是提醒人们什么时节干什么活。季节性带来的农忙和农闲，有极强的时效性，"龙口夺粮"就是说到抢收、抢种的季节，不分老幼、不分昼夜，全家上阵；农闲时负责田间管理。山地农业生产的季节性与地域性密不可分，山坡适于发展旱作农业，河谷适于发展灌溉农业，农耕生产的时间节律则顺应自然规律，依次从河谷、低山、中山、高山，按照物候迟早形成"春耕、夏耘、秋收、冬藏"的时宜性生产实践。这种多样化的种植业模式，根植了丰富而多样的农业伦理观。

山地畜牧业也非常注重时序节律。"逐水草而居"是高山、高原地区牧民践行草原畜牧业时宜性伦理观的最好例证。牧民通过一年四季不停地游走来适应不同海拔高度水、草分配随时间的变化，不但满足一年内家畜对食物和水源的需求，而且也保证了家畜秋冬季繁殖和保膘的需求。"冬不吃夏草，夏不吃冬草"（藏族民谚）、"开春羊赶雪，入冬雪赶羊"（哈萨克族民谚）、"春放阴坡，夏放东西，秋放近坡，冬放高坡""与其冬天干熬，不如夏天抓膘""春放一条鞭，夏秋满天星""早晨在向阳坡放牧，中午天热在背阴处放牧"（哈萨克族民谚）、"春来剪毛两头落，冬来剪毛落两头""霜降配羊，清明分娩""马配马，一对牙（二岁就可配种）"等，都充分体现了居住在高原或高山牧区的牧民在畜牧业生产中形成的"顺天时"的伦理观。在农区养牛以耕田、养猪以积肥的生产实践中，山地畜牧业的时间有序度体现在家畜饲养、保健、育种管理等多个方面，如"故养长时，则六畜育""暑伏不热，五谷不结；寒冬不冷，六畜不稳""春不吃盐羊无力，冬不吃盐饿肚皮""秋来追膘冬不愁，春天羊羔满山游""夏天赶着放牲畜，冬天拴着喂牛羊"等，这些经验总结充分体现了农区山地畜牧业"顺天时"的伦理观。

农业动植物都要经历从生到死的生命周期过程，决定了其周期性。一株稻谷从种子发芽、生长、开花、结果，再到成熟经历一个生命周期；一只动物从出生、生长发育、繁殖、到死亡。不同的品种，其生命周期不一样，有的几十天，有的数十年。如多年生的植物，其生命周期是多年，但开花结果的生产周期是在一年内完成的。另外，气候的变化也具有周期性。一年四季温度、光照、降水，不尽相同，春夏秋冬，周而复始，而动植物生长又受气候因子等自然因素的影响，随季节变化呈现出一定的周期性变化。人类经过长期的选择，培育了一批生长周期与大自然周期性相吻合的农业动植物品种，如粮食作物，春天气温上升，开始播种；秋天，天气转凉，粮食成熟，春种秋收，周而复始。有些粮食作物要经过休眠来年才能开花结果，如冬小麦要经过春化的阶段，落叶果树要经过低温条件解除休眠后才能正常发芽。

农业生产的时宜性伦理观启示：农业生产急不得，从开花到结果，任何一个环节都不能缺少，即不能揠苗助长；农业生产不能随意调整种养内容，不能种了玉米，中途改种高粱。

## 二、山地农业伦理的地宜性

农业生产依赖于土地，土地既是农业生产的载体，也是农业生产改造的对象。人们在利用和改造土地的过程中，深刻认识到土地是有生命的，要养护其地力常壮不衰，施德于地以应地德，并形成了与之适应的农业伦理观"天之所覆，地之所载，莫不尽其美，致其用，上以饰贤良，下以养百姓，而安乐之"。山地农业生产系统中，"靠山吃山"的谚语形象地表达了地宜性的人-地关系。山地居民吃、穿、住、用等诸多方面都离不开农业生产活动。历史上刀耕火种的山地农业生产方式表明，焚烧林草形成的草木灰可以增加土壤肥力、游耕山地可以使土地得以休养生息。但是，长期的实践证明，这种粗放的山地农业生产方式带来了两大弊端：第一，以这种方式开垦耕地，两三年后肥力便逐渐减弱，产量下降，收获越来越少，不得不另辟新地；不断弃荒，不断开垦新地，人均所需土地面积急速扩张。第二，由于烧草补充的肥料有限，农作物产量极低，要解决更多人的吃饭问题，需要不断扩大耕地，广种薄收。这样的农耕方式，在地广人稀的地方行之有效，但随着人口的增长，可耕土地日益减少，刀耕火种的生产方式受到限制。更重要的是因大量毁林开荒、破坏草场，生态环境日益恶化，威胁到生存与发展。因此，坚守"施德于地"的农业伦理观对维持山地农业系统的可持续发展至关重要。

　　山地农业伦理的地宜性不仅表现在农业生产方式，而且表现在种（植）养（殖）结构上。古代先民总结得出的"非其地而树之，不生也""橘生淮南则为橘，生于淮北则为枳"的实践经验，反映了人们对万物生长都有其生存条件的客观认知。春秋战国时期，人们已经总结出了基于地宜性的农作物种植分区方案"职方氏辨九谷，以宜九州之土：冀（州）、雍（州）谷黍、稷；兖（州）谷黍、稷；青（州）、徐（州）谷稻、麦；并（州）、豫（州）谷黍、稷、麦、稻；扬（州）、荆（州）谷稻、麦、稷"[1]。土壤深厚、土质肥沃、水资源丰富的山区，可以发展梯田水稻种植，稻田里兼养鱼、泥鳅、黄鳝、田螺、河蚌等，以充分利用水田资源；山凹处种其他粮食作物，塘中种水草，养鱼虾；宜林的山坡种杉种桑，林粮间作，养殖山蚕；适宜的气候环境种漆树、茶树、油桐、栗、核桃、银杏等经济林。以"稻鱼结合"为主、多种林业经济为辅的山区农业形式提高了农业生产效益，对发展区域特色农业具有指导意义。

　　早期山地居民开垦水田，种植产量较高的水稻。然而山区适宜水稻种植的土地面积有限，不得不扩大水田面积，于是便在山地开垦梯田[2]。梯田是因地制宜扩大耕地的一大壮举，既充分地利用了地形，又有效地利用了水资源。《黔南识略》记载："田分上、中、下三则，源水浸溢，终年不竭者，谓之滥田。滨河之区，编竹为轮，用以戽水者，谓之水车田。平原筑坝，可资蓄浅者谓之堰田。地居洼下，溪阔可以引灌者谓之冷水田。积水戚池，旱则开放看谓之塘田。山泉泌涌，井汲以资溉者谓之井田。山高水乏，专恃雨泽者，谓之干田，又称望天田。坡陀层递者，谓之梯子田。斜长洁曲者，谓之腰带田。大约上田宜晚稻，中田宜早稻，下田宜旱秥……"说明当时人们对山地的充分利用和对种植面积的有效扩充。山地开垦过程中，人们积累了利用水资源的宝贵经验[3]。"望天田"一般在地势较高的地方，主要靠天然的降水灌溉；"腰带田"是沿山修筑的"拦山沟"，充分利用了山腰的狭长地带，以天然降水和山间泉水为水源灌溉；"梯子田"是在有溪涧的山坡上筑坎，分层开垦，利用溪水进行灌溉；为适应田在高处、水流其下的情况，拦河筑坝、提高水位、引水灌溉，开创了"堰田"；还有以水为动力，又以水灌溉的"水车田"。这些都是有效利用自然资源的科学发明，充分体现了山区居民的生态智慧及顺应自然的伦理思想。"塘田"在山间溪水汇集的地方开挖池塘蓄水，"水满而溢，节级而下，顺有头塘、腰塘、三塘……次第开启，以灌田亩"；

1　郑玄注，贾公彦疏，1999. 周礼注疏[M]. 北京：北京大学出版社.
2,3　刘磊，2001. 关于贵州古代山地农业的思考[J]. 贵州民族研究 (2): 58-62.

塘田不仅可以按需供水、蓄水救旱，还能利用水来种植。自古以来，云南元阳哈尼族依据"山有多高，水有多高"的环境特点，充分思量并开垦出上万亩梯田的农业生态奇观，开垦的梯田随山势地形变化，坡缓地大则开垦大田，坡陡地小则开垦小田，甚至在沟边坎下石隙开田，因而梯田大者有数亩，小者仅有簸箕大，往往一坡就有成千上万亩（图1）。这种山地农业模式充分利用了土地资源和水资源，创造出极具智慧的生产技术和方法，为脆弱山区社会经济可持续发展做出了重要贡献，因而在第37届世界遗产大会上被联合国教科文组织列为"世界文化遗产"。

图1　桂林龙脊梯田

"地宜性"也是养殖业伦理的重要元素。早在春秋战国时期，人们对养殖业的地宜性就有充分认识，《周礼》记载了因地制宜地发展畜牧业的方案"职方氏变方圆六畜以识物情，便其拳牧。但鬣有鬣之养，角有角之牧，毛有毛之刍，羽有羽之饲，畜于水者须知水，畜于山者须知山，飞者得其动，潜者得其动"。草原牧区的先民在历史长河中形成的"逐水草而居"的游牧方式，同样也体现了"地宜性"的伦理观，根据地形、气候、水源和牧草生长状况合理放牧家畜，充分利用草地资源。他们在放牧实践中总结出了"夏季放山蚊蝇少，秋季放坡草籽饱，冬季放弯风雪小""冬不吃夏草，夏不吃冬草""先放远处，后放近处；先吃阴坡，后吃阳坡；先放平川，后放山洼""晴天无风放河滩，天冷风大放山弯"等丰富的放牧经验。长期的生活实践，山区牧民掌握了不同空间牧草生产随季节变化的自然规律，积累了什么时候进行转场，什么时候进行家畜配种等经验。一年四季中，牧民按照游牧区地形地貌、植被分布及气候特征的差异性（春旱、多风，夏短、少炎热，秋凉、气爽，冬季严寒漫长、积雪厚等特点），把放牧草地划分为四季牧场进行流动放牧（图2）。例如，新疆山地的哈萨克族牧民在长期的山地放牧实践中，总结出高山－低山－平原－绿洲等不同系统间游动放牧的形式。这种

图2 青藏高原高寒草地牦牛藏羊放牧

"地宜性"的放牧伦理思想一直沿用至今,对山区畜牧业发展产生深远影响[1]。

除宜农、宜牧的土地外,山地居民因地制宜发展林业或混农林业。山地地貌复杂、气候多样、雨量充足,适宜多种森林植被生长。因良好的自然条件,树种繁多、质地好,成为植树造林的重要地区。山地居民根据地势、土地等特点,积累了"山顶松、山腰桐、池塘河边柳从丛""肥土点柏香,黄土种青枫,背风槐花满坡香""山多载土,树宜杉"等众多经验。也有"种杉之地必预种麦及苞谷一二年,以松土性,欲其易植也。杉阅十五六始有子,择其枝叶向上者撷其子,乃为良;裂口坠地者,弃之。慎术以其选也。春至则先粪土,覆以乱草,既干而后焚之。在后撒子于土,面护以杉枝,厚其气以御其芽也。秧初出谓之杉秧,既出而移之,分行列界,相距以尺,沃之以土膏,欲其茂也。稍壮,见有拳曲者则去之,补以他栽,欲其亭亭而上达也。树三五年即成林,二十年便供斧柯矣"等记载,充分体现了林木和粮食作物间作的经验,林粮间作,一举两得,既解决了种树人的粮食问题,也发展了林业[2]。

## 三、山地农业伦理的有序度

农业伦理的有序度,就是农业生产过程中各组分之间在时空序列中物质的给予与获取、付出与回报,与自然生态系统和人类的发展行为相关联和适应的程度。农业生产讲求"帅天地之度以定取予",取予有度,才能维持农业

1 董世魁,任继周,方锡良,等,2018. 养殖业的农业伦理学之度[J]. 草业科学,35 (9):2059-2067.
2 刘磊,2001. 关于贵州古代山地农业的思考[J]. 贵州民族研究 (2): 58-62.

生态系统健康平衡。中国古人总结出"夫稼，为之者人也，生之者地也，养之者天也"的农业生产"三才理论"，通过"顺天时""尽地力""促人和"，即天时、地利、人和三者间协调和谐的"自然观"，来保证五谷丰登、六畜兴旺的局面（图3）。数千年来，中国人对老子与孔子创立的"自然观"的传承和发展，才使农业生产的有序度得到合理调控和维持，使农业生产系统及其承载的文化延续至今，经久不衰[1]。

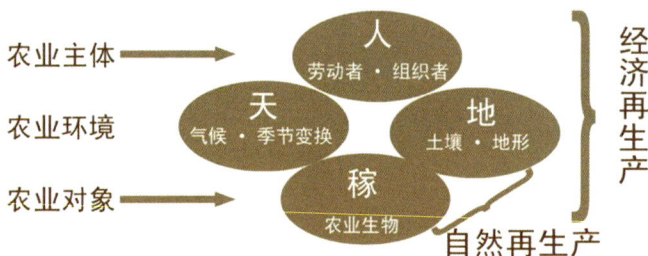

图3　农业生产中人-天-地的关系

　　山地种植业尤其注重农时。天时是节气农时的条件，即温度、水分和光照等自然条件；节气是我国劳动人民长期生产实践总结出的经验，要确保农事活动顺利进行，就要准确把握农时。节气是固定不变的，而自然条件时常变化，因此，农业生产必须根据节气的变化，因地制宜、不违农时地安排生产。农谚"种田无命，节气抓定"就是这种思想的体现，若"节气抓不定"则会出现"人忙天不忙，早迟一路黄"的现象。同一地区，由于地势不同，气候条件、温度和湿度也不同，故有"白露种高山，秋分种平川"的说法。"立冬种豌豆，一斗还一斗""立秋摘花椒，白露打核桃，霜降下柿子，立冬吃软枣""白露没有雨，犁地要早起""寒露到霜降，种麦莫慌张，霜降至立冬，种麦莫放松""种麦过立冬，来年少收成"等农谚，均体现了山地种植业伦理观的重农时思想。由于同源性和普适性，山地农业重农时的伦理思想也广泛印证于平原和低地农业生产实践中。

　　中国的山地农业生产自古以来一直强调"尽地力"的思想。"尽地力"是指在一定的农作（种植、养殖等）技术水平及与之相适应的各项措施下发挥土地的最大生产能力。"尽地力"的思想不仅要强调土地的生产潜力，更强调人对土地的伦理关怀，体现了"人和"对土地的作用。把用地和养地结合起来，保持"地力常新"，提高土地生产力，是中国传统农业伦理观的突出成

[1]　李根蟠,1997.农业实践与"三才"理论的形成[J].农业考古(1)：92.

就。有"息者欲劳，劳者欲息，棘者欲肥，肥者欲棘"的土地休闲、施肥恢复地力的原则；也有"治田勤谨，则亩益三升"的精耕细作。农业生产实践经验的积累，"多粪肥田"已成为"农夫众庶之事"，"粪多力勤"成为夺取农业丰收的法宝。品种的轮换种植，作物的轮作、间作及套作，种植和养殖的结合，都是保持土壤肥力、维持地力、发挥作物增产潜力的例证。"换种强于下肥""肥田不如换种"，形成了每年换种的做法、不可年年种一色的伦理观念，取得了良好的效果。如《齐民要术》中记载的谷物与绿豆轮作、棉稻轮作、稻田蓄萍等做法[1]，不仅可以控制草害、病虫害，还可以提高土壤肥力；选用耐瘠薄的品种可以应对地力下降，利用"瘠土山田多种"的生物多样性原理，可以控制土地退化。

中国的山地畜牧业生产实践中也非常重视"尽地力"的思想。山区牧民常强调"牲畜熟悉草场才会长膘""放牧牛马草地好""没有草场就没有畜牧"。畜牧业的"尽地力"不仅强调单位面积的畜产品产量，更强调人对家畜和土地的伦理关怀，自古先民就有爱护家畜、保障动物福利的意识。王祯《农书》中就有"夫农之于牛也，视牛之饥渴，犹己之饥渴；视牛之困苦羸瘠，犹己之困苦羸瘠；视牛之疫疬，犹己之有疾；视牛之子育，若己之有子也"的记载[2]。高原或高山牧区的季节性轮牧，如蒙古族的"走敖特尔"、藏族的"转场"都是通过"逐水草而牧"的理念践行着畜牧业生产的伦理观。它不仅关注家畜的需求，保证家畜吃饱且尽可能地吃到新鲜牧草，而且可以使草原在适度利用的基础上得以休养生息，让草原资源得以永续利用，草原生态得以保护修复。

种（植）养（殖）结合也是保持地力常新的重要手段，尽显"帅天地之度以定取予"的农业伦理。山地农业"稻鱼结合"的生产模式就是保持地力常新的做法。鱼在稻田里游动，调节稻田的内环境，减少田间杂草；鱼排泄的粪便作为肥料，增加稻田肥力。稻鸭结合也有类似效果。养猪和种田是紧密结合在一起的，养猪不仅提供了肉食，利用了农副产品，猪粪还可以作为肥料，形成"猪多、肥多、粮也多"的良性循环。故有"种田不养猪，秀才不读书""养猪不赚钱，回头望望田"的说法。"汤有旱灾，伊尹作为区田，教民粪种，负水浇稼；区田以粪气为美，非必须良田也"西汉《氾胜之书》中所记载的农田施用厩肥[3]，对今天的农业生产仍有指导作用。家畜粪尿归田

---

[1] 贾思勰；缪启愉，缪桂龙译注，2009.齐名要术译注[M].上海：上海古籍出版社.

[2] 王祯，2009.农书译注[M].济南：齐鲁书社.

[3] 万国鼎辑释，1957.氾胜之书辑释[M].北京：中华书局.

不仅解决了养殖业污染问题，还为种植业提供了有机肥料，提高了土壤肥力。基于这种农业伦理，实现地尽其用、尽地力。

## 四、山地农业伦理的自然之法

自然之法是不可违逆的，如有违逆必遭殃灾。人类的农业生产活动必须遵循自然规律，违背自然规律而行动，不仅会遭受失败，还会受到大自然的惩罚。人类自从进入文明社会就一直处于人为与自然的张力中。农业生产活动开始之初，由于技术水平低，对自然的干预较少。随着农业技术水平的提高，对自然的干预也逐渐增强。在中国农业发展史上，由于生产技术的不断改进，对自然环境的影响也在不断加重，过度垦殖、大兴土木、滥砍滥伐，使水土流失、土地荒漠化、土壤污染、食品安全等问题日益突出[1]。

山区得天独厚的地理环境和气候条件，形成了复杂多样的生态类型，生物种质资源丰富，适于发展复合农业系统，可以林、粮、鱼、牧兼营，发展多种农业生产模式。但在山地农业开发利用过程中，存在许多问题：一些地方在产业结构调整中把山坡地作为种植短期经济作物的重点，为了发展烤烟，砍伐森林作为烤烟的燃料，严重破坏了植被，使地表长期裸露，水源涵养能力下降，造成水土流失；为解决粮食问题，不断进行山地开垦，对开垦后的土地不能做到因地制宜合理利用，降低了山地农业的可持续性，使山地生态遭到破坏，导致自然灾害次数增多、周期缩短；为追求产量和品质，在农业生产中大量引进良种，淘汰产量低的品种，造成品种单一，对原生物种保护不力，导致本地物种消失、植物多样性遭到破坏，给生态安全带来极大的隐患[2]。山区天然优质树木可以给人们带来额外收入，但是过度伐木使森林遭受破坏，加剧了降水对地表的冲刷，造成区域水土流失和洪涝灾害频发，给农民的生产生活带来负面影响，甚至导致农牧民贫困。农业生产中追求产量，过量使用农药、化肥、地膜，同时缺乏环境意识和责任意识，造成土壤污染、退化，水质恶化和富营养化，主要表现为氮、磷、钾元素比例失调，氮肥过剩，磷、钾肥不足，肥效持久且无公害的有机肥及作物所需的微量元素严重不足；长期过量使用氮肥，使土壤理化性质发生改变，土壤板结，通气、透水性差，肥力下降，影响作物生长。长期过量使用农药，在杀死害虫的同时

---

[1] 张聿军，蒲强，2004. 我国古代社会的环境破坏问题[J]. 环境教育(9): 58.

[2] 谢晓慧，王家银，孙玲，等，2020. 云南山地农业开发现状、存在问题及综合开发措施初探[J]. 西南农业学报, 19 (9):5.

也危及了害虫的天敌，如此形成恶性循环，破坏生态平衡。由于生物富集作用，长期过量使用化肥和农药也会对农产品产生污染，威胁人的健康。农用地膜的使用虽可以提高地表温度，保持土壤水分，但在作物栽培中广泛应用，使土壤中地膜残留增多，自然状态下难以分解，土壤透水、透气性变差，阻碍作物根系发育和对水、肥的吸收，造成耕地"白色污染"和农作物减产[1]。

山地畜牧业可充分利用牧草资源，放牧牛、羊等家畜，获得动物性产品如肉、奶、皮等。但是山地资源的过度利用，则会导致严重的生态环境问题。山区加大畜牧业发展的过程中，忽略土地承载力，造成土地退化，植被覆盖率下降，地表草被践踏和减少，加剧水土流失，影响农牧民生存，造成农村地区贫困。而且，急增的人口需要生存空间，迫使人们为追求短期的生存利益，放弃可持续发展的资源经营方式，过度使用牧草等自然资源，破坏人居-草地-畜群的耦合系统，忽略农业系统的界面耦合。这些有违农业伦理的行为引发了一系列生态和社会问题，导致"三农"问题（"农民真苦，农村真穷，农业真危险"）在山区凸显[2]。破解目前山地农业发展中存在的问题和瓶颈，需要从伦理认知上维持山地农业可持续发展的"自然之法"，可选择的模式应为生态农业。

## 五、山地农业伦理的时代价值

中国山地农业伦理是我国山地居民在长期的农业生产实践中形成的对人、社会和自然的道德认知，进而探索并践行山地农业行为对自然与社会系统的道德关联，即山地种植业、养殖业、林业和渔业生产活动的时宜性（合时宜）、地宜性（明地利）、有序度（行有度）和自然之法（法自然）。正是这种与平原或低地农业具有同源性和相似性的农业伦理，共同促进了中国农业的可持续发展。但是，山地农业的边缘性、稀缺性、脆弱性、分散性和多样性造就了山地农业伦理观有别于平原或低地农业。山地农业立体种植模式的物种组合和空间配置，充分体现了基于"植物（物候）节律而动"的伦理思想，顺应了山地气候多变、生态环境脆弱、适生物种多样的特点，实现了山区农业资源的合理利用和社会经济的可持续发展。山地畜牧业"逐水草而居"的

---

[1] 谢晓慧,王家银,孙玲,等,2020. 云南山地农业开发现状,存在问题及综合开发措施初探[J]. 西南农业学报, 19 (9):5.

[2] 任继周, 2015. 中国农业系统发展史 [M]. 南京:江苏凤凰科学技术出版社.

游走式放牧模式，充分体现了基于"草场—家畜—人居"放牧系统单元时空动态平衡的伦理思想，顺应了山地牧草资源多样、水草时空分配不均、边际土地稀缺的特点，实现了山区牧业资源的合理开发和社会经济的发展。山地林业多元化营林模式和林下种植模式，充分体现了基于"适地适树、适地适草"的伦理思想，顺应了山地地形多变、气候多样、树种繁多的特点，实现了山区林业资源的优化利用和林业经济的发展。但是，违背山地农业伦理的生产开发活动，如25度以上陡坡地开垦种植、山地草场超载过牧、山地森林过度砍伐等行为，造成了严重的生态环境破坏问题。

当前，在生态文明建设成为国家重大战略的新时代，应高度重视绿水青山就是金山银山的发展理念，应充分认识到中国山地农业伦理观的时代价值，在农业现代化进程中应充分汲取山地农业伦理观的有益思想，为有效解决山地生态环境问题和"三农"问题、促进山地农业的可持续发展提供可行的路径。

（1）以山地农业伦理观的有益思想为行动指南，合理规划山地农业发展布局，整体谋划现代山地农业发展方向，根据不同区域山地的自然环境特点，明确主导产业、特色产业和发展模式，突出生态农业的生产、生活和生态功能，探索融合中国山地农业伦理和现代农村经济发展的新形式，创新农业领域的现代理念、现代技术和现代制度，实现山地农业经济、生态和社会效益的同步提升。

（2）以山地农业伦理观的有益思想为行动纲领，牢固树立农业绿色发展理念，创新绿色发展模式和实现路径，推进山地农业绿色、均衡、高质量的现代化，形成一批优势山地农业产业基地、高水平山地农业人才基地和山地农业高新技术基地，通过发挥规模效益、外部效应、知识溢出和创新效应，促进山地农业现代化均衡和高质量发展。

（3）以山地农业伦理观的有益思想为科学指导，延伸山地农业产业链，拓展山地农业新功能，发展山地农业融合新业态，转变山地农业发展方式，促进农村持续向好，增进农民收益，提升山地农业质量效益和可持续性，真正解决山地生态环境问题和"三农问题"。

## 六、结束语

中国山地居民在漫长的农业生产实践过程中，形成了独具特色的山地农业伦理观，对促进山地农业的可持续发展、山地生态环境保护和乡村振兴具有十分重要的意义。当前生态文明建设中，应充分吸收山地农业伦理观的积极因素，因地制宜地利用现代科学技术与传统农业相结合的技术，发挥多种

土地资源、多种地貌特色、多种气候环境、多种农业生物的优势，建立山地生态农业。山地生态农业是建设中国特色生态农业的宝贵财富，也是我国建设山地生态文明的基础。山地生态农业可以促进自然资源的合理使用，推动山地农业的可持续发展，支撑我国生态文明建设战略，即由破坏生态的增长方式转为符合生态的增长方式。山地生态农业注重"自然观"为指导的环境和经济协调的发展思想，重点强调农业系统内物种共生、物质循环、能量多层次利用，发挥地区资源优势，以经济发展水平和"整体、协调、循环、再生"为原则，全面规划、合理组织农业生产，实现农业高产优质高效可持续的发展，达到生态和经济两个系统的良性循环。山地将成为我国生态农业的示范基地，对发展现代化农业必将做出积极贡献。

## 参考文献

董世魁, 任继周, 方锡良, 等, 2018. 养殖业的农业伦理学之度[J]. 草业科学, 35(9): 2059-2067.

贾思勰, 2009. 齐名要术译注[M]. 上海：古籍出版社.

李根蟠, 1997. 农业实践与"三才"理论的形成[J]. 农业考古(1)：92.

刘磊, 2001. 关于贵州古代山地农业的思考[J]. 贵州民族研究(2): 58-62.

刘兴林, 1997. 山地崇拜与农业起源[M]. 中国农史(4): 3-5, 12.

祁春节, 2019. 现代山地农业高质量发展路径[J]. 民主与科学(1):18-22.

任继周, 2018. 中国农业伦理学导论[M]. 北京：中国农业出版社.

任继周, 2015. 中国农业系统发展史[M]. 南京：江苏凤凰科学技术出版社.

万国鼎辑释, 1957. 氾胜之书辑释[M].北京：中华书局.

王秀峰, 程康, 2019. 山地农业研究文献综述与展望[J]. 南方农业学报, 50(5): 1149-1156.

王祯, 2009. 农书译注[M]. 济南：齐鲁书社.

谢晓慧, 王家银, 孙玲, 等, 2020. 云南山地农业开发现状, 存在问题及综合开发措施初探[J]. 西南农业学报, 19(B09):5.

杨安华, 杨庭硕, 粟应人, 2008. 侗族传统农业伦理对发展畜牧业经济的制约[J]. 吉首大学学报(社会科学版)(5): 43-48.

张聿军, 蒲强, 2004. 我国古代社会的环境破坏问题[J]. 环境教育(9): 58.

赵晔, 2019. 吴越春秋[M]. 北京：中华书局.

郑玄注, 贾公彦疏, 1999. 周礼注疏[M]. 北京：北京大学出版社.

朱启臻, 陈倩玉, 2008.农业特性的社会学思考[J].中国农业大学学报 (社会科学版)(1): 68-75.

# 湿地滩涂农业伦理

王铁梅

（北京林业大学草业与草原学院）

## 一、湿地滩涂农业与人类文明

### （一）湿地滩涂概念

湿地介于陆地和水体之间，以水为基本元素。《湿地公约》中对"湿地"做出的定义是：指不论其为天然或人工、长久或暂时性的沼泽地、泥炭地或水域地带、静止或流动、淡水、半咸水、咸水体，包括低潮时水深不超过6米的水域，包括珊瑚礁、滩涂、红树林、湖泊、河流、河口、沼泽、水库、池塘、水稻田等多种类型。滩涂是海滩、河滩和湖滩的总称，通常是指沿海大潮高潮位与低潮位之间的潮浸地带，河流湖泊常水位至洪水位间的滩地，也是湿地的一种。湿地覆盖地球表面仅8.6%，却为地球上20%的已知物种提供了生存环境，为人类提供了绝大部分水产品和部分禽畜产品、谷物、药材，是地球上生物多样性丰富和生产力较高的生态系统。

### （二）湿地滩涂与人类文明

湿地与人类文明不可分割，湿地以其丰富的生物资源启发了人类早期的渔猎文明，用浅水区沉积的肥沃土壤和浅海带来的盐类滋养了农耕文明。美索不达米亚、古埃及文明等人类早期的几大文明均发生在湿地流域上，黄河、长江流域是中华民族文化的摇篮，也是中华民族的发源地，而号称"中华水塔"的青藏高原湿地则是黄河、长江等大江大河的发源地。1978年，考古发现华北地区阳原小长梁、泥河湾一带有一百万年前人类活动的遗迹，它位于古大通湖畔，今桑干河右岸，曾经是一片湿地。我国古代的诗词歌赋对于湿地也多有记载。《山海经》《禹贡》《周礼》等文献上关于"西海"的描述就是指现在黑河流域的湿地。《国风·周南·关雎》中的"关关雎鸠，在河之洲"中的"洲"即指的是滩涂湿地。司马相如《子虚赋》中所提到的云梦泽，即为江汉平原上古代湖泊群的总称，如今已享有鱼米之乡的美誉。

### （三）湿地滩涂农业发展

湿地的分布对于我国农业的起源发展具有深远影响，湿地农业是在大面积湿地集中分布区域从事的农业生产活动，主要是通过在天然湿地基础上改造成以稻田、苇塘、鱼塘、小型水库为主体的农、林、牧、渔综合发展的人工农业复合生态系统。几千年来，湿地一直是我国农业开发的重点地区，全国60%以上的粮食、经济作物、畜产品，以及80%以上的淡水鱼和蚕茧，是由湿地农业生态系统生产的。如长江中下游地区河流密布、土壤肥沃，是我国主要的稻作区。同时，湿地为农业生产提供保持水源、净化水质、蓄洪防旱、调节气候和维护生物多样性等多项生态服务功能。但如今，湿地常常被看作为农业发展的障碍，而农业发展往往也会影响到湿地的保护，发展农业需要开垦许多湿地，且需要进行引水灌溉和施肥，由此所产生的农业径流又会污染湿地。

湿地中的陆地生物为人类的生产生活提供了大量的物质资源，我国东北三江平原湿地曾经有"棒打狍子瓢舀鱼"的谚语，充分体现了湿地中丰富的物产与生物多样性。历史上一些动物为居住在湿地周围的居民提供了重要的动物性蛋白质来源，如狍子、雁鸭等，均是湿地中常常被人们猎取的动物种类。一些名贵的动物已经融合在民俗谚语中，如"天上龙肉、地上驴肉"中的龙指的是飞龙，学名为榛鸡、松鸡，是在我国享有盛誉的珍品。也有一些生物具有重要的药用价值，如麝鼠、香獐等。但过度的猎捕及栖息生境的破坏已经导致湿地中动物资源减少，一些珍稀的物种已经多年不见踪迹。

### （四）湿地滩涂农业面临的问题

我国早在春秋战国时期就开始认识与利用湿地，对湿地的不合理垦荒和利用破坏了湿地农业的正常投入产出平衡，阻碍了湿地生态功能的正常发挥，从而带来诸多生态环境问题：

**1. 面积减少，功能严重退化** 据2004年统计，近40多年来我国沿海地区累计丧失滨海滩涂湿地面积约119万公顷，全国围垦湖泊面积超过130万公顷，与20世纪50年代相比江汉平原湖泊总面积减少超过40%，洞庭湖和鄱阳湖分别被围垦17万公顷和8万公顷，太湖于1969—1974年被围垦1万公顷，湿地面积大幅度下降，调节气候、涵养水源、防止土壤侵蚀和降解污染物等多种功能严重退化。

**2. 生物多样性下降** 不合理的湿地农业开发活动对湿地滩涂生物多样性形成严重威胁，如过度猎捕湿地水禽、捡拾鸟蛋、过度捕捞等活动使湿地水禽与鱼类数量大幅下降。

**3. 土壤肥力下降，质量退化**　三江平原曾是我国最大的淡水沼泽湿地分布区，但由于多年垦荒、烧荒、掠夺式经营等活动，沼泽湿地面积减少，湿地土壤物理性状变差、肥力下降、质量退化。对三江平原潜育草甸土开垦前后对比研究表明，其表层有机质含量25年内降幅高达每千克70克，营养元素含量也有降低趋势。若尔盖高原沼泽湿地沼泽土、泥炭土发育广泛且集中连片，但人类不合理的生产活动使沼泽土、泥炭土土壤质量严重退化，土壤有机质、全氮、全磷含量明显降低。

**4. 诱发洪涝灾害**　随着湿地面积的减少、土壤结构的破坏，其水源涵养的生态功能下降，导致洪涝灾害频繁发生。1998年百年不遇的洪水使长江流域遭受巨大经济损失，同期松嫩洪水汛期之长、水势之大、灾害之重也为历史罕见，而长江与松嫩流域特大洪水的发生与湿地围垦有直接关系。

**5. 农业污染加剧，环境质量下降**　大范围使用化肥、农药及工农业废水排放造成严重化学污染，湿地地表水质受到不同程度影响，一些河流酚类、氨氮污染严重，农业施肥使湿地水体氨氮含量超过国家标准1～2倍。

## 二、不同历史时期的湿地滩涂农业之时序

### （一）奴隶社会的湿地滩涂农业

我国的原始社会始于距今170万年前，那时人类以采集植物和渔猎为生，对湿地的利用主要以渔业为主。1万年前北京周口店"山顶洞人"的捕捞物中，有长达80厘米的草鱼和河蚌，以及可能是通过交换得到的海蚶。距今4000～10000年的新石器时代，人类的捕鱼技术和能力有了相当的发展。从全国许多古文化遗址出土的这一时期的各种捕鱼工具如骨制的鱼镖、鱼叉、鱼钩和石、陶网坠等，可以推断这一时期已有多种捕鱼方法。《易经·系辞下》："作结绳而为网罟，以佃以渔。"这一时期湿地滩涂农业尚处于萌芽状态，人们体现出对湿地水患的敬畏。

在江河湖泊流域和沿海地区，以渔业为代表的湿地滩涂农业在漫长的历史发展过程中始终占据重要地位。从原始人的"渔猎"开始到母系社会出现的捕鱼工具以及父系社会的结网捕鱼，等等，鱼、贝等水产品是赖以生存的重要食物，从贝币作为商品经济的交换筹码到中华民族的伟大象征鱼龙同族的图腾龙，从各种各样的渔船和捕鱼工具到人类的衣食住行，从品种繁多、形态各异的鱼类到流传的各类典故、传说、故事、书画、诗词，等等，湿地滩涂所提供的生物资源渗透到了人类发展的各个方面。

## （二）封建时期的湿地滩涂农业

自春秋战国以来，历代统治者为了缓解人口增加的压力，都提倡围湖造田，与水争地，也形成了著名的"桑基鱼塘"湿地农业模式。始于公元前770—前403年的春秋战国时期的湖州桑基鱼塘系统，距今约有2500多年历史。古代湖州桑基鱼塘系统区域属于太湖南岸的古菱湖湖群，是"湖荡棋布、河港纵横、墩岛众多"的洳湿低洼之地，每到雨季，洪涝成灾。时值春秋战国诸侯争霸，吴、越两国在此筑塘、屯田劝农桑，修筑加固南太湖湖堤并连成一线，在洼地东西向开挖"横塘"，南北向开挖"纵浦"，形成"五里七里一纵浦，七里十里一横塘"的棋盘式塘浦排灌系统，确保了南太湖区水稻、桑蚕和鱼塘收获。

这一时期湿地滩涂农业伦理的理念初步形成，西汉刘安主持编写的《淮南子·难一》中提到："先王之法，不涸泽而渔，不焚林而猎。"表明当时已经开始用法律形式，来保护湿地、林地等生物资源的永续利用。

## （三）皇权社会的湿地滩涂农业

两宋和明清是历史上围湖造田的急剧发展时期。宋代人口发展迅速，农业需求扩大，加上辽、夏、金等少数民族政权不断挤压生存空间，宋代不得不大力发展城池、水利、农田、官廨等基础设施，以应对生存和国防需要。据不完全统计，仅南宋时期东南地区被围垦的湖泊就达数十个，"乾道之后，昔日之曰江、曰湖、曰草荡者，今皆田也"。会稽鉴湖、萧山湘湖，历史上都是水面宽广的大湖，宋代大量填埋周边作为农田，用于耕种谷物，面积均大为缩小。南宋政府曾三令五申禁止长江中下游地区的围湖造田之风，但这些政令如一纸空文。太湖流域"涝则水增溢不已，旱则无灌溉之利"。造成这种局面的主要原因是人口压力使人地矛盾尖锐。

明清时期长江流域环境进一步恶化，人口增加而粮食单产降低，冷湿气候造成水稻亩产量显著下降，人地矛盾更加突出。17世纪初中国人口约有1.5亿，至18世纪中叶达到了3亿。随着人口的大幅度增加，人地矛盾愈发突出，再加上土地兼并、赋役繁重等原因，在全国范围内有大批失去土地的农民离乡背井，形成一股流民浪潮。入明以来大量江西移民进入湖广，有所谓"江西填湖广"之说，移民主要集中在江汉洞庭平原。在重大人口压力下，耕地不足，出路之一就是大规模围江围湖、开辟垸田、与水争地。清乾隆年间湖北江汉两岸，"百姓生齿日繁，圩垸日多，凡蓄水之地，尽成田庐。"清代前期（顺治至嘉庆）洞庭湖区10县有大小垸田544个，共有湖田122万余亩，两湖地区成为全国粮食输出大省，明中叶开始"湖广熟，天下足"之谚，替代了"苏湖熟，天下足"。清代"湖广为天下第一出米之区"，然而，清代洞庭湖区水灾也与日俱增，1644—1820年湖北共发生各种自然灾害129次，其中水灾83次，占64.3%；湖南共发生各种自然灾害92次，其中水灾60次，占65.2%。灾害造成的损失很大，即所谓"纵积十年丰收之利，不敌一年溃溢之害。"清代乾隆年间湖北巡抚彭树葵就指出："人与水争地为利，水必与人争地为殃"。

### （四）现代社会转型期湿地滩涂农业

长期以来，湿地一直被认为是潜在的耕地储备资源，因此垦殖湿地是我国在20世纪80年代以前主要的湿地利用方式，例如将北大荒变为我国的北大仓。虽然耕地面积的增加提高了粮食产量，并为当地居民创造了巨大的经济利益，但是这种利用方式对湿地资源是破坏性的。当湿地开垦面积超过区域生态环境所能承受的阈值时，就将导致区域生态环境恶化，对生态安全造成威胁。三江平原是中国沼泽湿地集中分布且面积最大的区域，湿地内野生动植物资源十分丰富，仅鸟类就有220多种。自20世纪50年代中期开始大规模开垦，湿地面积迅速减少，至20世纪末，该区域已有将近300万公顷的湿地变为农田。中国的洪湖、鄱阳湖、洞庭湖、滇池等湖泊，自1960年以来也被大规模围垦造田，加剧了湖区环境生态的劣变。据1994年统计，湖北省的洪湖水面面积344.4千米$^2$，比50年代减少了一半。由于湖容减小，严重减弱湖区的调蓄抗灾功能，以致汛期渍涝灾害频繁、低湖田土壤环境恶化，效益下降。这一时期的农业开发是导致湿地面积和功能降低的主要原因。

### （五）后工业化时期的湿地滩涂农业

1998年经历了世纪大洪水之后，人们认识到围湖造田的危害，政府适时作出了在长江中下游退田还湖的重大决策。这是中国自春秋战国以来，第一次从围湖造田，自觉主动地转变为大规模的退田还湖，给洪水让路。1998年，湖南省开始实施"4350"工程（即使洞庭湖恢复到1949年前4 350千米$^2$以上的湖面。），约600千米$^2$的农田被"双退"，即居民彻底搬离，堤坝被废弃；或"单退"，即居民仍旧留在原地，汛期蓄洪，枯水期种田。

随着捕捞强度逐渐增加，海洋污染范围不断扩大，我国海洋渔业资源的衰退现象日益严重，海水养殖带来的环境、病害及质量安全问题日益凸显，由此带来的一系列问题已成为制约我国海洋水产养殖业乃至海洋渔业可持续发展的瓶颈之一。海洋牧场的开发和应用已成为主要海洋国家的战略选择，

也是世界发达国家渔业发展的主攻方向之一。曾呈奎院士在20世纪70年代就提出了"海洋农牧化"的设想。1979年，广西水产厅在北部湾投放了我国第一个混凝土制的人工鱼礁，拉开了海洋牧场建设的序幕。从1981—1988年，我国其他沿海8个省份分别投放了大量的人工鱼礁，体积共计20多万米³。21世纪以来，沿海各省份充分利用海洋资源，积极进行人工鱼礁和藻场建设，大力发展海洋牧场，提高某些经济品种的产量或整个海域的鱼类产量，以确保水产资源稳定和持续的增长，在利用海洋资源的同时重点保护海洋生态系统，实现可持续生态渔业。

## 三、不同区域的湿地滩涂农业之地境

我国湿地农业历史悠久、形态多样，稻作农业就是传统湿地农业的形态之一。针对我国南方多雨的特点，在有效排水和利用中创造了一系列成功的农业利用方式，如长江中游两湖平原的"湖垸"、长江下游地区的"圩田"、珠江三角洲的"桑基鱼塘"，等等。我国在湿地滩涂农业发展方面有长期的积累，在不同地境之下，因时、因地而创新发展了不同的湿地滩涂农业模式。

### （一）东北湿地农业区

东北湿地农业区主要指黑龙江、吉林和辽宁三省，在我国历史文化分区中称为关东文化副区，少数民族文化占主导地位，在明朝以前的主要经济类型是渔猎。东北湿地农业区的湿地以沼泽湿地为主，也是我国重要的森林分布区。在历史早期，主要是河流湿地影响人类的聚居与分布；到了现代，主要以沼泽地开垦和大规模的农业发展为主，湿地资源处于被挤压的状态。

在东北湿地分布区，收割芦苇是生物资源利用的一个重要方面。芦苇是重要的纤维植物，既可用于造纸，又可用作棉花的代用品和编织材料，同时也是重要的饲料植物。收割芦苇后，将芦苇破开编织草席，在过去是东北地区农村的重要副业之一。据不完全统计，仅三江平原地区纤维植物储量就达884万吨。除芦苇之外，其他纤维植物如小叶章、苔草等也可以作为饲料用于发展畜牧业。

### （二）黄河流域湿地农业区

**1. 黄河发源地区的高原湿地农业区**　该区域以青藏高原区草原畜牧业形态为主。青藏高原湿地类型多样，但是与人类历史发展最相关、能产生互动影响的主要有湖泊、沼泽和沼泽化草甸。沼泽和沼泽化草甸为区域畜牧业的发展提供了生产生活的基础，并形成了以游牧为特色的生态畜牧业生产方式。

**2. 黄河中上游西北干旱湿地农业区**　包括新疆、甘肃、宁夏和内蒙古四省、自治区的全部或部分区域。历史上该区域有许多古老文化，如随着地球气候变化和湿地消失而衰退的楼兰文明。农田湿地主要包括水库、沼泽、草甸和湖泊，这一区域主要发展以节水灌溉为主的绿洲农业模式。

**3. 黄河中下游湿地农业区**　黄河中下游流域湿地主要包括若尔盖草原区湿地、宁夏平原区湿地、内蒙古河套平原区湿地、毛乌素沙地区湿地、三门峡库区湿地、下游河道湿地、河口三角洲湿地等区域。其中若尔盖湿地是国家级高原湿地生物多样性保护区。

### （三）长江中下游湿地农业区

长江中下游地区河网密布，数不清的湖泊散布在长江及其支流两岸，与青藏高原湖群遥相呼应，是我国湖泊最为集中的两个地区之一。长江中下游湿地农业区包括巴蜀、荆湘、鄱阳、吴越等不同区域，以稻作与综合、立体的湿地农业生产系统为主。是人工湿地中稻田面积最集中的地区，也是我国重要的水产基地，是一个巨大的自然–人工复合农业湿地生态系统。

### （四）东南湿地及滨海滩涂农业区

我国东南沿海地区包括浙江、福建、广东、广西、海南、台湾以及香港、澳门特别行政区。自古以来，中国人出国基本从南海出洋，所以在文化上显示出外向、开放、冒险与包容的特征，同时也形成了以滩涂为田的滩涂农业，如滩涂养殖、珍珠采养等，是滨海湿地农业的重要表现之一。滨海湿地区农田湿地主要包括盐田、浅海水产养殖区、河口三角洲和滩涂。东南华南湿地区主要为河流、水库等类型湿地，农业湿地主要包括水稻田和水产养殖区。

## 四、湿地滩涂农业之度法

中国的湿地面积为 $53.603 \times 10^6$ 公顷，湿地保护率为 52.19%。在保护湿地的前提下开展合理利用，方能保障湿地的可持续发展。如何平衡保护与利用之间的关系，便是湿地农业之"度"。中国南方的桑基鱼塘便是全球历史最长、最具代表性的兼顾利用与保护的湿地农业模式之一。

桑基鱼塘始于公元前770年—前403年的春秋战国时期，距今有2500多

年历史。其原理是为充分利用土地而创造的一种挖深鱼塘、垫高基田，塘基植桑、塘内养鱼的高效人工生态系统。桑基鱼塘始于栽桑、通过养蚕而结束于养鱼的生产循环，构成了桑、蚕、鱼三者之间密切的关系，池埂种桑，桑叶养蚕，蚕茧缫丝，蚕沙、蚕蛹、缫丝废水养鱼，鱼粪等泥肥为桑树提供肥料，形成了一个比较完整的物质、能量流动系统。"桑茂、蚕壮、鱼肥大、塘肥、基好、蚕茧多"的谚语，充分说明了桑基鱼塘循环生产过程中各环节之间的联系。系统中任何一个生产环节的好坏，也必将影响到其他生产环节。在这个系统里，蚕丝为中间产品，不再进入物质循环；鲜鱼才是终极产品，供人们食用。这是传统的桑基鱼塘模式。目前，在这个系统中又增加了一个环节，即蚕沙作为原料发酵生产沼气，沼气作为中间产品输出，沼气渣作为鱼饲料排入鱼塘。桑基鱼塘的发展，既促进了种桑、养蚕及养鱼事业的发展，又带动了缫丝加工、沼气制造等产业的发展，已然发展成一种完整的、科学化的人工生态系统。中国古人以"无为而无不为""辅万物之自然"的理念，创造出了可持续渔业生产模式——桑基鱼塘，历经千百年不衰并愈来愈凸显其高妙。与单一渔业养殖模式相比，桑基鱼塘将水、陆生态系统衔接成一体，使水陆间物质循环、养分利用愈加充分，能量流通更快捷，产出更丰富，综合效益更为突出。目前，这一模式又衍生出了多种湿地滩涂农业模式：

**1. 渔-牧结合型**　将渔业与养鸡、鸭、猪等畜牧业结合，充分利用水陆资源，促进生态效益和经济效益"双提升"。渔牧结合型是改变肥水养殖鱼类的传统方式，将鸡、鸭、猪等牲畜的粪便加工成配合饲料，用以喂养鲤鱼和罗非鱼。这种养殖生产模式，既丰富了养殖鱼类的饲料类型，又降低了养殖成本。

**2. 渔-农结合型**　将养鱼与种粮、种菜、种花等结合，用鱼塘中的泥肥田，在田中种植经济作物或饲料，以增加种植收入，降低鱼类养殖生产成本。

**3. 渔-牧-农复合型**　渔-牧-农复合型是一种多元化的生态渔业养殖生产模式。以养鱼为主，利用塘泥、粪肥肥田种植粮、菜、果、青饲料，饲料用以喂养家禽、猪、鱼，既生产原料又生产加工品，形成种养加工为一体、循环生产、综合经营的新的生产模式。

通过"度"的影响，发展可持续的湿地滩涂农业，既有利于增加农民收入，调整农村产业结构，也有利于改善种养生态环境，实现生态系统内部的良性循环和发展，生产优质、高产、安全的农业产品，达到人与自然和谐相处，促进生态、经济、社会效益协调统一。

## 五、湿地滩涂农业形态之发展

### （一）产品型湿地农业

湿地农业的经济模式可以分为单一种养、复合种养和循环经济模式。苇塘、荷塘和虾塘属于单一种养模式；鱼菜共生、稻-蟹、稻-鸭、苇-鱼-蟹模式属于复合种养模式；桑基鱼塘、苇-鱼-蟹-菌模式属于循环经济模式。循环经济模式的湿地农业具有较为完整的产业链，可以实现资源的循环利用。在面源污染加剧、流域土地利用结构破坏、洪涝和干旱等极端灾害性天气频发的当代，具有净化污染、储蓄水分、生物生产等多功能效益的湿地农业是可选择的理想途径之一。

**1. 桑基鱼塘湿地农业** 桑基鱼塘是种桑养蚕、池塘养鱼相结合的一种湿地农业模式。在池埂或池塘附近种植桑树，以桑叶养蚕，以蚕沙、蚕蛹等作鱼饵料，以塘泥作为桑树肥料，形成池埂种桑、桑叶养蚕、蚕蛹喂鱼、塘泥肥桑的生产结构或生产链条，二者互相利用、互相促进，达到鱼蚕兼取的效果。在桑基鱼塘模式中，在鱼塘中养鱼，塘泥可以用于为桑树追肥；用桑叶养蚕，蚕的排泄物可以用于喂鱼，形成生态循环，最后收获蚕蛹、蚕丝和鲜鱼产品。

**2. 垛基果林湿地农业** 在珠江三角洲地区，几百年前，劳动人民在这片河滩水系发达的三角洲低平的河滩区域，挖沟排水，堆泥成垛，在垛基上种植荔枝、龙眼、黄皮、阳桃等热带果树，垛上形成果林，故名"垛基果林"（图1）。岭南垛基果林是在降水充沛、河网水系发达的珠江三角洲地势低平地区，融合原住民合理排水、灌水、利水、用水、调水的水智慧及岭南林-果-农-渔复合经营的生态智慧，产生的应对三角洲低平区域洪涝灾害和充分利用水土资源的传统岭南农业文化遗产。

图1 广东省海珠区垛基果林模式

**3. 苇-鱼-蟹-菌模式** 在松嫩平原西部盐碱湿地上，通过苇-鱼-蟹-菌模式，在苇塘中养鱼和蟹，鱼和蟹的排泄物可以为芦苇生长补充养分；收割芦苇后，可以用于种植食用菌；采收食用菌后，可以用培养食用菌的菌糠制成

肥料和饵料，重新投入苇塘，最后收获鱼、蟹和食用菌等产品。

在综合恢复和利用技术条件下，苇－鱼－蟹－菌模式对湿地水质净化的作用和维持生物多样性的功能得到恢复和加强。退化的芦苇沼泽经过生态恢复后，芦苇的光合速率提高了5倍，光合固碳能力增强，固碳量可达到每平方米1 690克，芦苇的年产量由恢复前的0～350吨增加至恢复后的7 000吨。与盐碱地相比，恢复后的芦苇沼泽的白天平均气温降低1.7～3.7℃，夜间平均气温上升1.7℃，日平均相对湿度增加4%～15%。芦苇沼泽对上游来水中的总氮和总磷去除率达70%以上。恢复后的芦苇盐碱沼泽，物种多样性水平明显提高。

实践证明，利用湖泊发展渔业和建立苇－鱼复合生态模式等，形成以稻田、苇塘、鱼塘、小型水库为主体的农、林、牧、渔综合发展的、环境友好的、可持续发展的湿地农业复合生态系统，是解决湿地保护与农业发展需求矛盾的有效方式。

### （二）保护型湿地农业

**1. 文化观光型湿地农业**　文化观光型湿地农业兼具湿地保护、恢复、合理利用和农业文化展示、生态旅游等多种用途，被称为典型的湿地休闲农业模式。如杭州的西溪国家湿地公园，总面积约为11.5千米$^2$，分为东部湿地生态保护培育区、中部湿地生态旅游休闲区和西部湿地生态景观封育区，并按照《杭州西溪国家湿地公园保护管理条例》进行保护管理。2009年7月7日，西溪湿地载入国际重要湿地名录。江苏、贵州、重庆等地发展以荷花等水生观赏植物与蔬菜为载体的观赏型湿地农业，也成为观赏型湿地的新模式。

**2. 资源保护型湿地农业**　如以湿地动植物品种资源保护、保育基地为基础，开展湿地农业科学研究、科普教育为主的湿地农业类型。

**3. 环保型湿地农业**　是作为农业的配套辅助系统，以处理农村生活污水和流域面源污染的人工湿地和流域多塘湿地。

## 六、结束语

湿地滩涂是重要的国土资源，具有其他生态系统不可替代的生态功能，发展湿地滩涂农业首先应把保护放在第一位，探索建立可持续发展的多样化新型湿地滩涂生态农业模式，以改变目前不合理的农业结构，实现湿地滩涂资源合理开发利用与有效保护。严禁开发具有重要生态环境功能和丰富生物多样性的湿地滩涂，已经开发的要坚决做到退耕还湿，以有效保护生物多样性。发展湿地农业应本着因地制宜原则，在因时、因地、因度、因法的原则下，基于本地气候、水文、地貌等条件，建立适合本区域的湿地农业可持续发展模式，做到湿地资源有效保护的前提下实现社会效益、经济效益和生态效益综合发展，确保湿地资源为当今世人创造价值的同时又能维系子孙后代的利益。

# 参考文献

柴帆，2018. 科学推进海洋牧场建设 促进近海渔业转型升级 [J]. 中国农村科技 (4): 47-51.

丛子明，李挺，1993. 中国渔业史 [M]. 北京：中国科学技术出版社.

李茂林，金显仕，唐启升，2012. 试论中国古代渔业的可持续管理和可持续生产 [J]. 农业考古 (1): 213-220.

李晓宇，刘兴土，李秀军，等，2021. 松嫩平原西部盐碱湿地农业的范例：苇 - 鱼 - 蟹 - 菌模式 [J]. 湿地科学，19(1): 106-109.

刘红梅，赵建宁，李刚，等，2010. 我国湿地农业可持续发展存在的问题及对策 [J]. 现代农业科技 (13): 342-343.

齐建文，但维宇，但新球，等，2014. 中国湿地文化分区研究 [J]. 中南林业调查规划，33(2): 60-64.

干亚民，郭冬青，2011. 我国海洋牧场的设计与建设 [J]. 中国水产 (4): 25-27.

吴怀民，金勤生，殷益明，等，2018. 浙江湖州桑基鱼塘系统的成因与特征 [J]. 蚕业学报，44(6): 947-951.

杨富亿，李秀军，王志春，等，2004. 东北苏打盐碱地生态渔业模式研究 [J]. 中国生态农业学报 (4): 183-186.

张耀光，韩增林，刘锴，等，2009. 海岛海域生物资源利用与海洋农牧化生产布局新发展的研究——以长山群岛为例 [J]. 自然资源学报，24(6): 945-955.

# 农业生物伦理观的特征与意义

董世魁　赫凤彩　郝星海　史　航

（北京林业大学草业与草原学院）

中国劳动人民在长期的农业生产实践过程中，与家畜、作物、林木等农业生物产生了密切而复杂的关系，形成了对农业生物的道德表达与判读，即农业生物伦理观[1]。中国的农业生物伦理观蕴含丰富的生态智慧与朴素的道德观念，"五谷丰登、六畜兴旺"是自古以来中国劳动人民期盼农业丰产的高度总结，更是以小农经济为主的中国人向往幸福生活的真实写照。

但是在农业工业化的进程中，如何有效促进生产、繁荣经济和提高社会文明程度的同时，更加合理、科学地对待自然和保护生物，从而更好地协调人与自然、人与生物之间的关系，是当前农业伦理学必须研究和探讨的话题。藉此，梳理中国农业生物观的特征并揭示其现实意义，对缓解农业工业化带来的日益凸显的环境问题，促进农业可持续发展具有重要作用。

## 一、种植作物的伦理观

中国的主要作物泛指为"五谷"，即稻、黍、稷、麦、豆。由于南北地域的差异，北方常种小麦、大豆、高粱和小米；而南方以水稻、麻、桑等为主[2]。中国的传统作物种植一直注重农业伦理，遵循"夫稼，生之者地也，养之者天也，为之者人也"的思想，将"人法地，地法天，天法道，道法自然"的中国生态伦理思想融会于作物种植业，以保证"天、地、人"的和谐关系。

小麦是中国北方地区种植的主要作物之一，从古至今一直受到人们的重视。在小麦播种、田间管理、收获的全过程中，充分体现了"重时宜、明地利"的农业伦理观。如《农政全书》强调小麦种植的时宜性和地宜性：凡麦田，常以五月耕，六月再耕，七月勿耕，谨摩平以待种时。五月耕，一当三。六月耕，一当再。若七月耕，五不当一。得时之和，适地之宜，田虽薄恶，收可亩十石[3]。《四民月令》强调了小麦田间管理要"顺天时"的伦理思想：凡种大、小麦，得白露节，可种薄田；秋分，种中田；后十日，种美田。惟蘵古猛反，大麦类。麦，早晚无常。正月，可种春麦，尽二月止[4]。《氾胜之书》也强调了小麦收获的时宜性伦理观：五六月麦熟，带青收一半，合熟收一半，若候齐熟，恐被暴风急雨所摧，必至抛费，每日至晚即便载麦上场堆积，用苫密覆以防雨作，如搬载不及即于地内苫积[5]。

大豆也是中国北方地区广泛种植的作物之一，历代先民在大豆种植中形成了明确的伦理观。《齐民要术》强调大豆早种晚收的时宜性伦理：二月中旬为上时（一亩用子八升），三月上旬为中时（用子一斗），四月上旬为下时（用子一斗二升）；此不零落，刈早损实；叶不尽，则难治[6]。这种认识充分体现了"不违农时"的伦理思想，强调不合时宜的种植或收获活动会显著降低大豆的出苗率和产籽量。《齐民要术》还强调了种大豆不求地熟的地宜性伦理观，即"秋锋之地，即稀种。地过熟者，苗茂而实少"。另外，《杂阴阳书》强调了大豆生长的物候节律，豆'生'于申，'壮'于子，'长'于壬，'老'于丑，'死'于寅。这些文献古籍从大豆播种时间的选择、播种方法到田间管理和收获作业等多个方面[7]，强调了"顺天时、明地利"的农业伦理观。

水稻是最早在我国南方种植的作物，在生产实践中先民们总结了种植水稻的先进经验和伦理思想。《齐民要术》强调了水稻种植的地宜性，即选地欲近上流，地既熟，净淘种子，浮者不去，秋则生白；同时《齐民要术》强调了水稻种植和收获的时宜性，即三月种者为上时，四月上旬为中时，中旬为下时；霜降获之，早刈米青而不坚；晚刈，零落而损收[6]。可见，农业伦理思想体现在水稻种植、田间管理、收获和储藏的全过程。这些先进的农业伦理思想的传承和发展，保证了水稻种植历史在我国延续千年、经久不衰，还将水稻种植相关的优良中华传统传播至海外、造福全人类（图1）。

图1　南方水稻种植图

中国古代十分重视麻的种植和生产，将其列为"五谷"进行培育管理。在麻的栽培、抚育和收获等管理方面，中国先民形成了先进的伦理思想。《齐民要术》记载了物种搭配混播的"尽地力"的伦理观：与谷楮混播，秋冬仍留麻勿刈，为楮作暖，即起防寒作用。同时，强调了麻种植管理的"时宜性"伦理：纤维麻宜早播，籽实麻不宜播[6]。《农政全书》记载了麻抚育管理的"时宜性"伦理："今年压条，来年成苎[3]"。《农桑辑要》记载了麻田间管理的伦理观："收苎作种，须头苎方佳[8]"，头苎养分完全集中在母株上，可使

麻的籽实生长更好。这些农业伦理观传承至今，持续指导麻的高效生产。

　　中国的作物种植以"道法自然"为基础，做到顺天之时、因地制宜、循物之性，积极发挥人的作用，集万物之时利，即遵循中国农业伦理学的"重时宜、明地利、行有度、法自然"的多维结构和基本原则，促进天、地、人的和谐统一。

## 二、养殖动物的伦理观

　　"六畜"（即马、牛、羊、鸡、犬、猪）是中国养殖业的主体。在《三字经·训诂》中，对"此六畜、人所饲"有精辟的评述：牛能耕田，马能负重致远，羊能供备祭器，鸡能司晨报晓，犬能守夜防患，猪能宴飨速宾。中国的动物养殖自古就有伦理思想，据齐文涛总结，中国古代动物养殖活动的伦理观主要包括四个方面：第一有爱重之心，尊重畜养对象的生理天性，并对其用心照顾、呵护关爱；第二重视放牧散养，在条件允许的情况下放养禽畜，让其采食新鲜食物；第三营造循环系统，建立养殖与种植互利循环的农业系统，畜禽饲养过程中可获得天然饲料，养殖过程不产生垃圾与污染物；第四取系统盈余，收获动物产品时不影响畜禽的个体生存或种群繁衍，使系统持续提供服务[9]。这四大伦理观促成了传统养殖业高福利、低污染、可持续的特质[9]，对现代养殖业的可持续发展具有十分重要的指导意义。

　　在六畜中，牛的养殖管理中爱重之心、重视放养散养、营造循环系统、取系统盈余的四大伦理观体现得最为明显。王祯《农书》记述："视牛之饥渴，犹己之饥渴。视牛之困苦羸瘠，犹己之困苦羸瘠。视牛之疫疠，若己之有疾也。视牛之孕育，若己之有子也"[10]。这充分体现了从饮食、困苦、疾病、孕育等多个方面，古人对牛的伦理关怀和爱重。在牛的饲养和役用管理中，特别注重时宜性，根据季节和气候的变化选择调制好饲料，初春新草未生之时，要"取洁净藁草细剉之，和以麦麸、谷糠或豆，使之微湿，槽盛而饱饲之，豆仍破之可也"。在隆冬牧草枯萎时节，则要"处之燠暖之地，煮糜粥以啖之即壮盛矣……天寒即以米泔和剉草、糠麸以饲之"[11]。夏季天气炎热，要在使役前喂饱耕牛，乘太阳还未出时使役，能力倍于常；当中午天气炎热时把牛放到阴凉的树林里，下午天气转凉时再使役[11]。此外，还要讲究牛舍卫生，牛舍需要每日打扫，厩外积肥，保持厩中清洁，"夜夜以苍术、皂角焚之"，以防疫疾。常对耕牛心怀感恩，当其"羸老，则轻其役而养之"，形成"度饥渴、体劳逸、安暖凉、慎调适"的爱重之心，构建人牛同甘共苦、和谐共处的伦理观。从古至今，人们非常珍视牛的放养散养管理。在耕种时节，放牧要为耕作让路，但在耕作空隙仍强调放牧"至明耕毕，则放去"，"夏耕甚急，天气炎热，人牛两困，已收放外"。种养结合、粪肥还田的自然循环模式，在牛的养殖管理中是十分重要的。种植绿豆、蚕豆等豆科作物为牛补充营养，用牛的粪便制作堆肥还田，促进种植业和养殖业的高效发展，这些做法对我国当前的"粮改饲"政策有诸多启示。

马作为骑乘和役使兼用家畜，其养殖管理中四大伦理观体现得也十分突出（图2）。《齐民要术》概括了养马的基本规则："饮食之节，食有三刍，饮有三时[6]"，强调因时因地给予饮水和草料。同时，古人还有"盛夏午间必牵于水浸之，恐其伤于暑也；季冬稍遮蔽之，恐其伤于寒也"的关爱之举，强调夏"毋群居"，冬"须曝日"的养殖伦理，形成"慎饥渴、顺寒温、惕好恶、量劳逸、老不弃"的爱重之心伦理观[9]。此外，在马的养殖管理中，古人十分重视放养散养，"十日一放，令其陆梁舒展，令马硬实也"，"春末，宜放山野，令舒精神"是马放养散养的伦理经验。与作为役用的马相比，骑乘为主的马常在长途骑行的过程中进行牧养，专门放牧的机会较少，但也特别重视其放牧，强调"饮后宜骋骑，使精神爽快"。尽管当前马的役用功能已弱化，但这些伦理观的传承价值不容忽视。种草养畜、粪肥还田是马饲养业中循环利用的主要体现。清代祁隽藻的《马首农言》一书中有马圈粪可以肥田的记录。这种养殖与种植的有机结合，提高了物质的高效利用，符合可持续发展的要求。对于马的骑乘和使役利用，常会强调"不穷其马力"，防止"五劳"，即心、肝、脾、肺、肾五脏的劳损，充分体现了仅取盈余的伦理思想。这些伦理思想也是中华民族"厚德载物、仁民爱物、民胞物与、厚生养德"优良品格的映射。

图2　内蒙古敕勒川草原牧马图

羊作为肉用和奶用家畜，其科学养殖管理也遵循四大伦理观。在长期的养羊实践中，先民形成了"度饥饱、知冷暖、思好恶、量体力"的爱重之心伦理观。牧羊一定要让羊群缓缓前行，这样才会使羊肥壮[12]。圈养管理时，羊圈选址要顾及羊"怯弱"的特点而与人居相连，人居要开窗对着羊圈，便于观察、保护生性怯弱的羊群；羊圈构造要尊重羊"喜燥恶湿"的天性，形成"作棚宜高，常除粪秽"的养殖习惯，使羊生活得舒适。除考虑时宜性、地宜性外，还要根据

羊的品种或体质进行分类管理。例如，白山羊产后要留在圈里2~3天，然后母子一起放出去；而黑山羊产后，母羊留在圈里1天就可以放出；冷天要将羊羔放到坑里，等母羊回来再抱出来喂奶，15天后羊羔能够吃草时就一起放牧。放养散养是羊饲养管理中十分重要的伦理思想，先民在羊的放牧实践中形成了"应起居以时，调其宜适"的伦理观[12]，总结出相应的管理经验：春夏早起得阴凉，日中不避热则秋冬季就会生疥癣；秋冬晚起避霜露寒气，不避则羊容易生口疮、得腹胀病。在羊的养殖管理中，"仅取盈余"的伦理思想从选种、育羔和饲养等多个方面保证了其健康生长。《齐民要术》中记载有选羊（留种）的准则："常留腊月、正月生羔为种者上品"，"非此月数生者，毛必焦卷，骨骼细小"，"其三、四月生者，草虽茂美，而羔小未食，常饮热乳，所以亦恶"，"其十一月及二月生者，母既含重，肤躯充满"。冬羔的母乳好，母羊在秋季草肥时怀孕，牧草资源丰富，膘肥体壮，乳房膨大，小羊羔出生后虽没有青草，但母羊有膘、母乳充足，待小羊断奶时，青草已长出，羊羔可吃上新鲜青草，可以留种。这充分体现了家畜对饲草的营养需求与植物物候协调统一的自然法则，也充分体现了家畜饲养过程中"仅取盈余"的伦理观念。目前，我国西北地区仍传承这一伦理思想。

猪是我国饲养量最大的家畜之一。在漫长的养猪历史进程中，先民总结出一系列成功经验和伦理思想。尽管《齐民要术》记载的"圈不厌小、处不厌秽、泥污得避暑"的养殖模式具有严重的小农意识，并未对猪的饲养给予充分的伦理关怀。但在养猪实践的诸多方面，充分体现了爱重之心的伦理意识。例如，猪圈搭建的时候要能够让猪避雨雪；饲喂猪要放牧兼喂糟糠，春夏混饲；八、九、十月只放牧不喂糟糠，把糟糠存起来留到寒冬和初春用；初产母猪应特别照顾，要"煮谷饲之"。尽管中国养猪方式以圈养为主，但也十分珍视放养的作用，古文献记载中常可以看到牧养猪的实践活动，如"（公孙弘）牧豕海上""（吴祐）常牧豕于长垣泽中""（孙期）牧豕于大泽中""（梁鸿）牧豕于上林苑中"。另外，根据季节变化实时调节舍饲和放牧的结合方式，常有"春夏草生，随时放牧，八、九、十月放而不饲""豕入此（八）月即放，不要喂，直至十月"的饲养规律。循环利用的伦理观在猪的养殖管理中有十分重要的作用，用农作物副产品如麦麸、谷糠、豆秸、楮叶等饲喂猪，猪粪沤肥还田、提高地力是中国特色的种养结合的最佳例证。在猪的饲养和留种实践中，冬天出生的小猪，由于体温调节机能不完善，故需要用笼束缚住蒸一下，增加体温，防止冻伤猪脑。这与现代大型养猪场用灯供暖有异曲同工之处，充分体现了先民的智慧。时至今日，有爱重之心、重视放养散养、营造循环系统、取系统盈余等伦理思想仍对我国养猪业具有重要指导意义。

以鸡为主的家禽养殖管理中，先民也形成了明确的伦理观。从建寨到卫生管理，充分体现了爱重之心的伦理意识。选址建寨谨防天敌骚扰致其惊恐，充分遂顺鸭"不喜陆居"的天性而择近水处饲养；寨窝要"数扫去屎"，保证环境卫生。对于家禽的饲养，古人也有放养散养的伦理思想，如"据地为笼，笼内着栈""屋下悬簧""于厂屋之下作寨"等记载，虽有笼、栈、寨，但家禽的实际活动范围较广，不仅有"别筑墙匡，开小门；作小厂，令鸡避雨日"，而且"设一大园，四围筑垣。东西南北，各置四大鸡栖，以为休息"。中国自古至今的家禽养殖管理实践中，充分体现了循环利用的伦理思想。用稗等饲鸡、鸡粪肥田的种养结合模式，在中国古代农业种植中发挥了举足轻重作用。在家禽饲养和留种实践中也强调"仅取盈余"。据《齐民要术》记载："鸡种取桑落时生者良"，这种鸡"守寨、少声、善育雏子……，雌雄皆斩去六翮，无令得飞出。常多收秕、稗、胡豆之类以养之"。这种饲养方法，不仅利用了农业生产过程中的剩余残料（"取盈余"），而且减少了人力的投入。

除广泛养殖的牛、马、羊、猪、鸡（禽）等家畜外，水产养殖中也充分体现中国人的爱重之心、仅取盈余及营造循环系统的农业生物伦理观。例如，养鱼要注意"安定鱼心"、混群养殖时要注意物种相容性"内鳖，则鱼不复去，在池中，周绕九洲无穷，自谓江湖也"充分体现了关爱水产动物的伦理思想。再如，"作羊圈于塘岸上，安羊。每早扫其粪于塘中，以饲草鱼""草鱼之粪，又可以饲鲢鱼"的循环养殖理念以及浙江湖州桑基鱼塘系统等重要农业文化遗产（图3）[13]，都充分体现了营造循环系统的伦理观。又如，"三池"养鱼法主张将鱼池分作大、中、小三类，小池中的鱼长大移至中池，中池中的鱼长大移至大池，而"每食鱼，只于大池内取之[14]""数罟不入洿池，

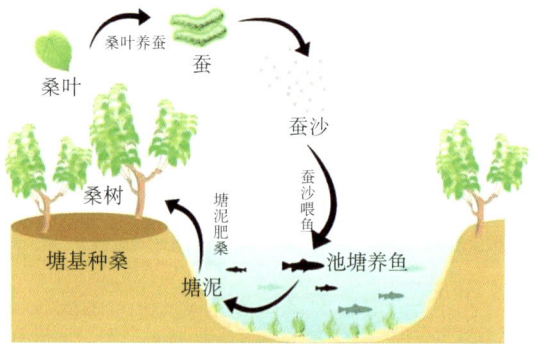

图3　桑基鱼塘模式图

鱼鳖不可胜食"，这些思想观念充分体现了仅取盈余的伦理思想。

中国人在长期的动物养殖历史过程中形成的爱重之心、重视放养散养、营造循环系统、取系统盈余的四大伦理观，不仅透射了中国农业伦理学"时、地、度、法"四大特征，即在农业养殖中一定要遵循"重时宜、明地利、行有度、法自然"的基本原则。而且与英国农场动物福利委员会（Farm Animal

Welfare Council）于1979年提出的"五个自由"的动物福利标准不谋而合，即动物享有不受饥渴的自由，生活舒适的自由，不受痛苦、伤害和疾病的自由，生活无恐惧和无悲伤的自由，以及表达天性的自由。这些伦理观从生理和心理两个层面，充分保证了养殖动物的福利，使其健康、舒适、安全、快乐地生活，实现人与养殖动物的和谐共生。

## 三、培育林木的伦理观

在林业生产实践中，中国先民形成了经营与发展"取之有度"的伦理观，做到"斧斤以时入山林，材木不可胜用"。从古至今，中国人遵循可持续、循环的伦理思想，发展多种林业种植模式，提高土地利用率（图4）。

种植果树可以获得可观的经济收益，自古以来也得到了人们的青睐，形成了各果树种植的先进经验和伦理思想。

图4 林下种养模式示意图

《齐民要术》总结了种枣的"时宜性"伦理"正月一日日出时，反斧斑驳椎之，名曰'嫁枣'（不椎则花而不实，斫则子萎而落也）"[6]。意指正月初一太阳出来时，用斧背在枣树上到处捶打，这样枣树才可以开花结果。这也适用于其他树种，传承至今。古人总结了梨树种植的伦理经验"杜如臂以上，皆任插；先种杜仲，经年后插之"，意指胳膊粗的杜梨树才可以作砧木用于嫁接，故要先种杜树，一年后再嫁接。古人对李树的嫁接积累了一定的伦理经验"正月一日，或十五日，以砖石著李树枝中，令实繁"。意指将砖块石头放在李树树枝中，或用拨火棍放在树枝间使李树多结果子，利用开张角度，促进营养生长向生殖生长转化。中国先民总结的伦理学观念为现代果树等经济林的可持续发展奠定了基础。

除培育经济林的伦理学思想外，先民们还形成了保护林木资源的诸多伦理思想，如"孟春之月，禁止伐木""孟夏之月，无伐大树""季夏之月，树木方盛。季秋之月，草木黄落，乃伐薪为炭"。意指人们要尊重树木生长规律，使之生长达到最理想状态后再利用。中国自古就有靠山吃山、靠水吃水

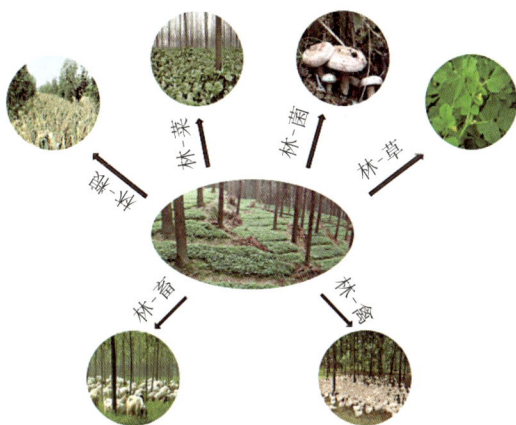

的思想。在长期的生产实践中，人们注重砍伐林木时要"有砍有植"，做到取之有度。通过严防山火来确保林木的安全，以最终实现林业生态的平衡。林木资源丰富的地方每年都要进行封山，常在进山路口悬挂表示封山的"草标"，禁止上山砍树[15]。解封砍伐树木时，要有意识地保留长得粗壮的植株留种；同时禁止连片砍伐，以避免出现水土流失。这种统筹伐木，有侧重、有选择的思想一直沿用至今。为更好地保护林木资源，人们遵循"五不烧"的原则，即"不开火路不烧，人力不足不烧，未经批准不烧，中午夜间不烧，风大不烧"。若有违背者，除进行一年的种树还山处罚外，还要根据损失量进行赔偿[16]。在制定防护政策的同时，进行多渠道防火，通过法律法规和伦理道德的双重约束，保证林木资源的可持续利用。这些伦理学经验和思想是我国现代林业可持续经营的基础所在。

## 四、我国农业整体的生物伦理观

在长期的农业生产实践中，中国历代先民充分利用生态系统能量流动、物质循环的原理，创造出了复种轮作、种养结合、农牧互补的诸多生态农业模式。这是各地劳动人民长期生产实践经验的结晶，也是中国农业生产系统最具特色的整体生物伦理观，对实现中国特色现代农业的可持续发展有积极的借鉴作用，有必要对这些凝聚历代先民智慧与汗水的生产经营模式进行保护、研究和推广[17]。近年来，我国学者总结了具有代表性、示范性和可推广性的一大批生态农业模式，如浙江青田稻鱼共生系统、浙江湖州桑基鱼塘系统、贵州从江侗乡稻鱼鸭系统、甘肃迭部扎尕那农林牧复合系统等，成功获批了"全球重要农业文化遗产(Globally Important Agricultural Heritage Systems, GIAHS)"，为保护和传承我国优秀的农业生产模式、农业文化和农业伦理起到了积极的推动作用[15]。这些生态农业模式通过农业生物间的共生或互补效应，充分体现了中国农业伦理学"时、地、度、法"的多维结构和基本原则。

种植业的整体生物伦理观的主要表现形式是复种轮作。它是指在同一块田地上按不同时间依次轮种（一年多熟）多种作物，实现土地、光、热、水、肥等资源的错时利用，可分为间作、套作、混作等多种形式。复种轮作是对中国汉代《异物志》中"一岁再种"的双季稻和《周礼》"禾下麦"（即粟收获后种麦）及"麦下种禾豆"耕作方式的更新和改进，也是对北魏《齐民要术》中"豆类谷类轮作"的养地和用地相结合的农学思想的提升和强化。目前，中国复种轮作的主要类型有：华北地区旱地小麦—玉米两熟或春玉米—小麦—粟两年三熟模式；江淮地区麦—稻或麦、棉套作两熟模式；长江以南

和台湾水田麦（或油菜）—稻和早稻—晚稻两熟模式、麦（或油菜、绿肥）—稻—稻三熟模式；旱地的大（小）麦（或蚕豆、豌豆）—玉米（大豆、甘薯）两熟，部分麦、玉米、甘薯套作三熟模式。这些模式的推广使我国耕地的复种指数提高150%以上，为保障我国粮食安全做出了重要贡献[18]。

养殖业的整体生物伦理观是家畜的搭配组合和水草资源的季节调配。"逐水草而居"的生产、生活方式是游牧民族在生产实践中形成的生态智慧和农业伦理，在草地资源利用、家畜品种搭配、农牧生产耦合的空间格局优化方面起到了十分重要的作用。被列为全球重要农业文化遗产之一的"内蒙古伊金霍洛旗农牧生产系统"中，牧民根据牲畜的食草特性以"绵羊/马—牛—山羊"的次序进行分群放牧，以实现草场资源的错时利用和有效保护。青藏高原高寒地区传统的牧业生产体系中，牦牛和藏羊混群放牧，藏羊采食高草，牦牛啃食低草，可以实现草地资源的同期充分利用；夏季（5~9月）在高山上放牧，喜凉怕热的牦牛和藏羊等家畜适宜这种气候，能充分利用牧草资源；秋季（9月下旬至10月中旬）牧草结籽并成熟，在中山地段育肥牦牛和藏羊（俗称"抓膘"）；冬春季（10月下旬至来年5月），在低海拔、避风向阳的草场放牧，保证牦牛和藏羊安全越冬。这种基于时宜性和地宜性的牧业生产、生活方式，充分体现了动物和动物之间、动物和植物之间整体的生物伦理观，具有很高的科学性和可操作性[19]。

种养结合、发展生态农业是提高农业生产效率、解决畜禽粪便污染问题的根本出路。中国先民早在商代就已经开始给农田施用粪肥，西汉《氾胜之书》记载"汤有旱灾，伊尹作为区田，教民粪种，负水浇稼；区田以粪气为美，非必良田也"。稻鱼共生系统、桑基鱼塘系统、稻鱼鸭共生系统等农业文化遗产是种养结合的绝佳模式，也是"共生、互补"中国农业整体生物伦理观的最佳例证。在林业生产实践中，中国先民们发展了林—粮（油）、林—菜、林—菌、林—草—畜等多种林下种养模式，多种资源整合，提高土地利用效率，促进经济发展。林—粮模式是指在林下种植小麦、大豆、花生、棉花、绿豆等低秆作物，这些作物要与林木保持一定的距离，避免损伤幼树根系、竞争土壤水分，实现林木和作物间的空间互补和营养互补，提高林地整体的生产和经济收益。林—菜模式根据蔬菜的生长季节差异、喜光性，选择适合林下种植的蔬菜品种，实现林木和蔬菜间的空间互补和时间互补，既可以熟化土壤，又可以增加经济效益。林—菌模式是在水源干净的空闲林地，利用树荫、散射光照、通风、温湿度等条件，种植食用菌，增加生物多样性，增加生态和经济收益。林—草—畜模式是在郁闭度80%以下的树林里种植苜蓿、黑麦草等优质牧草，同时在林下饲养牛、羊、兔等家畜，家畜粪便可以作为树木的肥料，林下种草供家畜食用，从而实现空间互补和营养互补，节约饲料成本，既能促进禽畜生长，也能保证林木良好生长，形成良性循环系统。这也充分体现了中国农业伦理观"重时宜、明地利、行有度、法自然"的核心思想。

## 五、我国农业生物安全的伦理学反思

尽管中国现代农业继承和发扬了部分优秀的传统农业伦理思想。但是，当前工业化的种植业发展面临着一系列问题：化肥、农药的过量使用造成土壤板结和农药残留，外来品种的广泛使用导致本土优良种质资源丧失，耕种土壤和灌溉水体被污染后造成"镉大米""毒小麦"等问题，不仅危害种植业的生物安全，更是殃及全社会的食物安全[17]。究其原因，工业化的种植业经营方式和发展模式，违反了农业生物伦理观的时宜性、地宜性、行有度、循自然的本质，亟需将中国农业伦理学的优秀思想与工业化时代的先进技术结合起来，以中国农业伦理学的"时、地、度、法"多维结构和特征为准则，推进种植业"良种良法配套，农机农艺结合，生产生态协调，农业科技创新与增产增效并重[18]"，实现作物生产"少打农药、少施化肥，节水抗旱，优质高产，保护环境"的绿色种植业发展模式。

当前工业化养殖业也存在诸多伦理问题：集约化养殖下的狭小养殖场使牛、羊、猪、鸡、鱼等家畜、家禽、水产动物失去自由活动的空间，配方化的饲草料限制了牛、羊、猪、鸡、鱼等家畜、家禽、水产动物的自由选食，不当的饲料添加剂导致速生鸡、健美猪、红心蛋、激素鱼等问题动物产品，不良的饲养环境催生"泔水猪""垃圾猪"和"臭水鱼"等不安全动物产品，不仅严重威胁我国养殖业的健康发展，而且严重危及我国的生物安全和食品安全。这些问题产生的深层原因就是农业生物伦理观的严重缺失，亟需用中国农业伦理学的优秀思想纠偏改错，在养殖业的工业化进程中，要重塑爱重之心、重视放牧散养、营造循环系统与取用系统盈余，给养殖动物良好的福利保障和伦理关怀，通过科学合理的管理以及人性化的处置，实现人与饲养动物的和谐共生和民安国富。

当前规模化林业发展也存在一些伦理问题：单一林木（果）种植导致生物多样性减少和水土流失，造林密度过高造成地下水的过度消耗，非宜林地造林导致"小老头树"或林木死亡，林下清除"杂草"导致径流增加，果树种植比重过大造成生态功能下降等。这些问题的产生与伦理观缺位有密切联系，亟待加强规模化林木培育过程中的农业伦理学思想引领，发展现代特色

效益农林业，因地制宜，宜农则农、宜林则林、宜果则果、宜草则草、宜沙则沙，统筹山水林田湖草沙生命共同体系统治理。

# 六、结束语

中国农业在悠久辉煌的发展历史中，形成了独具特色的农业伦理观。在近代农业工业化恶果凸显的困境中，需要充分认识中国农业伦理观对发展现代农业的指导和借鉴价值，要汲取中国农业伦理思想智慧的精髓，以有效促进中国农业的绿色、健康和可持续发展。作物种植的农业生物伦理观强调重时宜、明地利、用有度，动物养殖的农业生物伦理观强调关爱动物、重放牧散养、取盈余、有循环，培育林果的农业生物伦理观强调生态保护（尤其是生物多样性保护），农林牧耦合生产的农业生物伦理观强调共生和互补，这些对促进现代农业的可持续发展具有十分重要的指导和借鉴意义。在农业生产工业化的过程中，我们应加强中国农业生物伦理观的传承：第一，继承和发扬中国农业生物伦理观的思想精髓，充分发挥人的主观能动性，大力宣传并践行中国农业生物伦理观。第二，促进现代农业技术与中国农业生物伦理观的紧密结合，在生产优质、高产、安全的农产品的过程中，将农业生物伦理观作为基本原则。第三，注重种养结合、农林牧并举，以农业生物伦理观的视角全面审视农林牧生产，因地制宜、因时制宜，自觉将增殖五谷、繁育六畜、栽种桑麻、发展果蔬、植树造林与生态文明建设和谐统一起来。第四，充分借鉴中国农业生物伦理观的思想理念，在农业生产实践中，保护自然资源，注意生态平衡，充分借鉴传统生态农业经验，适度创新，推进生态文明建设和乡村振兴战略。

## 参考文献

[1] 任继周. 中国农业伦理学史料汇编[M]. 南京：江苏凤凰科学技术出版社，2015.

[2] 赵松乔. 中国农业(种植业)的历史发展和地理分布[J]. 地理研究，1991(1): 1-11.

[3] 徐光启著. 农政全书校注[M]. 北京：中华书局，1979.

[4] 崔寔著. 四民月令校注[M]. 北京：中华书局，2013.

[5] 万国鼎. 氾胜之书辑释[M]. 北京：中华书局，1957.

[6] 贾思勰著. 齐民要术译注[M]. 上海古籍出版社，2009.

[7] 董钻. 历代农书中的大豆[M]. 大豆科技，2014(1):1-5.

[8] 石声汉校注. 农桑辑要校注[M]. 北京：中华书局，2014.

[9] 齐文涛. 中国古代动物养殖活动的伦理倾向[J]. 自然辩证法研究，2015,31(10):80-84.

[10] 王祯著. 农书[J]. 湖南：湖南科学技术出版社, 2014.

[11] 王金梅, 杨远, 苗永旺. 傣族水牛养殖中的农业伦理[J]. 农业考古, 2020(4): 245-251.

[12] 王晨璐, 马刚.《齐民要术》中的动物养殖技术伦理探析[J]. 青岛农业大学学报(社会科学版), 2017, 29(3): 84-88.

[13] 杨伦, 王国萍, 闵庆文. 从理论到实践：我国重要农业文化遗产保护的主要模式与典型经验[J]. 自然与文化遗产研究. 2020, 5(6): 10-18.

[14] 安丰军. 瑶族林木生态伦理思想探析[J]. 广西民族大学学报(哲学社会科学版), 2011, 33(6): 107-111.

[15] 黄世恒. 林下种植—林阴下的生态种植模式[J]. 农村新技术, 2014, (2): 4-6.

[16] 王思明, 刘启振. 论传统农业伦理与中华农业文明的关系[J]. 中国农史，2016, (6):3-12.

[17] 董世魁, 任继周, 方锡良, 等. 种植业的农业伦理学之度[J]. 草业科学, 2018, 35(10): 2299-2305.

[18] 董世魁, 任继周, 方锡良, 等. 养殖业的农业伦理学之度[J]. 草业科学, 2018, 35(9): 2059-2067.

[19] 高男. 冷链物流体系中果蔬产品质量安全问题与对策[J]. 科学技术创新, 2015(4): 10-14.

# 农业生态生产力及其农业伦理学解读

任继周[1]　林慧龙[2]

（1.兰州大学，中国工程院院士　2.兰州大学草地农业科技学院）

生态农业，亦即持续农业的深化，已经成为举世公认的时代命题。

这个命题是用高昂的代价换来的。在漫长的历史过程中，由于人们的无知和贫困，对于自然资源、尤其是土地资源失度。像中国这样的古老农业国家，损失更为惨重。进入现代，我们又为一种豪迈但并不崇高的口号所误导，地球上响彻"征服大自然""向大自然索取"的呼声。现代科学成就使人们忘乎所以，予取予求，"视大自然为奴仆"。人与生物圈本来是一个完整的生态系统，但被生硬地割裂开来，将大自然置于自己的对立面，造成了有目共睹的极其严重的后果。全球的情况且不去说，中国的生态危机已到了触目惊心的程度。全国水土流失面积达150多万千米$^2$，为国土面积的16%；每年土壤流失50亿吨，占全球流失量的19.2%。流失的肥料元素，相当于全年使用化肥的总量。直到20世纪末，13.5%的国土被沙化，还在以每年1 500千米$^2$的速度发展。其荒漠化速度近百年来增加了3倍。1993年5月5日，发源于甘肃的特强沙暴，拔树倒屋、致伤人畜，铁路、公路一度为之阻断，引起世人震惊。第二年，1994年4月5—11日，又发生了连续5天的特大沙暴，横扫从新疆到内蒙古的广大地区。20世纪30年代出现于美国，60年代出现于苏联中亚地区的现象，如今又在中国重演。

进入20世纪60年代中期，环境与农业发展的猛烈撞击引起的严重后果，使注意环境保护的生态农业被普遍重视。

1991年4月，在荷兰召开的国际农业与环境会议上着重提出持续农业和农村发展问题，这是生态农业的深化。中国在人口的重负之下，处于生态危机的前沿，对于这个问题理所当然地十分敏感。同年10月，中国农业科学院卢良恕院士主持启动"中国农业的持续发展和综合生产力研究"软科学重点课题。1992年4月，全国农业区划委员会在20个县市设立了持续农业的试点研究。

持续农业的提出并被广泛接受，无论在中国还是在全世界范围内，都有其紧迫的现实意义。

持续农业有其丰富的内涵，本文不拟论述。但就其实质来说，可以归结为生态与生产的协调发展，亦即将生产力的提高，建立在生态环境阈限以内，允许生态系统持续存在的基础上。

这尤其是荒漠——绿洲农业系统优化所不可回避的难题。笔者等在处理这一生态脆弱地带的系统耦合过程中，对生态生产力的涵义及其潜力之所在等方面，进行了初步探讨。

## 一、生态生产力与农业生态生产力

生态生产力是生态系统本身在保持其健康状况下所表现的生产能力，或生产水平。

这里所说的健康状况，意指：①保持生态系统本身特征的基本结构，或不断完善；②保持生态系统本身的基本功能，或不断提高；③生态系统所处的环境因素与生态系统保持稳定和谐的趋势。

生态系统的概念自从1935年A. G.担斯利（A. G. Tansley）提出以后，逐渐为科学界所广泛接受。几乎可以认为，一切有生命处，无不归属于某一生态系统。

在自然状态下，任何生态系统都有其特殊的结构、功能和与之相适应的生产力。因为生态系统处于不断变化之中，它的生产力也随之起伏。

从本质上讲，这种变化取决于能的动态[1]。

系统内能的关系为：

$$F = E-TS$$

式中：$F$是自由能；$E$是总能；$T$是绝对温度；$S$是熵。

在一定温度条件下，当系统的能量生产较多而熵较少时，自由能（$F$）值增大。自由能的积累，使系统进入非平衡态。自由能积累到一定限度，就成为不稳定的势能。它需要寻找出路，或通过信息反馈，使系统降低自由能的积累，这时生态系统呈现功能萎缩。

在自然生态系统中，功能萎缩也是一种自我调节，有其积极意义，仍属"正"作用。它使生态系统遵循最经济原则，维持自我存活。通过萎缩过程的渐进，可能达到总能的产生与熵接近平衡。这就是我们通常所认识的系统的"顶极"状态。这时自由能的积累趋近于"0"，作为自由能的异化物，生态系统的"产品"当然也无从谈起。

人们通常所追求的生态稳定（或平衡），在自然状态下须使生态系统趋于顶极状态。它是通过能的动态稳定，达到系统整体的稳定，是以减少自由能

的积累，生态系统的功能萎缩为代价的。尽管对于追求生态效益来说，是有吸引力的，但从这样的生态系统中难以得到产品，对于农业生产来说，则是不可取的。

农业，实质上是自然生态系统经过人为干预，使其"农业化"，以改善其结构和功能，扩大开放性，以取得比自然生态系统较多产品的特定生态系统。

对于农业来说，面对着这样一对矛盾：既要保持生态系统的稳定，又要使它大量积累自由能，以取得尽可能多的产品。

这就是农业生态生产力所要处理的问题[2]。

我们初步可以认为，农业生态生产力是将生产资料、劳动力与生产环境进行合理组建、合理运转，在保持生态系统健康的前提下，通过生态系统自由能的积累，所表现的产品输出能力。

能是任何生态系统的驱动力。农业化所投入的人的劳动，作为农业生态系统构成因素之一，参与农业生态系统的营造、运转和调控。从而使经过农业化的生态系统的能流（生态系统的驱动力）得以强化和导向，使其产生更高的效益。

## 二、农业生态生产力的潜力所在

生态系统的稳定和生态系统的健康是两个不同的概念。

生态系统的稳定，往往侧重于生态系统结构的少变，当然也包含维持生态系统特色的功能的最低限度的运转；生态系统的健康，则侧重于生态系统的功能的正常运转，当然也要保持生态系统特定的结构特征。

在自然界，正常情况下，生态系统通过"顶极化"趋势，亦即自然生态生产力，把生态和生产两者统一起来，使生态系统持续存在。

而在农业生态系统，则需要采取若干人为干预，给自然生态系统以适当的"农业化"。其原则是在保持生态系统结构优化的基础上，使它处于生态系统的"前顶极"状态，这时生态系统健康运行、功能旺盛，尽可能多地积累自由能，从而取得较多的产品。亦即在不损伤生态系统的前提下，攫取生态系统的生产潜力[3]。但农业生态系统不以追求生态系统自然状态下的稳定为目标。相反，它是以适当的农业手段，打破自然生态系统的稳定，从而达到提高生产水平的目的。

生态生产力的潜力何在？在维持整体健康的前提下，采取合理的农业措施，才能达到农业持续发展的目的。

**1.给自由能以出路**　根据系统耦合的催化潜势的原理[4]，在系统内部，能流（和它的载体元素）流程中，具有正向反应和逆向反应两种趋势（如A←→B←→C←→A）。这使它所积累的自由能的能流阻滞不畅。如对系统加以催化，使其能流在农业化的生态系统中，加强反应的定向性(A→B→C)，从而加速反应速度，亦即增加了自由能的通量密度，其产品将相应增加。在农业生产活动中，最为常见而未被充分认识的催化手段，就是在生态系统的适当环节，以生产资料的形式投入能量或元素，如采取施肥、灌溉、耕作等农业措施，以增加其自由能的产生，是为正向催化；又如以收获的方式，取走能量和元素，以减少自由能在系统内部的积累，是为负向催化。这样可以保持生态系统中能流的有序而畅通的定向流动，促进自由能的发生，从而获得较多数量的产品。

在农业生态系统中，动物生产、特别是反刍动物的生产，不仅可以充分消耗植物生产系统中积累的自由能，以达到负向催化的目的；还可以将动物生产的粪便、饲料残渣等废弃物返回土壤，给以正向催化。不妨说，动物饲养业是现代农业生态系统中最简便、可以广泛使用的催化手段之一。

**2. 保持生态系统的非成熟阶段**　作为有生命的生态系统，当它达到成熟阶段的"顶极"以前，具有较强的生活力；而达到"顶极"以后，则活力锐减。因为具有非成熟特征的生态系统，其系统内具有不饱和性，其各个组分之间（包括子系统之间）具有较多的外接键能，也就是有更大的开放性。这使它们具有不可遏制的活力，因而可以产生较多的自由能和它的异化物——产品。在提高生产水平的措施中，我们所常用的优化方法，就是通过系统内各个组分（含子系统）的合理安排，使系统内各个组分（子系统）之间产生适当的外接键，以增加其不饱和性，来加深系统的非成熟阶段。保持系统内部各个组分对另外组分的依赖性、互补性，也就是增加其开放性。

优化手段多种多样，在植物生产系统中加入动物生产子系统，是先进农业生态系统所常用而行之有效的重要手段。因系统内含有植物生产与动物生产两个子系统，动物生产作为次级生产，依赖植物生产提供能量。而植物子系统所生产的有机物质，其地上部分，至少有75%不能为人类所直接利用，也有赖于动物生产子系统对这一部分产品充分利用，转化为动物生物量——自由能所形成的产品形态之一。这个75%是个强大的外接键，它所创造的产值，一般不少于人类所能够直接利用的那一部分（Embed Equation 25%）植物有机物所得收益。这就从根本上回答了这样的问题：为什么先进的农业系统，动物产品的产值总是占农业总产值的50%以上，甚至达到60%左右（美国、法国）到70%左右（英国、德国）。有人怀疑像我们这样人多地少的国家，动物产品的产值能否达到那样高的比重？我们的回答是肯定的[5]。甘肃草原生

态研究所在甘肃庆阳的黄土高原实验站所做的试验，动物生产产值已经达到48%，部分地区超过了50%。动物生产、特别是草食动物生产，与植物生产的关系是水涨船高、相互促进的。

**3. 保持生态系统中若干组分的非成熟状态**　生物具有趋向成熟的内在动力，而非成熟阶段的较强的生活力，正是我们可以用来提高生态系统功能强度的手段。

对于草本植物来说，看得最清楚。给草丛以适当的刈割或放牧，不仅可以成倍提高草本植物生物量，还有助于植被成分的稳定和健康。

对于灌丛，给以适当的砍伐（平茬），也有类似的效果。

同样的原理，也适用于林地的更新。

在植物生产中，除了以收获籽实为目的的作物，必须促其成熟以外，为了得到较高的生产水平，应尽可能合理保持其非成熟状态，来达到提高农业生产水平的目的。

对于动物生产，也是非成熟状态生产水平较高。如肉用动物，一般达到成年体重的70%左右时屠宰，其生产效益最高。对于奶用、蛋用动物，也是在它的壮年生产效益最高。壮年，就其生命过程来看，仍然是非成熟状态（虽然一般认为已经达到了成年）。

对于如此广泛存在的、适于非成熟状态利用的植被，是植物生产的重要组成部分。通过食草动物采食，可以保持其株丛的非成熟状态。因此可以认为，食草动物既是次级生产者，也是保持整体系统非成熟阶段的重要手段，它本身还是创建生态系统生产力的组成部分。

何况农业生态系统中的动物生产，远不只限于食草动物，还有以食草动物为食料的食肉动物，被几乎完全忽视的无脊椎动物，其中包括以死亡有机体为食料的食腐动物（saprophages）和食土动物（giophages）等，它们种类繁多、分布广泛，生物学转化效率极高，日夜活动，制造着巨大的生物量。它们产生的生物量甚至比通常饲养的家畜还大许多倍，并可生产品质优异的蛋白质。它们是任何生态系统必不可少的庞大族类，不仅蕴藏着巨大的生产潜力，颇有开发价值，而且由于它们对于死亡有机体的消耗，使系统内部有机质的矿化速度显著加快，这对加快生态系统的元素循环、强化能量的通量密度，有不可忽视的作用。

**4. 加强生态系统之间的系统耦合**　有动物的农业系统一般含有4个生产层（图1），即前植物生产层（不以收获植物或动物产品为目的，如景观资源），植物生产层（收获植物籽实、营养体等），动物生产层（收获动物及其产品），后生物生产层（植物、动物产品的加工、流通等）。在传统农业系统

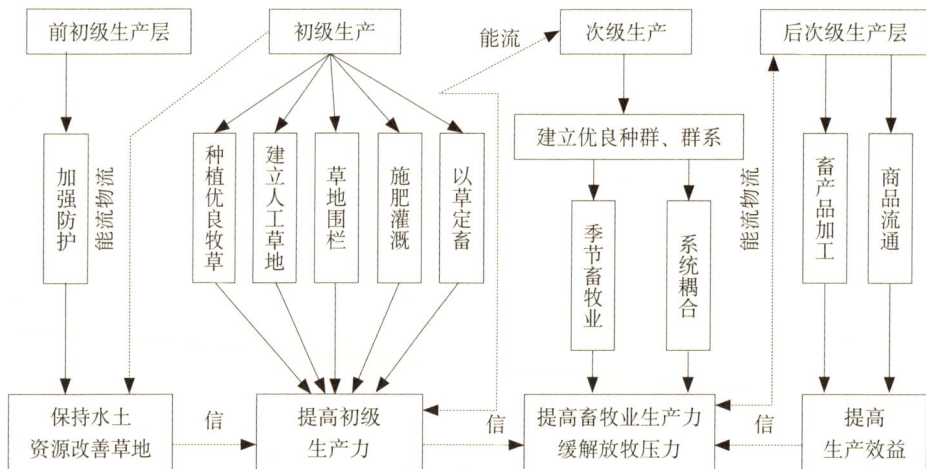

图1　草地农业系统各生产层结构及内容

之外，所出现的前植物生产层和后生物生产层，在现代农业系统中占有重要地位[1]。这些生产层，在多数情况下，可能与子系统相统一。它们以各自的键与有关子系统互相联系（图2），发生系统耦合，生产力可能成倍、乃至几十倍的增长[1, 3, 4]。

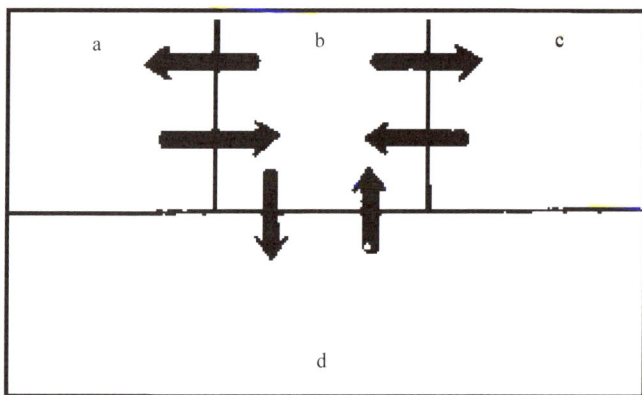

图2　系统耦合的生产层板块键合示意
a.山地子系统　b.绿洲子系统　c.荒漠子系统　d.市场系统

从上面的论述可以看出，无论在哪一个解放生态系统生产力潜势的方法中，动物生产系统都有不可忽视的作用。过去我们在一个漫长的历史阶段中，囿于单纯植物性的传统农业结构，对于动物生产在农业生态系统中的作用没有给予足够重视，甚至可能存在某些误解。这对根据生态生产力的原则，施行持续农业是不利的。

---

[1]　卢良恕. 1994.《持续农业及农业发展趋势》，在南京农业大学80周年校庆学术报告会上的发言.

无论哪一种解放生态系统生产力潜势的方法，都必须恪守农业伦理学原则，对草地农业生态系统的各个生产层予以足够的重视，力求发挥系统耦合的作用，甚至组建多层系统耦合，从而提高多个生产层的效益。

## 三、生态生产力的伦理学要素

伦理学门派众多、理论杂驳，但落实到农业伦理学，不外乎保持农业生态系统为健康状态，包含它所衍生的异化价值所需要的付出与收入的合理性评价。生态生产力伦理学评估系统，主要应依据其生产过程和相应投入与产品分配的合理性与正义性。

1.**不违农时**  草地农业生产活动须遵循严格的时序逻辑，"不违农时"是一切农事活动的首要伦理准则。草地农业是与自然本体融合最密切的农业分支，与天时的积极配合尤为重要。例如，以放牧为主的生产方式，不同自然地理和地貌学的物候学特征从多方面影响其生产过程和市场效益。只有将农业动植物的生育期与当地的物候节律紧密配合，才能获得最大的生态生产力。

2.**取予有度**  伦理原则要求保持草地生态生产力的当前收益与后续收益的均衡，即所谓"帅天地之度以定取予"。这不仅有利于生产管理和市场占有的常态运行，也有利于后续生产者的正当权益的保障。取予失常，尤其过分榨取的掠夺式生产，必然引发生态赤字，即前人预支了后人的生态资源，属于伦理学非正义行为。

3.**生态补偿**  生态生产力概念为生态补偿提供了计量依据。维持生态生产力，往往需要某些措施，如放牧家畜头数与放牧时间的限制，放牧率的调剂，某些放牧地块的定期休闲，以及采取某些草地改良措施，等等，都需要一定的投入。这些投入都是维持生态生产力的成本。这些成本的收回需要对生态生产力的各个环节加以计量，然后核算应付出的生态补偿。至于代际（父代与子代之间）、行业际（如工矿业与草业之间）和地域际（草地生态系统地区对城市、农耕地域之间）的生态关联，都需要依据维持生态生产力付出的成本，计量其生态补偿，制定生态补偿方案。只有这种针对各个生产环节的补偿，才是精准到位的补偿。否则，把生态补偿笼统交给个人或某一单位，往往将资金转移使用，如牧民到城镇购房居住，而草地生态败坏依旧。这就把生态补偿变质为生态赎买，没有达到生态补偿的目的。生态补偿资金可通过公积金的缴纳、政府税收项目等在生态补偿中需要特别强调两类伦理关怀：一是对于直接生产者农牧民的福利关怀，二是对草地生态受损的补偿关怀。前者是生态生产力的直接维护者，后者是生态生产力的提供者。两者应是生态补偿的重点对象。

**4. 资源保护** 为了保护生态资源而做出的必要支付应给以回报，也是生态补偿的特殊方式。这类补偿的实质在于维持保护区的生态生产力，避免生态衰竭。随着社会的发展，这类生态补偿会越来越繁多。例如，为了保持草地生态生产力而进行种群调节，为了观测生态健康动态而设立的某些生物多样性保护区，为了保护濒危动植物品种而采取某些措施等，需要根据保护区或保护目标种群的不同目的，进行定位研究，设计研究项目和观测方案。然后依据研究成果制定管理措施，这都需要一定的付出。这里普遍存在一种误解，认为一切保护对象都是绝对不能触动的，不需要任何成本的自然过程。诚然，有些保护区，目的在于观察其生物群落的自然演替规律，必须排除任何人为干扰，但这种避免干扰本身也需要一定成本。至于要保持现有景观的自然保护区，为了维持其相对静态的生态生产力，长久维持其原本景观而不变样，看似不管理的管理，实际是建立一种严格的生态平衡的偏途演替，其管理的科学含量很高，绝非易事，需要有必要的付出。又如某些家畜地方品种的保存，某些濒危动物的保护等，这些被保护动物被迫在狭窄的空间内挣扎求存，人居与野生动物处于平等竞争环境，当地人常为此付出代价，成为一种特殊生态负担，这是生态生产力的悖论。这类负担属自然 - 社会复合生态系统中农业伦理特例，不应把这类负担完全交给当地生态系统背负，尤其不该由当地群众背负。从生态生产力的广域视角审视，应进行系统性研究，做到精准生态补偿。

## 四、结束语

生态生产力是"在不破坏生态系统的健康状态下所表现的生产水平"。它规定农业在保持生态健康的前提下获取产品，从而保持了农业生态系统的勃勃生机、历久常新。农业生态生产力是农业生产不可逾越的红线。

为了缓解生态危机，拯救自然资源、特别是土地资源于历史劫难之中，近30年来先后出现了生态农业，和由此衍生、深化的持续农业。生态农业已经得到全球范围的认可，成为时代的命题。

生态农业的内容丰富，但它追求的目标，应该是生态生产力。生态生产力是将生产资料、劳动力与环境进行合理组合、运转，在保持生态系统健康的前提下，生态系统所表现的产品输出能力。

任何自然生态系统，都有其特殊的结构、功能和与之相适应的生产

力——亦即自由能的异化。

当生态系统处于顶极状态时，虽然其处于最佳稳定状态，但它的自由能积累趋近于"0"，当然也基本失去了生产力，为农业生产所不取。

自然生态系统经过社会的农业化，可以衍生为农业生态系统。为了既保持生态系统健康状况，又发挥其生产能力，应依据生态生产力的原理对系统进行优化。

保持农业用地的生产水平长盛不衰，发挥农业生态生产力潜势的途径，主要为增强其开放性，给自由能以出路；尽可能保持生态系统的非成熟阶段；保持生态系统中若干组分的非成熟状态；将不同生产层（或子系统）加以系统耦合。动物生产层（子系统）在优化措施中居于不可忽视的地位。

评价草地的生态生产力，可以利用CVOR[5]这一比较规范的方法求解草地生态系统的健康阈限。这个阈限之内所表现的生产力被认定为草地的生态生产力。其他农业系统也应该各有自己的健康阈限，来表述各自的生态生产力。

一旦离开这一阈限，所认知的草地生产力就背离生态生产力，可能伤及生态系统本身。它们的误差可达近二十倍到上百倍。据此进行草地利用管理决策，风险很大。

农业的多功能特色，随着社会文明的提高而日益突出。因而伦理学对农业的拷问也相继而来。运作以时、取予有度是保持生态生产力的主要因素。面对繁多的农业开发和维护草地生态生产力持续发展，生态补偿是我们今天所应采取的必要手段。生态系统科学和农业伦理学为我们提供了打开难题之门的钥匙。

生态生产力是农业生态系统的完美形态的载体。它生生不息，与天地共存，成为多样生命、多种方式生存的家园。它创造的和谐景观是人类的宝贵财富，其中蕴含了优美、醇厚的精神产品。所谓田园诗歌、画卷、音乐，等等，都是由此延伸的精神产品。遗憾的是，人们对生态生产力这一内涵还缺乏认识，做了许多背离生态生产力的错事，导致生态系统千疮百孔、面目全非，美其名曰"开发"，实则违反伦理原则而自毁家园。我们应该深刻反省。

## 参考文献

[1].任继周,万长贵.系统耦合与荒漠—绿洲草地农业系统——以祁连山—临泽剖面为例[J].草业学报,1994 (3):1-8.

[2] 任继周.黄土高原的生态生产力特征[C]//.黄土高原农业系统国际学术讨论会论文集.兰州:甘肃科技出版社,1992: 3-5.

[3]任继周,朱兴运.农业生态生产力及其生产潜势[J].草业学报,1995,4 (2):125.

[4]朱万斌.农业生态系统生产力的概念、计量方法与应用研究[D].北京：中国农业大学，2005,43-51.

[5]侯扶江,于应文,傅华,等.阿拉善草地健康评价的CVOR 指数[J].草业学报,2004,13(4):117-126.

# 绿色生产和消费的农业伦理

周国文　张　璐

（北京林业大学马克思主义学院）

　　绿色生产和绿色消费是 21 世纪人类生态文明演进的大趋势，也是世界经济社会可持续发展的大方向。绿色意味着生命、活力、清新与健康，并象征着人类与自然界和谐共处的美好状态。绿色在此预示着一种低碳的理念、生态的价值、循环的状态、节俭的行为与自然的态度。

　　农业伦理是基于人类生存之温饱需求的粮食种植、动物养殖及经济作物生产的行为规范。绿色生产和消费的农业伦理，是新时代农业绿色低碳循环生产的基本要求，是深入围绕绿色生产和绿色消费这个新发展阶段的新发展理念而生成的农业产业行为尺度和观念价值标准。习近平总书记在 2018 年全国生态环境保护大会上指出，绿色发展是解决污染问题的根本之策。这个重要论述从战略高度深刻指明了，聚焦绿色生产和绿色消费的农业伦理，是新时代我国生态文明建设的着力点。特别是立足于发展绿色经济的农业伦理为绿色发展之观念体系的核心内涵，是连接"绿水青山"与"金山银山"的绿色之桥，是农业生产、生态环境与社会经济深度结合、人与自然融为生命共同体的结果。

　　农业集中反映了人类与自然之关系在农作物、养殖方面这些交汇环节上的产出。"人同自然界的关系直接就是人和人之间的关系，而人和人之间的关系直接就是人同自然界的关系，就是他自己的自然的规定。"农业是绿色之源，绿色农业与低碳生产的连接，体现出保护环境的资源节约和尊重自然的能源更新的农业生产活动，在人与人、人与自然、人与社会三者相互平衡协调的格局中寻求农业经济、自然与社会三大系统的有机统一。农业低碳生产基于绿色农业与自然生态资源的融合发展，在资源高效利用的农业发展中进行清洁循环生产，并探寻一条绿色创新的农业生态文明发展道路，是对从 18 世纪中叶以来西方资本主义社会工业文明内含的黑色危机，从农业伦理的生产规范角度所寻求的绿色发展之路的根本解决与有效超越。

# 一、绿色生产和绿色消费的概念内涵及导向

绿色生产是在以人与自然和谐共生为目标的人类可持续发展模式下，以市场为导向的低能耗、低排放、低污染与高产值的、注重绿色科技与绿色能源引导的低碳循环经济的新生产模式。

绿色消费是人类以简约适度节俭的消费方式，不是单纯满足人类单向度的物质需求，而是系统满足自然界整体的生态需要。绿色消费作为一种新的消费时尚，是既注重资源节约的减量化再利用、又倡导尊重自然与保护环境的有利于人类身心健康的新消费方式。它是亲自然的绿色生活方式的重要组成部分，也是对传统消费方式的重组及改善。

绿色消费，以消费有度、适量选择的绿色产品，最大限度地降低环境污染，并同步提高人们的生活质量和优化生态环境。它所塑造的节约型消费的模式，从消费观念、消费内容和消费过程推进崇尚自然环保、适度有限满足与实行垃圾减量。它大力倡导节制无度需求，在物质商品重复使用的修旧利废体系中，体现万物互联共存的循环再生之原则。

绿色生产是农业的本质内涵，绿色消费是农业的题中应有之义。农业消费领域环境问题的出现，一方面是由于传统黑色的工业生产和资源耗竭式的生态破坏对农业的侵袭及影响，另一方面实际上是个体的过度欲望和行为膨胀所导致的农产品消费异化。农业绿色消费要摆脱消费异化，需控制公众的不合理欲望和无度化的购买行为。当俭朴简约节制的生活方式形成一定的规模，消费者也就在一定范围内顾及农业环境的污染问题。

绿色生产和绿色消费是我国农业绿色发展的核心内容，也是我国生态文明建设的重要部分。从黑色生产到绿色生产，可使我国社会经济发展体系逐步摆脱对自然系统无节制的资源索取，从高速发展向高质量发展转变。从黑色消费到绿色消费，个人的过度消费及大众的无节制需求被有效扼制，公民简约、适度的消费模式被倡导与践行，从绿色家庭、绿色建筑、绿色商场到绿色社区的创建，从绿色学校、绿色出行、节约型机关到生态城市的建设，加强在生产与消费环节的绿色管理与绿色营销，社会所存在的生态赤字才能日渐转向生态盈余。

聚焦农业层面的绿色生产和消费，要以伦理强化、以法律固化、以制度刚化、以政策细化、以导向优化。从破解绿色生产难题的角度，从增强绿色生产动力的方向，从厚植绿色生产优势的层面，从展开绿色消费的丰富性、阐释绿色消费的整体性、论述绿色消费的复杂性，把握法律制度在巩固和发

展绿色生产和消费中的重要作用，阐释政策导向在加强和完善绿色生产和消费中的辅助作用。

当代中国社会发展进入经济新常态，在生态转型的变迁中凝练农业绿色生产新样态和农业绿色消费新生态。从农业绿色发展的新思路、新方向与新着力点出发，集中思考农业生产方式、产业结构、消费方式、生活方式、空间格局和价值观念六位一体的生态文明建设之革命性变革的可能性和必然性。为了这一革命性变革的成果，我们必须以新时代农业为立足点，用更周全的农业法律制度巩固和推进农业绿色生产和绿色消费的新进展，用更有力的农业政策导向加强和提升农业绿色生产和绿色消费的新成效。

当前我国生态文明建设正处于关键期、攻坚期和窗口期，特别要着力细化农业绿色发展的法律制度，优化落实农业绿色生产和消费的政策导向，完善农业生产污染防治的制度、农业生态环境保护的制度、环境保护督导调查制度、低碳生活实践制度、区域空间协调联动制度，把资源节约型、环境友好型的"两型社会"建设成美丽、稳定和幸福的生态和谐社会。

农业绿色生产的法律制度体系。以农业绿色生产的基本制度为运行支撑，以农业绿色生产分门别类的法律为约束方式，其目标都指向解决人与自然界相处的共生和谐问题，以期摆脱长期以来农业资源依赖性的粗放型经济模式。加强农业层面的自然资源产权法律制度、国土空间开发保护法律制度、产业结构绿色化转型升级法律制度，完善农业领域的生态文明绩效评价考核和责任追究的法律制度、生态环境损害责任终身追究的法律制度、环境资源产权的法律制度等。

农业绿色消费作为一种更高层次的消费，它构建的是一个与农业生产和绿色生活协调平衡持续的消费方式。它抑制的是农业浪费，而不是农业消费。绿色消费的农业法律制度体系，以绿色农业消费的基本制度为办事规程，以农业绿色消费多种多样的法律为规定形态，其模式是在农业与各行业联动及各区域互动的格局中形成农业消费的绿色链条；在建立倡导低碳消费的农业法律制度过程中，摆脱农业粗放式消费的惰性，抵制农业奢侈型消费的弊端，应用《循环经济促进法》等相关法律制度，缓解人类大量生产、无节制消费所导致的农业领域可能存在的高能耗浪费问题。

有关绿色生产的农业政策导向是促进绿色生产的直接抓手，通过政策导向的优化从细节上进一步完善农业绿色生产的体制机制，在农业政策的公平性、持续性和共同性上推动农业绿色生产之内生机制的形成。以农业新产业政策为焦点，以绿色农业科技和可再生农业技术创新，以绿色农业生态的普及，解决农业环境污染破坏、传统农业产能严重过剩、"农业供给失灵"的问题。在农业的生态化转型过程中，推动以节能减排的低碳经济和循环经济为样态的农业经济、社会和环境的可持续发展。建立持久有效的农业生态补偿机制，完善按照农业生态环保的原则来组织全要素、全过程、规模化的绿色清洁生产模式。

绿色消费的农业政策导向以解决农业污染防治、资源回收、能源节约为目标，面对农业绿色消费与大量农产品生产脱节的问题，以农业经济结构优化的政策推动农业绿色消费的达成。一方面对规范谨慎而又具有约束性的农业消费政策进行调整，从农业对衣、食、住、行、用等方面的有效支撑及合理限制，规范广大群众过度、过量、过高的消费需求；另一方面以灵活机动积极的农业消费政策支撑，保障居民在农业领域绿色需求的传导及时有效，合理配置农业资源供给，平衡农业供求关系，鼓励人们购买及使用农业绿色环保产品，实现农业绿色消费之低碳化、低排放与低能耗。

从绿色食品、绿色服装、绿色出行、绿色建筑到绿色家具，绿色消费的新趋势已成为了人们未来生活的主要方向。绿色消费是具有一定标准界定的低碳消费方式。这个界定标准就是务必要有益于人类整体健康和自然环境保护。它是依据不同历史时期的农业经济发展水平提出的，因而带有鲜明的现实性和针对性。伴随广大农民在脱贫攻坚及乡村振兴进程中收入水平的日渐提高，农业绿色生产意识和环保意识不断增强，农业领域的绿色消费将带动社会各层面的绿色消费，将会成为新时代生态文明建设进程中的消费时尚和消费主流，并推动绿色生产方式和生活方式的剧烈变革。

## 二、绿色生产的农业伦理

绿色生产涉及的是多个行业的绿色再造，其立足于农业的特点显而易见。"没有自然界，没有感性的外部世界，工人什么也不能创造。它使工人的劳动得以实现、工人的劳动在其中活动、工人的劳动从中生产出和借以生产出自己的产品的材料。但是，自然界一方面在这样的意义上给劳动提供生活资料，即没有劳动加工的对象，劳动就不能存在；另一方面，也在更狭隘的意义上提供生活资料，即提供工人本身的肉体生存的手段。"[1] 人类的生活生产活动对自然界始终存在依赖性，作为稻粱谋的生产性活动的农业，需要借助土地、气候、阳光等自然资源。农业伦理规范着农业生产行为，平衡着人与自然之

---

[1] 马克思，恩格斯，2012. 马克思恩格斯全集：第 10 卷 [M]. 中共中央马克思恩格斯列宁斯大林著作编译局译. 北京：人民出版社：42.

间的关系，绿色生产也是在"生产"这一人与自然接触密切的环节改善了人与自然的失衡，因此农业绿色生产体现着农业伦理的内涵。

## （一）扎根于土地之上的农业伦理

马克思说过："土地没有人耕作仅仅是不毛之地，而人活动的首要条件恰恰就是土地。"土地之于人类的重要性，强调到什么程度都不过分。没有土地，人类可能寸步难行。农业与土地息息相关，是与土地关联最为密切的人类活动。土地是农业的根源，没有土地，也就没有农业。没有对土地的保护式利用，就不可能有农业的绿色生产。为了保护土地，绿色生产是新时代农业的题中应有之义。农业之绿色生产秉持与土地的亲密连接，扎根于土地之上的农业伦理尊重土地、善待土地与保护土地。

美国环境哲学家利奥波德在《大地伦理》中将共同体的概念扩展到农业绿色生产的主要基础土地上，"土地伦理扩大了这个共同体的界限，它包括土壤、水、植物，或者把它们概括起来：土地。"只有那些使土地共同体整体利益有所增长的行为才是合乎伦理的，这需要对人与土地的关系有一个新的认识。那么什么是土地，土地是什么呢？在工业文明的思维定式下，整个大自然都是人类的资源，当然大自然向人类馈赠的土地也成了人类的财产。但其实从农业日常生产的细节处善待土地，才能在人类劳动的根底处真正善待自然并尊重自然。"土地是一个大实验场，是一个武库，既提供劳动资料，又提供劳动材料，还提供共同居住的地方，即共同体的基础。人类朴素天真地把土地当作共同体的财产，而且是在活劳动中生产并再生产自身的共同体的财产。"[1]反思人类相信自己有能力认识自然也有权力改造自然，反思人类把自己视为自然的主人，才能真正树立尊重土地的农业伦理。

土地是人类的生产资料，不仅是为人类服务的，更是为自然界存在的。美国建国初期的拓荒时代，农场主按照经济原则对土地以及土地上的事物进行划分。如果某种植物不具备经济价值，就没有必要存在，可以连根除掉。农场主采取的是那些"能使他们获得直接和最明显收益的措施"。利奥波德认为这种方式伤害了土地共同体的利益，无异于竭泽而渔。中华农耕文明不同于西方海洋文明，其内涵精义证明自身具有从土壤中孕育而生的土地文化，中国人民靠天吃饭，更靠地吃饭。截至2020年我国14亿人口中有5.7亿农村人口。农民的发展离不开土地，土地好坏直接影响着农业发展的好坏。历史

---

[1]　马克思, 恩格斯, 2012. 马克思恩格斯全集：第30卷 [M]. 中共中央马克思恩格斯列宁斯大林著作编译局译. 北京：人民出版社：466.

上我国农业生产中，也曾经因为过度开垦、滥用农药和化肥、随意丢弃废弃物和塑料制品，对土地质量造成严重破坏，给农业生产带来致命打击。因此，在新时代农业生产中，我们必须以保护式建设的态度利用土地。土地是一个生命集合体，与人类共生共荣。立足土地发展生态农业，保护土地进一步完善绿色生产的农业伦理，提高土地可持续利用率，才能让土地拥有包容涵养的尊严，人类的农业生产才有根基稳固的未来。

### （二）适应和减缓气候变化的农业伦理

绿色生产在应对全球气候变化中是能够发挥作用、也应该发挥作用的。这种绿色生产的农业伦理是适应和减缓气候变化的行为选择，以优化生产保护生态环境作为根本准则。其在促进不同区域的碳达峰及碳中和行动中，将体现出农业应对全球气候变化的基础作用。

在所有影响全球气候变化的产业中，农业一直起着特殊且至关重要的作用。养殖家畜排放的甲烷和施用化肥挥发产生的一氧化碳是温室气体排放的主要来源之一，联合国政府内气候变化专门委员会和欧盟委员会联合研究中心（IPCC 和 JRC）的研究报告中都指出，有20%～40%的温室气体排放量来自食物系统周期。可见，农业不合理无节制生产对土壤质量、水资源、陆地和海洋生态系统以及生物多样性产生的影响，会导致全球气候变化进一步加剧。而全球气候变化所带来的各种自然灾害，会严重影响农业的生产质量与效率。全球气候变化无疑会给各国农业生产带来极大压力，这是一个恶性循环，需要凭借绿色生产的农业伦理因势利导地从根源上加以应对。因此，必须建立农业生产与气候环境之间的良性互动和响应机制，才能保证农业绿色生产的可持续发展。中国不仅是农业大国，还是应对气候变化国际力量中的坚定支持者和积极实践者。这离不开推动农业绿色生产的全面落地，切实做到农业生产中低碳、循环、清洁，在每一个环节减少温室气体的排放，也正是农业伦理契合绿色生产适应气候变化的必然举措。

### （三）保持最低限度开发自然生态环境的农业伦理

绿色生产是有节制的生产，而不是无度的生产，它体现保持最低限度开发自然生态环境的原则。这是绿色生产的农业伦理之核心。它既从农业生产空间界域的角度，又从农业生产时间运转的维度，进行最低限度的平衡利用与保护式开发。它既注重原生态的和谐美丽，又着眼于自然界的系统稳定。

动物植物的分布无不受自然地理环境影响，农业生产也要讲究因地制宜。

山地不适合种植业，适宜林业与畜牧业；丘陵适合种植各种果树，在适宜的地形开发梯田种植粮食作物；平原种植粮食作物与蔬菜、水果等。不要让每种农作物生长在不适合它的地方，这样不利于农作物的长成，还会带来土壤破坏。对土地的利用要用之有度，提高土地利用效率。围湖造田、填海造田不可取，会造成严重的生态破坏。提高农作物产量应通过现代农业的绿色科技去解决，而不是通过传统的有害的无限制开发土地的方式解决。

孟子在《孟子·梁惠王上》中说："不违农时，谷不可胜食也……斧斤以时入山林，材木不可胜用也"，强调了农时的重要性，农业生产讲究际会、时序、时宜是必然，把握农时、善用农时的绿色生产之农业伦理也正在其中。"春生夏长，秋收冬藏"是亘古不变的规律。同时，各种农作物有自己的生长时间、生长时序，拔苗助长不可取。讲究合适的农时，才能更好地顺应农业绿色生产的自然规律，全面遵循土地生命共同体的变化规律。现实农业生产中各种反季节蔬菜与水果的生产，在急功近利的层面改变了利用土地的时序，不同程度地给土地健康留下隐患。因此在时空、气候与环境均衡的维度，以绿色生产的农业伦理为支撑，最低限度地利用开发农业生态环境，调节农业绿色生产的合理有度节奏，才能保障农业生产持续健康发展。

## （四）体现低碳循环原则的农业伦理

低碳循环的农业伦理是绿色生产的内在准则。作为第一产业的农业，绿色增值与绿色赋能是其必然内涵。低碳，体现在其对自然生态环境的促进式改善，体现出绿色农业生产所内含的低排放甚至零排放作为其行为准则。循环是农业可重复式绿色生产的根本特征，畅通循环则成为农业伦理的重点要求。

我国农业碳排放与农业农村经济发展阶段具有高度的契合性。近年来我国大力推进农业绿色转型，对碳排放的协同效应已经初步显现。推进农业低碳生产的绿色发展起到了协同减碳的作用，农业产业碳源排放总量和碳排放强度都有所下降。我国农业健康发展应以体现低碳循环原则的农业伦理为指导，有效带动农业绿色转型作为重中之重。"十四五"规划关于农业农村发展路径中已经增加了碳约束指标，同时加强了农业碳排放核算的方法学研究，形成一套管理部门、生产主体、碳交易主体公认的核算方法体系，引领农业进入碳市场并积极发展农业碳市场，用好的财政手段推广低碳农业技术，建立健全以绿色生产为导向的农业补贴制度和农村金融制度，为农业减排和固碳提供激励。

## 三、绿色消费的农业伦理

绿色生产的农业伦理从农产品供给侧的行为约束与供给端的实践规范，实质性地影响着人民群众绿色消费的生活准则。聚焦绿色消费的农业伦理是立足于农业可持续发展的一种道德准则，它是建立在农业绿色生产基础上的农产品绿色消费规范，是满足农业伦理要求的可持续与再平衡。它不仅有效节约了规模化农产品的使用，而且提高了绿色农产品的质量，在更高层次上满足人们的温饱需求，体现了人与自然、人与人之间的绿色关系，是农业伦理要义在消费环节上的重要体现。

### （一）满足人类生存所需的农业伦理

民以食为天，农业作为满足人类生存所需的稻粱谋，其在物质基础的意义上构成了世人的生命之源。温饱需求是农业消费的前端，供给是绿色消费的来源。绿色消费更强调合理有度地消费，要把握绿色消费的规模、数量、范围和节奏。

绿色消费是保护环境基础上的一种新型的农业消费模式，一方面要提倡消费者购买绿色、健康、无污染的农产品，防止农药、化肥等有毒有害物质对人体造成伤害，维护消费者的身体健康；另一方面要促使消费者关注并保护农业生态环境，从而更好地改善当前的农业生产环境状况，避免农业生产的环境污染给人群和社会带来负面影响。农业绿色消费从这两个方面出发，致力于营造良好的生态环境，为创造美好生活、提高人民生活质量提供有力保障。据统计，中国人在餐桌上浪费的粮食一年高达2 000亿元，被倒掉的食物相当于两亿多人一年的口粮，这种"舌尖上的浪费"在全社会引起了广泛关注。不良的农产品消费风气应该在全社会及时杜绝。2021年4月29日，十三届全国人大常委会第二十八次会议表决通过了《中华人民共和国反食品浪费法》，从法律层面禁止粮食浪费的行为，对适度消费、合理消费必然会起到有效的引导作用，并告诫人们按需索求、量力而行。大众在购买农产品的时候，要尽可能购买绿色、有机蔬菜、水果、大米等，按自身合理需求购买合适的量，避免过度消费、奢侈浪费。遵循实事求是的原则，按照季节、地方的实际情况适宜消费，避免大规模购买囤积，导致农产品及食物浪费。当今人们购买绿色农产品的意识有所加强，在选购时主动选购绿色农产品，可对农业的绿色生产起到倒逼作用，从而形成一个绿色的、有益的"生产—消费—再生产"的绿色农业良性链条，最大程度减少农业生产对生态环境的破

坏，这是绿色消费之农业伦理的根本要求。

## （二）提高市场透明度的农业伦理

全球一体化的时代，农业已经远离了自给自足的模式。农产品消费不能离开农业市场，绿色消费更是离不开市场透明度。规则公平、程序公平、分配公平与机制公平的融通，才能真正产生提高市场透明度的农业伦理。它既是信息对称通畅的农业产供销之规范，又在可溯源式产品机制中形塑流通与消费环节平衡的伦理机制。

提高绿色农产品市场透明度的农业伦理，在推进绿色消费市场建设方面应多管齐下：首先，绿色消费的根基在于绿色生产，保证绿色农产品消费的前提是保证绿色产品的生产，这就需要完善的农业伦理促进法律规制的完善。在提高市场透明度的绿色消费市场建设中，需要对农药兽药等检测过程和标准进行严格的明文规定。对于生产者，要通过绿色财政政策刺激、支持，保证其可以安心进行投资和大规模生产，加强对绿色农产品专利、品牌利益的相应法律制度保护，切实保障农业生产者的利益。绿色生产不应该是盲目的，相关部门应督促绿色农产品生产者进行合理布局。其次，保护绿色产品消费者的合法权益，用道德和法律来保障绿色食品的食用安全。一些消费者不选择绿色农产品的最大原因往往是绿色农产品价格偏高，应在绿色消费的农业伦理的规范约束下，通过有效的财政与产供销调节机制，制定合理的绿色农产品价格，保障消费者购买的产品价值权益。政府可以适当降低绿色农产品的税收，对不同农产品征收不同税费，适当给予消费者补贴，使绿色农产品更容易占据较大的市场份额。第三，完善我国绿色农产品的认证机制，使更多的绿色农产品拥有品牌。绿色消费的农业伦理确保绿色农产品得到认证，这是一种规范化、标准化与程序化的体现，能促使绿色农产品生产形成规模效应，有效保障绿色农产品的质量，增强消费者对绿色农产品的信任度。在绿色农产品的品牌建设方面，可以通过企业形象宣传绿色农产品，吸引更多的消费者，以促进我国绿色农产品的有效有序消费。事实上，具有绿色标志认证的农产品往往更能获得大众的青睐。最后，在依靠传统农业市场的同时，也可以借助电商平台，微博、淘宝、微店、微信等新媒体平台，扩大绿色农产品的流通渠道，抓住"绿色"这一特点，有针对性地进行营销，使绿色农产品获得更大的市场，更好地满足农产品绿色消费的要求。

## （三）实现更长远可持续发展的农业伦理

绿色消费的农业伦理是实现更长远可持续发展的农业伦理。其所支持的消费模式，是实现长久资源节约式消费。作为惠及不同世代及下一代人绿色消费的农业伦理，其在环境友好型社会中生成更宏观的视野和更长远的格局。选择绿色农产品、适度消费农产品是对自身生命健康的负责，也是对农业绿色生产的一种支持，更是为我们的子孙后代能够享有健康食品、农业善物做出的贡献。

在农业消费领域，人们往往会陷入征服自然的发展观这一误区，将人口视为财富，急功近利，经营不善。农产品的浪费、滞销、腐烂、损坏都是违背农业可持续发展的原则引起的，这也是我国农业发展中经常面临的问题。我们现在强调的绿色消费的农业伦理观，是人们在农业活动中处理人与自然之间关系的道德观念和行为准则。在21世纪的智慧农业发展中，要走出人与自然对立的桎梏，必须重新审视人与自然之间的关系。诚如马克思和恩格斯在《德意志意识形态》里所言，人与自然是同一性的所在，"自然界和人的同一性也表现在：人们对自然界的狭隘的关系制约着他们之间的狭隘的关系，而他们之间的狭隘的关系又制约着他们对自然界的狭隘的关系，这正是因为自然界几乎还没有被历史的进程所改变……"。因此，绿色消费的农业伦理纠正以人为中心的伦理规范，在农业领域重建人与自然共存的新伦理观。我们在农业伦理方面秉持的正确态度应以新的发展观为指导，把发挥人的主观能动性、善待自然、发展生产力与对环境的科学保护密切结合起来，在消费动态的每一个场景与细节中实现人与自然关系的和谐共生。在合理控制人口消费数量的同时提高人口消费素质，在线上线下消费时主动选择绿色农产品，适度、理性购买，不盲从时尚、不浪费食物、不破坏自然，为子孙后代留有享受绿色农产品的代际传承机会。只有这样农业可持续发展才会有永久性的农业伦理保障。

## （四）更具有韧性的农业伦理

推进农业绿色发展是农业发展观的一场深刻革命。在实施乡村振兴战略中，必须一以贯之地坚持绿色发展，做到思想上自觉、态度上坚决、政策上鲜明、行动上坚守，这是决定能否成功走出一条中国特色社会主义乡村振兴道路的关键。这需要更具有韧性的农业伦理紧密规约我们的行动。

绿色消费的农业伦理在其内在结构与发展维度上是更具有韧性的农业伦理，它有助于生成更具有韧性的农业消费结构。其伦理准则所规范的消费结构及梯度需求具备超越物化的功能，它既不缘木求鱼，更不竭泽而渔。它既诠释农业消费内涵博大的坚韧，更体现多种绿色生产模式的坚韧。当前我国农业绿色消费结构在相关方面还有许多不足和亟待解决的问题，特别是在绿

色农产品的生产、规范、认证与消费等环节存在诸多困难与挑战，但这些问题与挑战必将在更具韧性的农业伦理指导下，在我国丰富的农业历史发展经验、正确的农业发展指导政策、一批愿意从事农业研究的高精尖技术人才等多方面因素的配合下得到妥善、有效的解决。

更具韧性的农业伦理体现在农业各部门结构分布的均衡合理。广义的农业包含种植业、林业、畜牧业、水产业等。各个农业部门按照自身应在的空间、自身发展遵循的自然时序，互不干扰，同时又构成一个完整、良性的农业生态系统。对绿色农产品的消费需求也将促使这些农业部门走上绿色、清洁转型之路。农业生态系统、各个农产品生产部门在这种人与自然的调和中更加坚固，可持续发展下去。更具韧性的农业伦理也将稳固提升农业在我国整个产业结构的地位。"十四五"规划指出，要提高农业质量效益和竞争力，建设智慧农业。在建设现代化强国的道路上，各个农业产业部门都在努力实现自身的升级转型。绿色消费引领的农业伦理在绿色生产转型之路中，在消费倒逼产业转型中展现出良好的引领作用，并且作为温饱需求的农产品消费，可带动其他产业的绿色生产，实现农业与其他产业的同频共振、相向而行。

## 参考文献

方锡良，姜萍，2017. 探问中国农业伦理之道、寻求农业可持续发展之途——中国农业伦理学研究会成立大会暨"农业伦理学与农业可持续发展"学术研讨会会议综述 [J]. 中国农史 (5): 134-143.

高诱，2006. 淮南子 [M]. 北京：中华书局.

利奥波德，2010. 沙乡的沉思 [M]. 侯文蕙，译. 北京：新世界出版社.

马克思，恩格斯，1983. 马克思恩格斯全集：第 1 卷 [M]. 中共中央马克思恩格斯列宁斯大林著作编译局，译. 北京：人民出版社.

孟子，2015. 孟子·梁惠王上 [M]. 张南峭编. 河南：河南人民出版社.

任继周，2016. "时"的农业伦理学诠释 [J]. 兰州大学学报 ( 社会科学版 )(4):1-8.

田松，2015. 还土地以尊严——从土地伦理和生态伦理视角看农业伦理 [J]. 兰州大学学报 ( 社会科学版 )(4): 114-117.

新华社，2011. 中华人民共和国国民经济和社会发展第十四个五年规划和 2035 远景目标纲要. http://www. gov. cn/xinwen/2021-03/13/content_5592681. htm.

周国文，2011. 低碳经济：生态公民的绿色尺度 [J]. 人文杂志 (1): 148-157.

周国文，2017. 西方生态伦理学 [M]. 北京：中国林业出版社.

朱琳，2021. 碳中和大势下的农业减排：英国推进农业"净零排放"的启示 [J]. 可持续发展经济导刊 (5): 29-31.

# 草地农业的家园意识及其伦理学认知

卢欣石

（北京林业大学草业与草原学院）

草地农业是以草地种植管理和食草家畜养殖为核心的农业系统类型，是草地生产和农耕生产的基本形态。从原始时代起，草地和农耕就紧密地联系在一起，成为人类家园意识的源本载体。早在石器时代，人类祖先就开始在草地上经营自己的家园，一直到进入现代社会，家园依旧是人类生产生活的场所和精神依托。马克思说过："人们的社会存在决定人们的意识。"家园意识就是人类从古至今在社会生产实践中对人与自然依存关系、人际依存关系以及人与社会生存环境的感知、认识和思维之总和。这种意识是一种自我认识的精神活动，是生物进化的本能，并随着生命进化最终从自然的人类行为进化为自觉的人类行为。草地农业从最原始形态开始，经历了史前采猎时代、原始游牧时代、传统农耕时代和现代草地农业时代，孕育了不同烙印的家园意识，饱含草地农业进程中的文化精神和伦理思想，反映了草地农业的时代特征和时代价值，是人类在经营草地农业过程中处理人与自然、人与社会和人与人等诸多关系的伦理规范。

## 一、草地农业的生产活动与家园形态

草地农业是人类祖先最先开始进行的农业活动形态。任继周在《中国农业系统发展史》中写道："人类文明的第一缕曙光，来源于史前时期的原始草地农业，"草地农业发源于远古人类的采集和狩猎，进而萌生了草地放牧畜牧业。这是草地农业的本初业态。此后在原始草地农业系统中，孕育萌发了耕地农业。草地农业和耕地农业交互影响、兴衰更替，影响了人类文明的发展。

华夏族群史前的草地农业活动是从草原采集狩猎开始的。当时的生产方式以草地狩猎为主，兼操采集业和渔猎业。高大的牧草灌丛成为袭猎的掩体，体积庞大而行动迟缓的食草动物成为狩猎的首先对象。在漫长的狩猎岁月中，先民们从食草动物身上直接获取生活资料，开始了依赖草地的生活。从生活

来源讲，草地是远古人类最早的赖以生存的场所。

史前采猎时代的文化标志是石器工具的发明和使用，这是区分人类与动物的主要依据，而人类的历史与文化也是从第一个石器工具开始产生。在旧石器时代，草地先民开始打制石器，用于狩猎、采集。这种有目的的创造活动让人类在与草地环境的斗争中摆脱了被动和无能，在与自然界的对抗中不断取得改造自然的主动。到了新石器时代，人类开始磨制加工石器，如弓箭、石刀、投矛、容器等，其基本特征是组合工具的出现和石器功能作用的明确分化，具有典型的以围猎、刈割、采摘为主的草原文化特征。由于工具的制造与使用，先民就可以占有一定的采猎范围，具有一定的栖息地。这种采猎场和栖息地就是人类最早的家园。

随着磨制石器的发明，提高了草地采集狩猎的生产效率，也推进了草地采猎业向原始草地游牧业和原始草地农耕业的转型与分化。许多学者都认为：畜牧业是由狩猎发展而来的，食草动物是狩猎的首先对象。随着狩猎工具与技术的进步，狩猎所得的猎物越来越多，先民开始将一些捕捉到而又不急于吃掉的动物放养在草地上，这些野生动物逐渐被人类驯化，并开始了草地放牧，这是原始草地游牧业的初始形态。《黑鞑事略》记载了游牧的场景："在草地，见其头目民户，车载辎重及老小畜产尽室而行，数日不绝，亦多有十三、四岁者，问之，则云鞑人调往回回国，三年在道，今之年十三、四岁者，到彼则十七、八岁，……"可见，牧人在草原上迁徙游走，是拖家带口、一家老小同行的，与大自然为伴，充满了艰难险阻，每当找到一块水草丰满的草场，他们就安营扎寨，居为家园，自然形成"牧场谁先来谁先用，后来者另觅草场"的规矩和习俗。游牧是原始草地农业发展过程中的一个重要阶段。游牧移动于广袤的草场，营地、放牧场、家畜栏圈、帐房、牧车和水源就是游牧先民最富具象的家园标志。

在原始草地农业体系中，另外一个草地原始业态就是原始农耕业。和原始草地游牧业相比，原始农耕业的生产方式不同，其家园标识和意识也有很大不同。原始农耕业是在草地采集狩猎的进程中，通过野生牧草种子的采集种植而逐步趋于定居和更加依赖土地的一种生产方式。其主要特点：第一是种植工具的进步。青铜器和铁器的发明，推进了耒耜、铁锄、铁铫、铁镰、铁犁的制造，使先民把草地变成耕地的能力提高；第二是种植能力的提高。由于逐步认识了植物生长繁殖规律，通过按期采集种子、人工种植生产更有保障的食源，作业方式和生产效率大大提高，改造自然条件的能力大为增强；第三是原始草地农业结构发生新的演变。在黄河流域的仰韶文化和黄土高原大地湾文化遗迹中，发现大量粟、黍遗存和饲养鸡、猪、羊、犬的遗迹；在长江流域以"稻—猪"为主的草地农业特征也已经显现。这一时期的村落聚居和村落形成表明农耕社会的家园已具雏形，一种更加稳定、更加有效、更加集中的种植业和定居方式出现。与草地狩猎业和游牧业相比，传统农耕业更加注重耕地、农舍、畜圈。土地、农舍、村落、庭院及其周边的山水林草成为农耕时代的生活家园。

进入到现代农业阶段，草地农业开始展现其强大的生命力。草地农业的系统思想和家园意识代表了先进的农业文化，从根本上转变了传统古老的生产生活方式，丰富了农业社会的文化内涵。其以新的姿态走上历史前台，也为新时代农牧区"家园"的改造和建设勾画了新的风景。

现代草地农业，是指土地—植物—动物—后加工四个层次与结构，在多个生产层中，把草地植物、食草家畜联系起来，把土地与产业联系起来，把耕地、草地和次级生产结合起来，把产供销与城市联系起来。从农业系统的科学观点来看，这是一个开放的、交流的、平衡的生态系统。从草业科学引申的文化思维来看，这就是一个开放的家园。通过现代系统管理的草地农业使古老的土地发生了质变，用产业逻辑的关联展现了农业的真谛。草地农业造就的是一个用开放的视野去分享天下收成的美丽家园，一个五业兴旺的梓乡，一个五彩缤纷的世界。

家园是一个空间的概念，包括劳作生产、精神藉慰，也包括社会体验，我们称为"物质家园、精神家园、社会家园"（列斐伏尔，2005）。草地农业系统的多样性、多层性、多态性，为物质家园提供了动力，为精神家园提供了支撑，为社会家园提供了保障。如果说原始狩猎时代是一种举步维艰的家园体验、如果说草原游牧时代是一种颠沛流离的家园体验、如果说传统农耕时代是一种含辛茹苦、封闭稳定的家园体验，那么，进入现代草地农业，则体验的是一个开放、合作、分享、共进的家园，一个催生时代激情、草业情怀的家园。

## 二、家园意识的形成与演进

在人类的意识中，家园就是躲风避雨、生存劳作、储存财产、繁衍后代的地方，家园意识形成涉及的基本要素就是对家庭的认知、对族群的认知、对土地的认知和对劳动的认知，家园意识的演进和培植过程就是时代的变迁过程。

### （一）对家庭的认知

在草地农业中，家庭（family）是基本劳作单位，也是家园意识形成的基

本元素。它以一定的婚姻关系、血缘关系或收养关系组合起来，是家园意识中最小、最基础的人群。人类发展的不同时代中，家庭经历了多种演进。学术界通常认为家庭演进经历了血缘家庭、普那路亚家庭、对偶家庭，最后才是一夫一妻制家庭。草地农业系统中，家庭的产生、演化、发展，是随着草地农业从原始的草地畜牧业到传统的农耕业再到现代草地农业的进化，逐步由低级阶段向高级阶段发展，由较低的形式演进到较高的形式。对家庭的认知取决于两个要素，第一个是亲缘关系，第二个就是居所环境。

　　人类在原始社会旧石器时代是群居的，由于生产能力和智力都十分低下，人们唯有群居在一起，才能抵御猛兽袭击和自然灾害。之后随着火和打磨石器的发明，狩猎效率和抵御自然环境的能力大大提高，加之群居人员数量不断增加，导致一定地域内食源和物品越来越紧缺。于是亲属集团必须分裂出一部分年轻力壮者到其他地区去谋生，其结果就逐渐地分清了辈分和长幼差别，不同辈分之间的两性关系逐渐被排除，婚姻关系出现了这种最简单的限制。同辈分的人聚居在一起，生产、生活和繁衍后代，形成人类历史上的第一种家庭形式，即血缘家庭。这时，姐妹是兄弟的共同妻子，兄弟是姐妹的共同丈夫，夫妻有共同的血缘。原始社会发展到旧石器时代的中晚期，人们逐渐认识到亲缘关系越远，对后代发育越有益，于是在家庭内部开始排除兄弟姐妹间的婚姻关系，实行两个集团之间的群婚，这就是普那路亚家庭。到了原始社会母系氏族公社时期，出现私有财产，家庭形式演变为对偶家庭，这是由一对配偶在对偶婚的形式下结合而成，即一男一女在一定时间内保持较为稳定的偶居生活，可以明确所生子女的生身母亲和生身父亲及其财产的归属。在其后的历史进程中这种对偶家庭发展为一夫一妻制，这种家庭形式标志着文明时代的开始，并适应于整个文明时代。

　　远古先民在大自然面前十分微弱，认为自己生活在一个万物有灵和鬼魂四布的世界，即便风暴、雷电、雨雪，也是大自然的威胁。为了躲避这种威胁，先民首先要找一个避难所，之后逐步演化为居所。最早的居所是洞穴，成为家的具象。如《说文》曰："家，居也，从宀……"这些洞穴不仅用作为住宅，还发展为公房、教堂、祭堂等。类似的住所在我国发现的就有山顶洞人的洞穴、半坡人的半地穴、鄂温克人的"仙人柱"。世界各地都有类似的住所如南亚人的风篱、非洲马赛人的圆形小屋"蜂房"、爱斯基摩人的雪屋、北美普爱布洛人的崖屋、印第安人的圆锥形帐篷，等等。这些都是原始先民游猎采集时代的"家园"，有人去世，会修建坟塚、陵墓、金字塔，令家人长者进入到另一个世界的家园。进入到原始游牧时代，帐房和家畜是幸福家园的标志。草原先民创造了一系列便于移动拆装的帐篷毡屋，例如，我国蒙古族的蒙古包为圆形，由毛毡制作，支架可拆卸，便于随时移动。哈萨克族的帐房呈圆锥形，由草帘和羊毛毡围盖。藏族的帐房由牦牛毛编制而成，多为长方形，有棱有角，位置固定。这些不同形式的帐房首先具备有效御寒的功能，给人们一个住所，更是"家"和温暖的象征。在我国草原民族中，有这样一个习俗，儿子一旦成家就会建立自己的"帐房"，分得一定数量的家畜，这就是"家"和"财产"。农耕区不像游牧区那样"逐水草而行"，以房屋和耕地作为"家"和"财产"，其特征是更加稳定的土地和定居生活。所以从原始的地窝子到现代建筑，都是农业家园的核心组成，有藏族的碉房、哈萨克族的木屋、黄土高原的窑洞、西双版纳傣族的竹屋、黄果树布依族的石头寨、苍山洱海中白族的青砖瓦楼，等等，这些农耕建筑相互聚集，组成村落，依山傍水，朝夕劳作，经营一派和谐家园。

## （二）对族群的认知

在草地农业的家园意识中，除来自家庭还来自一套约定俗成的社会组织结构，这就是族群。族群是人们在家庭之外又一层层更大的社会群体成员，这些一层层由小而大的社会群体包括：家庭圈、家族、氏族，在草原社会还有部落、部落联盟等。族群依靠共同的遗传基因和文化特质而联系在一起，共同的遗传基因包括肤色、脸型、语音、表情等生理特征，共同的文化特质，包括姓氏、宗教、语言、族史等。族群对家园意识的形成具有强大的聚合力、强制力和情感吸引力。对族群的认知决定于两大要素，一个是血统谱系，一个是文化信仰。

家庭圈（camp），一般指由几个具有亲属关系的家庭构成的社会团体。这是介于家庭和家族之间的一个族群形态。《游牧的抉择》将这种形态称为牧团（camp）。一般同一牧团的家庭在同一个地区放牧，同时迁徙，或者一年当中有部分时间聚在一起。在农耕社会，更多被称为村庄（village），亲缘关系相近的同一姓氏的家庭栖居在一个较小的范围，这是一个大家庭不断分家、另立门户的结果，各自家庭独自经营，但遇到困难和有需求时，基于亲缘关系又会互相帮助、抱团取暖。

家族（lineage），一般指诸多家庭之间及其成员中具有较近血缘关系，并可追溯亲缘关系的亲属群体。在游牧社会和农耕社会，家族都是一个非常重要的社会组织单元，对内负有维持共同生计的经济职能，对外向社会提供劳动力、智力、财力，包括对社会上老弱病残孤寡的扶养义务。家族是促使社会发展的纽带，对家园意识的形成和伦理行为的规范具有一定的影响和制约作用，是左右社会行为的基本单位。

　　氏族（clan）是指有共同祖先但血缘系谱不清楚的文化相似群体。在游牧社会称部落，在农耕社会称宗族。氏族最早产生于原始母系社会，是人类由原始族群转化为氏族组织的初期，随着农牧业的发展和群婚制向一夫一妻制过渡，男子在经济生活中处于支配地位，家庭或家族财物改由父系血缘亲族继承，男子成为维系氏族的中心，母系制逐渐被父权制所代替。但是氏族社会的演变一直围绕家园演进，民主、平等、公正、共享的氏族信念是形成家园意识的文化内核。

　　无论是以家庭为最小单元的族群，还是大到氏族、部落甚至部落联盟，族群认同的基础建立在血缘和文化基础上。从家园意识形成的角度讲，对族群的认知，第一就是大家拥有"共同的祖先"，是"一家人"。亲缘关系把所有的亲属家族联系在一起，大家都是家园的建设者、拥有者、分享者。如果有违背族群利益的事件发生，就是损害了族群内所有人的利益，一个家族的敌人可能就是所有族群的敌人，所以族群的组织形式就是家园安全、幸福最可靠的保证；第二个认知就是族群民众要遵从族群首领的统治权威，族群首领应该民主、亲和、有能力、原则性强，在处理群内外的事物中，能公正、客观，维护民众的利益。第三个认知就是族群具有共同的文化秩序和价值取向。遵守族群和社会的文化秩序，以"礼"为先，崇尚典章制度和道德规范，是一切行为的标准和要求。文化秩序的"礼"，上升到整个华夏民族，不仅是民族融合的根本标志，也是民族共同意识的规范性表达。它不仅为民族认同确立了根本的价值取向，也为民族识别设定了明确的界标。它是华夏民族"同源共祖"的文化象征。

## （三）对土地的认知

　　土地是家园意识生发演进的源泉。

　　在农耕社会人们认为万物生于土，归于尘。先民对土地的依赖和崇拜，被描写在"盘古开天辟地""女娲抟土造人""黄帝土色称黄""后土大地之母"的神话故事中。《黄帝内经》论述道："地者，所以载生成之形类也，"把立足其间赖以生存的田土称为"地"，这是对土地的依赖。汉武帝至宋真宗，先后有9位皇帝24次祭土拜地，认为"大地如母，母仪事地"，这是对土地的崇拜。从生存到利用，从利用到感恩，由感恩而崇拜，这是先民对土地的感知过程和升华过程。

　　在原始采猎时代，先民认为草地是孕育万物生灵的大地，供他们狩猎采集，养育生命，如同地母，母仪天下。新疆阿尔泰山西段哈巴河境内别列泽河谷的多尕尔特发现的旧石器时代的壁画，描绘了猎人以投枪、长矛狩猎牛、马等食草动物；在近代民俗志《中华全国风俗志》中大量记载了这一时期个人狩猎和集体狩猎的情景，包括围猎狐狸、黄羊、野猪、兔、貂，甚至虎狼。在草地游牧时代，"极目山川无尽头，风烟不断水长流，如何造物开天地，到此令人放马牛"，认为广袤的草原是盘古开天辟地、创造天下的山川大地，是草原先民放牧营生、繁衍生息的家园。哪里有水草，哪里就可以放牧更多的家畜，哪里就是他们的家。《元史译文证补》载："畜群富饶，每登山以观，牲畜遍野，顾而乐之。"在传统的农耕时代，土地是"命根子"，是生存权益最集中的体现。六畜之兴旺、家丁之富足都与土地紧密相关。即便进入皇权统治的农耕时代，失去土地的农民租用地主的土地进行田园生产，这一时期的家园仍然是以私有土地为核心，农民通过租佃关系，加大对家园的建设。

新中国成立之后，土地收归国家所有，实行了农牧民土地集体所有制，藉以解放农村生产力，农民成为土地的主人，牧民成为草原的主人，使得土地的劳动生产与个人的经济利益联系更加紧密。农牧民可以承包经营集体或国家所有的土地，如森林、山岭、草原、荒地、滩涂、水面，实际占有、控制、使用土地。进入21世纪，土地和生态、环境、资源问题的结合更加紧密，国民赖以生存的土地成为全民的福利。这一时期的家园已经把个人、家庭、集体、国家的命运联系在一起，家园在更高的层次成为人民和民族为之保护、建设、共享的生活田园和精神家园。

纵观历史，人们对土地包含了两个重要的认知，第一个认知就是土地的自然属性和产业价值。它既具有自然资源的生态价值，又是财富的源泉，是农牧民赖以生存的生产资料，对土地的保护就是保护环境、保护家园，是对自己的切身利益的保护；第二个认知就是土地是精神家园的载体，土地承载族人、传承家族文化礼教，土地是心灵安慰和精神寄托的场地。华夏文化概括为"厚德载物"。土地和家族共同组成了中国乡土社会的"礼仪规范"，为"家园意识"的本真涵义提供了学理上的引导。

### （四）对劳动的认知

劳动是家园意识中最鲜明的活动。它表现了家园意识中最优美、最有价值、最富创造力的活动形态，是人类依附自然、打造家园、改造社会和塑造自我的本质力量。

古猿通过简单劳动爬出森林进入草原进化为南方古猿，南方古猿在草原上劳动增大了脑容量进化为能人，能人通过劳动学会使用石器成为直立人，直立人通过劳动发明了工具成为智人，智人通过劳动创造了文字进化为现代人，现代人通过劳动改造了世界，创造了现代文明家园。《诗经·豳风·七

月》反映了西周时期一个部族家园一年四季的劳动生活，"三之日于耜，四之日举趾""六月食郁及薁，七月亨葵及菽""八月剥枣""九月筑场圃，十月获稻""纳禾稼"，等等，凡春耕、秋收、冬藏、采桑、染绩、缝衣、狩猎、建房、酿酒、劳役、宴飨，无所不写，真实地展示了当时的劳动场面、生活图景和各种人物的面貌，以及农夫与公家的相互关系，构成了西周早期社会一幅男耕女织的家园图景。

草地农业在游牧时代和农耕时代的劳动又各自呈现不同的活动方式。游牧经营是草原民族劳动的方式，具有强烈的游动性、脆弱性和分散性。多桑在《蒙古史》中云："因家畜之需食，常带不断之迁徙。一旦其地牧草已罄，即卸其帐。其杂物器具以及最幼之儿童，载之畜背，往求新牧地，"拖家带口、扎帐卸帐、放牧迁徙是游牧时代劳动的主要形态。这种劳动只是单纯依赖环境、重复简单再生产，餐风露宿，自然灾害四季伴行，常常"夏秋不雨，牧畜多死，民大饥……"（《元史·卷三十四》）。游牧劳动通过追随家畜游移而附着于土地，没有固定的居所，没有可以圈归的草地。牧民的男儿成长起来，必须离开父母，另立穹帐，赶着畜群，开始新的劳动。和农耕者相比，游牧者的劳动更为自由、生产生活空间更为辽阔，他们经营的是一个"游动家园""自由家园""马背上的家园"。和游牧方式比较，农耕地区的劳动认知则更倾向于聚族而居、精耕细作、自给自足，从而形成了农耕社会的劳动方式、生活方式、文化传统、农政思想和乡村管理制度等。

进入到现代文明时代，人类对"家园"提出了更高的索求，但是仅靠简单的劳动投入，不进行技术和思想的创新就不能满足人类更加高层的需求。现代草地农业运用系统论的思想，设计和践行了一种全新的农业系统劳动模式。任继周院士在贵州将一个由"农户+作物+家畜+草地"的山地农业的自养式"封闭家园"改造为一个开放的现代草地农业系统，将天然草地改造为人工草地，增加了农户的劳动力投入、增加了现代生产资料的投入、增加了人工草地建植管理的劳动和技术，结果提高了饲草料产量，提高了家畜的生产效率，加速畜禽粪便的利用、肥沃了贫瘠的耕地，加快了这个农业生产系统的物质循环和能量流动，最后粮食增产、饲草产品丰富、畜产品增加、农户收入增加。相比之下，一个现代草地农业系统"家园"比一个同样大小的自闭式"家园"提高生产力8倍以上。从劳动特征看，现代草地农业系统开始摆脱传统的家庭规模的生产方式，更加依赖产业的开放性、多样性和一体化，促进了家园与外界的交流和沟通，更加依赖于知识、技术、市场和系统意识。

综上所述，在依赖劳动打造家园的过程中，通过石器劳作、游牧劳作、农耕劳作和现代草地农业系统的劳作，可以对劳动产生三点认知：第一个认知就是劳动打造了"物质家园"。劳动的结果是以生产效率来衡量的，劳动就是要获得更大的利润，用利润来满足劳动者不断提升的需求，才能体会"物质家园"提供的基本福利。第二个认知就是劳动打造了"绿色家园"。原始采猎、原始游牧、原始农耕在劳动进化中保护了环境，但是生产效率满足不了人类福祉的需求。现代草地农业可以在维护环境的前提下，通过草地农业系统，增加物种之间的补偿，提升投入和产出的效益，加快物质和能量的循环，从而同时取得生态效益和经济效益是可行的。第三点就是劳动创造了"精神家园"。这种"精神家园"是我们当今推进实业发展和制造业升级的精神产品。这种精神产品是生存和生活的需要，也是生命的需要，更是人类发展、成长和存在的需要。我们通过劳动改变自己、改善生活、改造世界。劳动使我们的生活丰富多彩，劳动锻炼和造就了我们人类。人的伟大其实就在于会劳动、能劳动和爱劳动。没有劳动的人生是毫无意义的，能体现劳动的生活是充满幸福的。

## 三、家园意识中的伦理内涵

家园意识蕴含的是人与外部世界相处的价值观、伦理观。在家园意识中，首要的行为规范就是如何处理人与人、人与社会和人与自然之间的关系以及规范行为的深刻道理。尽管"家园"分布在不同地区，生活着不同的民族，经营着不同的产业，经历了不同的历史阶段，具有不同的文化背景和民间习俗，但是，对于家园的认识和理解具有共同性，具有彼此相通的伦理思维和文化意识，蕴含着世代民众的智慧结晶。原始草地农业和现代草地农业系统发展的时代交替和文化传承中牢固地传递了如下伦理内涵。

### （一）集体认同、公共意志

在农业社会活动中，家园是集体的象征，也是利益的载体。集体认同和公共意志认知的初始根基是族群认同和亲缘情感联系。这种族群情感纽带是原生的血缘和基因。基于语言、宗教、种族、族属和领地的"原生纽带"将族群的集体成员联系在一起，按照族群的最高利益，形成集体意志。在原始的采集狩猎期，面对的共同问题是严酷的自然界、贫乏的食物、野生动物的侵袭；在原始的农耕期，首先遇到的问题是资源匮乏、生产力低下；在传统的游牧业阶段，草场争夺和纠纷时时发生，保卫草场的利益需要族群的力量。面对挑战，族群成员会自然而然的群居在一起，相依为命，共同御敌，形成原生的族群认同。在草地农业的社会活动中，更加依赖于人们的分工协作，

依赖于产业链的前后衔接，只有大家协调一致，集体奉献，才能实现共同利益。集体认同和公共意志的伦理价值包含了个人与个人、集体与集体以及个人与集体之间的包容性、集体荣誉感和团结的力量。这种集体认同感上升到国家层面，就是民族认同、祖国认同。这种集体认同和公共意志是对祖国的血肉依存，是对自己家园以及民族和文化的归属感、认同感、尊严感与荣誉感的统一。

### （二）敬重天地、道法自然

从原始采猎起，一直到农耕和游牧，古代先民在与大自然的共生相处中，经历了由敬畏到敬重、由顺从自然到道法自然的过程，对人与大自然的关系形成了一种天人合一的哲学意识。在古代科技不发达、生产力低下的条件下，面对大自然，认为最有力量的是上天和大地，《老子·第二十五章》说："有物混成，先天地生。寂兮寥兮！独立而不改，周行而不殆，可以为天地母。"面对自然、面对苍天大地，人很渺小，人就是自然的一部分。宇宙自然是大天地，人则是一个小天地。人和自然在本质上是相通的，故一切人事均应顺乎自然规律，达到人与自然和谐。用今天科技发达的思想理解，天人合一的意识深刻反映了人类善待自然、善待人类、力求人类自己融入大自然的良好心愿。用今天的生态理论诠释"天人一体"的意识，就是要求对自然资源的开发利用必须与自然资源的承载能力平衡，这样才能使草原生产经济适度发展又不损害自然生态的规律，尤其是当经济利益和人类的欲望超出自然禀赋时，人们必须遵照"天人合一"的哲学思想，以科学的态度对自身和自然资源做"固本培元"的工作，改革自己的生产行为和生产模式，提高自然资源、自然生态的质量，使二者的力量对比在新的基础上取得新的平衡。在进入生态文明时代，更加需要强调遵从自然规律、珍惜地球资源、加强生态环保意识，树立善待自然就是善待人类自己的生态意识。

### （三）平等互爱、共生共享

平等、互爱、共享意识是原始狩猎经济条件下尊重自然、尊重命运、维护族群进化的思想基础，它源于社会的族群方式、成熟于社会的合作意识、完善于社会的分配制度。共同意识产生于劳动的结合方式。在原始狩猎阶段，氏族是社会的基本经济单位，在共同经济生活的基础上，形成氏族共同的语言、文化习惯和原始的宗教信仰。简单协作是社会劳动的主要结合方式，自然分工是社会遵循的基本规则。这是由于极其低下的生产力制约了狩猎经济的发展，个人无力同自然界进行斗争，为谋取生活资源必须共同劳动，形成

"原始公社"，从而决定了自然资源全民所有、生产资料共同占有、劳动成果共同分享，同时，人们在劳动中只能是平等的互助合作关系和平均分配。随着社会生产力的提高和农业、畜牧业的出现，男性逐渐取得了社会的主导地位，父系氏族公社逐渐形成，这也意味着共享制度开始分化和解体。但是，平等互爱和共生共享已经是先民的思想意识和社会追求。在游牧社会，部族一统，首领为长。部族首领注重平衡族群间的利益，建立"议事制"来确保分配的公平合理。在农耕社会，由于自给自足的经济体制，以及私有制的出现，祈求"田力"，多生男孩、多子多孙是社会的一种共识。以孔子为代表的"有教无类"思想，促进了平民布衣的公平待遇。进入现代草地农业期，以新中国为代表的土地改革、人民公社以及土地承包经营制的改革，从制度上解决了不同农业发展阶段的平等互爱和共生共享，而且在不断地探索追求。男女平等、尊老爱幼、能者多劳、责任担当、合作友善、患难与共、尊重生命、利益均享已经成为社会共有的道德风尚。在当今社会，以平等思想为指导，提倡现代人伦的思想文化取向，发扬先民优秀传统精神具有一定的时代意义。

### （四）遵从制度、约法守律

古代的法律制度最早源于习惯。习惯是人类在长期社会生活中处理各类关系时都要遵循的人类群体普遍认可的行为规范，尽管这种习惯还有很大的盲目性、神秘性和被动性，但是通过管理者的吸收采纳，形成了一定的伦理认知和行为规范，而制度和法律条文为强制性界线。在原始采猎社会，土地的利用以狩猎采集为主，草原和耕田没有所属权，为先民共同所有。进入游牧时代和农耕时代，草地和耕田成为主要生产资料，血亲集团具有了势力范围和占有意识。尤其是秦始皇统一中国之后形成了中央集权的皇权社会，对草原和耕田的控制力度日益加强，无论是中央集团、血亲联盟还是家族部落都开始意识到对土地的利用需要一定的约束。土地管理权逐渐为部落或家族集团所有，草场和土地的管理就成为部族和当权者的重要任务。此外在草原社会活动中，自然崇拜、神话传说、宗教信仰、生死习俗、乡规民约、禁忌习惯等等，也形成了人们对破坏草场、破坏生存环境、破坏生活方式的行为约束，成为制度法律的形成基础。例如，"约孙"就是蒙古族对道理、规矩、缘故进行规范约束的习惯法，不准在草原上乱挖、乱掘，搬迁不留火种等，否则要受到部落惩罚。这类习惯法自古以来代代相传、人人自觉遵守，具有强烈的稳定性。在中国各朝代设立官有制牧场之后，政府管理的草原规章制度日渐齐盛，如辽、金、元期的群牧制，明代《俺答汗法典》的草原保护条款，清政府的禁垦轻徭薄赋政策和禁止越界游牧政策。政府主持建设官有制

牧场，颁布了一些保护草原、发展畜牧业的法律法规。这是我国封建时代通过习惯法的意识启蒙，草原利用走上有法可依、有章可循的重要一步，有利于畜牧业的规模化发展，也有利于合理统筹和利用草场资源，为新中国实行草原制度管理和法规管理提供了一个重要的基础。进入现代草地农业时期，面临一个更加复杂、更加关联、更加开放的农业系统，制度和法规愈显重要，《中华人民共和国农业法》《中华人民共和国土地管理法》《中华人民共和国草原法》规范了农业社会的法律约定，使得千年历史形成的"遵法守纪、良民营生"的朴素法制观念得到了提升。

# 四、家园意识的时代价值

由久远历史培植而来的家园意识及其蕴含的深刻的伦理道德是当前我国草地农业建设的重要思想基础。草地农业建设的核心是处理人与自然的关系。家园伦理意识在处理人与自然关系、处理人与社会关系以及处理人与自我关系过程中具有重要参考价值。家园伦理意识凝聚了千百年来农牧民的智慧，是草地农业建设的组成部分，也是草地农业建设的重要思想支撑，在当今生态文明建设中具有重要的时代价值。这些时代价值主要体现在以下几个方面。

## （一）人与自然关系中的伦理价值

人与自然的关系是草地农业的核心价值。在草地农业的历史进程中，人与自然的关系衍生了一幅从敬畏自然——崇尚自然——开发自然——破坏自然——协和自然的惊鸿画面，这也是一个人类认识自然、利用自然、保护自然的过程。当今，人们终于认识到大自然和人类是和谐共生的关系，对大自然具有保护建设的态度。生态文明建设过程中，需要我们进一步弘扬家园意识和伦理规范，尊敬大自然，科学管理大自然，珍爱一草一木，重视对草原、农田、森林、山川、河流和各种生命的保护，在生态文明建设中，将人与自然和谐相处当作重要的行为准则和价值尺度。第一，认真实践新时代推行的有效生态保护建设工程。生态保护建设工程就是家园保护建设工程。政府投入了千亿资金，在农村启动了"退耕还林还草"工程、基本农田治理工程、新农村建设工程，在草原启动了牧区建设工程、牧民定居工程等，推行生态修复模式和管理措施，恢复生态系统平衡。第二，用多功能草地的时代观点认识草原、利用草原、管理草原。2008年世界草地/草原大会在中国召开，第一次将大会主题确定为"变化世界中的多功能草地"（multifunctional grasslands in a changing world），充分反映了我国草原领域与时俱进的大局观和世界观。全世界草原科学家认为，草原不仅仅是畜牧业基地，而且具有孕育生物多样性、吐氧固碳、防风固沙、保持水土的生态功能，并具有多种自然资源和文化资源，是生态产业的重要基地，也是实现碳达峰和碳中和世纪目标的重要保证。第三，用美丽中国的理念，构建人类命运共同体，建设人类共同的家园。当遇到生态危机时，必须从人与自然的关系入手，实践绿色发展、低碳发展、循环发展，修复生态、恢复生机，顺应人民群众的美好期待，建设保护美丽的家园。

### （二）人与社会关系中的伦理价值

人与社会的关系是人与自然关系的内向衍生，是个体意识与群体意识的辩证关系，涉及的是己与群的关系。在当今生态文明建设中如何构建人类命运共同体，需要多元、包容的文化视点。"公平分享"意识、"天人一体"意识等，都是这种生态伦理的体现。万物有灵，都是生命，都有享受自由的权利。所以，不能轻易把个人意志强加于他人、他物身上。这些极具人文情怀的生态意识陪伴着华夏民族战胜了千难万阻，进入当今生态文明建设的新时代。这些生态意识和生态伦理所蕴含的人文情怀是对勇敢、勤劳、正直、善良等高贵品德的追求弘扬，也是对带给人类美好资源的大自然的崇拜和尊敬，锻造了五十六个民族是一家的民族精神，崇尚英雄的乐观精神、自由开放精神和崇信重义精神等。这些伦理规范与当今改革开放的时代精神本质是一致的。在改革开放和社会主义现代化建设的历史条件下，这种传统的优秀民族精神，必然表现为开拓进取、创新发展的时代精神，这是生态文明建设工作的基本要求，也是构建命运共同体的基本品格。

### （三）人与自我关系中的伦理价值

人与自我的关系，是人自身的心身关系，就是对自身的文明精神和生态道德的规范。华夏民族通过久远的历史文明，在处理个体心身关系中，强调自我约束、自我教育、自我升华，并将这种自我管理演化为华夏的传统文化。"己所不欲，勿施于人"所体现的仁爱谦恭、自省和谐的礼教，就是现代草地农业崇尚的家园礼仪。这种文化完全符合当今生态文明建设中追崇的人文心态和思想品格。按照生态文明建设新理念的内容，在生活方式上，人们追求的不再是对物质财富的过度享受，而是一种既满足自身需要又不损害自然生态的生活。人类个体的生活既不损害群体生存的自然环境，也不损害其他物种的繁衍生存。同时，在生态文明建设中需要弘扬自我牺牲、敢当敢为的人格塑造和价值追求。生态道德意识是建设社会主义生态文明的精神依托和道

德基础。只有大力培育全民族的生态道德意识，提高全民族的生态道德素质，使人们对生态环境的保护转化为自觉的行动，才能解决生态保护的根本问题，才能为社会主义生态文明的发展奠定坚实的基础。

## 参考文献

陈冬梅，2018.《诗经·国风》地域风格研究：以《豳风》、"二南"、《王风》为例[M]. 北京：中国社会出版社.

程修远，2007. 论全球化浪潮下的草原文化[C]. 呼和浩特市人民政府，内蒙古自治区社会科学院，内蒙古自治区社会科学界联合会. 中国·内蒙古第四届草原文化研讨会论文集. 呼和浩特：内蒙古教育出版社.

[德] J. E. 利普斯，2010. 事物的起源：简明人类文化史[M]. 汪宁生译. 贵阳：贵州教育出版社.

董世魁，蒲小鹏，2020. 草原文化与生态文明[M]. 北京：中国环境出版集团.

额尔登泰，乌云达赉，2007. 蒙古秘史[M]. 呼和浩特：内蒙古人民出版社.

傅国华，许能锐，2014. 生态经济学[M]. 北京：经济科学出版社.

谷树忠，1999. 农业自然资源可持续利用[M]. 北京：中国农业出版社.

亨利·列斐伏尔，晓默. 2005.《空间的生产》节译[J]. 建筑师(5):51-60.

雷·额尔德尼，2013. 内蒙古生态历程[M]. 呼和浩特：内蒙古人民出版社.

李博，1993. 普通生态学[M]. 呼和浩特：内蒙古大学出版社.

李根蟠，黄崇岳，卢勋，1985. 原始畜牧业起源和发展若干问题的探索[C].《农史研究》编委会编. 农史研究. 第五辑[M]. 北京：农业出版社.

卢欣石，2002. 中国草情[M]. 北京：开明出版社.

卢欣石，2019. 草原知识读本[M]. 北京：中国林业出版社.

罗素，1996. 中西文明的对比[M]. 上海：上海文学出版社.

内蒙古社会科学院草原文化研究课题组，2010. 内蒙古文化软实力现状分析——弘扬草原文化核心理念，提升内蒙古文化软实力系列论文之一[C]. 内蒙古党委宣传部，内蒙古社会科学院，内蒙古自治区社会科学界联合会，内蒙古文联，内蒙古博物馆. 论草原文化(第七辑). 呼和浩特：内蒙古教育出版社.

倪波，陈日朋，1985. 原始农业史话[M]. 北京：中国农业出版社.

[瑞典] 多桑，2006. 多桑蒙古史[M]. 冯承钧译. 上海：上海书店出版社.

任继周，1995. 草地农业生态学[M]. 北京：中国农业出版社.

任继周，2015. 中国农业系统发展史[M]. 南京：江苏凤凰科学技术出版社.

史青竹，2017. 马克思《政治经济学批判》研究读本[M]. 北京：中央编译出版社.

唐芳林，刘永杰，韩丰泽，等，2020. 创建草原自然公园，促进草原科学保护和合理利用[J]. 林业建设，212(2):1-6.

王明珂，2018. 游牧者的抉择：面对汉帝国的北亚游牧部族[M]. 上海：上海人民出版社.

乌兰察夫，2008. 草原文化走向世界的新视野[C]. 内蒙古"草原文化研究工程"领导小组办公室，内蒙古社会科学院，内蒙古社会科学界联合会，中共赤峰市委员会，赤峰市人民政府. 论草原文化（第五辑）. 呼和浩特：内蒙古教育出版社.

席婷婷，2016. 文化生态学理论及其实证解读[J]. 大连民族大学学报，18(2):107-110.

邢莉，2006. 游牧中国：一种北方的生活态度[M]. 北京：新世界出版社.

邢莉，邢旗，2013. 内蒙古区域游牧文化的变迁[M]. 北京：中国社会科学出版社.

张倩，张振华，2016. 西部草原牧民定居问题研究综述[J]. 草食家畜，176(1):1-5.

章颖，1999. "家园"艺术范式评析[J]. 闽西职业大学学报(1):83-87.

赵亚亮，2015. 家园意识概说[J]. 文艺生活·文艺理论(8):241-242

周瘦鹃，范伯群，2011. 周瘦鹃文集（第二卷）[M]. 上海：文汇出版社.

# 乡村振兴与农业伦理关怀

林慧龙　马珂昕

（兰州大学草地农业科技学院）

## 一、农村管理及其取得的成效

### （一）农村管理概述

**1.农村管理的概念**　我国自古以来一直是农业大国，农村是我国社会的基础，农村的稳定发展与社会的稳定发展有着紧密的联系。农业的稳定发展离不开农村的统筹管理工作，做好农村管理工作，能够有效解决农村经济和社会发展的不平衡问题，加快和改善农村基础设施建设，提高农民的生活水平，维持农村社会的和谐稳定，实现农业现代化等。

自1978年改革开放以来，众多学者参与到有关农村社会和农村问题的研究中来，随着研究范围的扩展和研究内容的深入，不同研究领域的学者赋予"农村管理"这一概念非常丰富的内涵。戴玉琴从宏观角度对农村管理进行了总结，指出中国共产党治理农村经历了乡政并立、政社合一和乡政村治三个阶段，与此相适应，国家权力在农村基层社会治理中，也基本经历了一个下沉、全面渗透、向上回抽的过程（戴玉琴，2009）。刁怀宏从微观的角度论述农村管理的特征是农村社区以大力发展农业及农村生产力、促进农业生产和农村社会进步、帮助农民尽快致富为管理的主要目标；以从事季节性很强的种植业生产，以及发展与大农业密切相关的乡镇企业为经济管理的主要内容；以科学文化水平较低的农民为管理对象；以具有强制性、无偿性的行政干预为管理的主要方法（刁怀宏，2001）。刘宇明定义农村管理是农村基层管理组织根据有关法律法规和政策的规定，通过计划、组织、领导、协调等项工作，合理而有效地利用本村所拥有的各种资源，为解决农村的矛盾和问题、理顺农村各方面的关系、促进农村经济社会全面发展的行为过程（刘宇明，2013）。

**2.农村管理的运行机制**　农村是农业生产和农村居民生活的重要活动区域，包含的参与对象众多，管理内容广泛，因此农村管理是一项复杂的系统工程。建立起与农村经济社会结构相适应的、多元主体协同共治的农村社会管理体制（李小妹，2015）是目前最为行之有效的农村管理的方法。从当前我国农村的实际情况看，农村管理工作的开展主要是由国家和社会两个层面发挥着作用。国家权力机关与农村社会群体组织相辅相成、协同治理，共同参与到农村管理的事务中。

基层政权建设工作是农村管理的重中之重。乡镇是国家在农村的基层政权，由乡镇政府代表国家对本地区进行行政管理（戴玉琴，2009）。"两委"是农村基层政权组织的基础和开展各项工作的依托。村"两委"是中国共产党村支部委员会和村民委员会的简称，习惯上前者简称村支部[1]，后者简称村委会[2]。一般是由乡镇政府将管理模式传达到村两委，再由村两委对该村村民进行组织教育，形成层层递进的管理方式。

在农村，国家权力机关不仅要负责政权建设工作，还要更新农民的思想观念，对农民进行社会主义教育，为实现制度上的革命提供思想保障（戴玉琴，2009）；提供良好的公共管理和服务保障，为农村居民的生产生活创造良好的条件。各级农业农村相关单位、负责主体通过给农村社会提供必要的公共基础设施，如水利设施建设、交通建设、社会治安保障、医疗保障、生态环境保护、文化教育事业等，以便更好地实现农村社会的繁荣稳定发展和可持续发展。

农村管理主体除国家基层政权外，还包括各类村级组织，其中，村级组织包括村党组织、村民自治组织（主要是村民委员会）和农村社会组织（李小妹，2015）。村民自治制度是中国特色社会主义民主政治的重要组成部分（兰德刚和石涛，2019），也是农村管理的主要力量。村民自治是让农民参与到农村的管理和建设中来，让农民在农村管理中发挥积极的作用，能够切身考虑到自己的实际利益，并将其与农村整体利益有机结合起来，提高村民参与农村管理的成就感和满意度，逐步让村民成为乡村振兴的实际受益者，为实现乡村振兴凝聚力量。

## （二）农村管理取得的成效

**1.村民自治制度地位不断提升**　党的十九大提出要健全自治、法治、德治相结合的乡村治理体系。学界普遍认为自治是基础，法治是保障，德治是根本（汤明媚和王晶媚，2021）。《村委会组织法》实施后，民主选举制度、

---

[1]　村支部的职能是宣传中国共产党的政策，帮助党的路线方针政策在基层的落实，带领广大基层人民在党的领导下发家致富奔小康。

[2]　村委会是村民民主选举的自治组织，带领广大村民致富，协助乡镇政府工作。它不属于国家机关。

村务公开制度等不断建立和完善（张书丽，2012）。广大村民通过民主选举、民主决策、民主管理、民主监督的方式切身参与到农村建设和管理的事务中，将自身利益与农村整体利益有机结合，更好地协助政府管理农村，有效缓解了我国在农村管理方面的压力。

**2. 依法治村观念不断深化**　依法治国是我国的基本方略。农村是我国社会的基础，在依法治国的指引下实行依法治村是实现乡村振兴战略的根本保障。十九大报告提出：健全人民当家作主制度体系，发展社会主义民主政治，全面依法治国是国家治理的一场深刻革命。依法治国是坚持和发展中国特色社会主义的本质要求和重要保障，依法治村是实现全面依法治国的重要一环。多年来，随着法制治村制度的不断推进，乡镇政府、村两委的领导能力不断提高，农村基层选举制度不断完善，农村基层运行机制不断加强，农村社会也更加和谐稳定，呈现出一派欣欣向荣的景象。

**3. 农村基础设施建设不断完善**　完善和强化农村基础设施建设，是推动农村经济发展、促进农业和农村现代化的重要措施。近几年，党和政府十分重视农村基础设施体系的建设。国家投入大量的资金修建农村公路，泥泞的乡间小路变成了平坦的柏油马路，实现了"村村通"；农村医疗保险使得广大的农民享受到医保的实惠；以节水灌溉为主的农村水利设施不断完善，农田灌溉面积不断扩大；农村"厕所革命"取得有效进展；农村义务教育经费保障机制的启动，使得贫困家庭的孩子上得起学，真正从根本上做到了扫清文盲；农村信息基础设施建设不断完善，全国九成以上的乡镇达到了宽带全覆盖，等等。在党和政府的全力支持和农村基层组织的积极配合下，农村基础设施建设不断完善，逐步实现农业发展、农村繁荣、农民富裕。

## 二、现行农村管理的典型案例

### （一）福建省民俗文化传承与乡规民约

**1. 概况**　福建省宁德市周宁县浦源镇浦源村有一条被称为"年代最久的鲤鱼溪"，溪中悠然遨游着数千尾色彩斑斓的大鲤鱼，水深及溪，清澈见底，鲤鱼满溪，故而得名"鲤鱼溪"。浦源村源自宋代，历经八百年，素有保护鲤鱼的传统，在村民世世代代的守护下，流经村落的溪流成了鲤鱼生活的天堂和著名的生态保护地。浦源村至今保持着世界上独一无二的鱼冢、鱼祭文和鱼葬礼俗。每当有鲤鱼死亡，村民都会举行隆重的"鱼葬"仪式，这种"仪式"代代相传，体现了鲤鱼在浦源村人心目中"尊贵"的寓意，最终形成罕见的具有宗教文化色彩的鲤鱼自然生态保护区。鲤鱼是浦源村村民的守护神，浦源村村民严格遵守古训，订立乡规民约，禁止偷捕鲤鱼，保护鲤鱼溪的生态环境，给鲤鱼创造了一个舒适的生存环境。在浦源村的乡规民约中有这样的规定：①当地村民不能捕食鲤鱼，成立护鱼队防止外乡人来偷鱼。②若遇鲤鱼死了，都说这尾鲤鱼上天了，并举行隆重的"鱼葬"仪式，三拜九叩，由村中德高望重的族人宣读祭文，之后将鲤鱼埋葬在鱼冢里。在遵守乡规民约和保护环境的前提下，当地各级政府部门给护鱼习俗拨了专项的经费，深度挖掘鲤鱼文化，加大宣传力度，提升当地的知名度，发展旅游业，提高了当地的经济水平（曾芳芳，2019）。

**2. 案例分析与启示**　在当今市场经济发展的大趋势下，农民为了实现粮食增产，大量使用农药、化肥、除草剂，对土壤、水和空气质量造成了不可逆转的破坏；为了提高自身的经济收入，过度放牧和滥挖滥砍滥伐滥采，导致生态环境系统修复能力的退化；为了加速城镇化的发展，向自然环境中大量排入污水废气，成为实现"看得见山，望得见水"乡村的最大阻碍。出现以上这些问题是中国农业之殇，根源之一就在于对土地的农业伦理观的缺失（任继周，2018）。

浦源村村民尊重自然、顺应自然、保护自然，推动乡村环境不断优化，实现了百姓富、生态美的统一，做到了造福于民、造福于自然的良性循环。浦源村富含伦理学意蕴的民俗文化做到了人与自然的和谐共处，做到了乡村社会、经济、人文、生态的协调统一，实现了多元要素的可持续发展。人与自然和谐发展是实现良好的生态环境的必要手段，而良好的生态环境是乡村振兴的关键。人与自然和谐发展是指人类不再是侵略者和掠夺者，两者之间是一种和谐共存、相互促进、相互发展的关系。这充分体现了农业伦理学"地之维"的思想雏形，土地生态的伦理思维唤起了人类对生态问题的整体关注，已经内涵了生态系统的概念，这对于解决当前中国农业生产中出现的土地退化、水土流失、环境污染等一系列人地矛盾问题，实现人地和谐具有重要启示（任继周，2018）。因此，从农业伦理学的角度出发，实现乡村振兴，必须做到人与自然和谐发展，遵循生态规律，把眼前的经济利益与未来长远的自然环境保护、生态平衡结合起来，以农业伦理学的原则来制约和规范人类的行为活动，选择一条适合生产生活与自然生态相互平衡的最优发展道路。

## （二）甘肃省生态补奖政策实施与乡规民约

**1. 概况**　为了保护草原生态环境，保障牧民生计，我国于2011年起相继实施两轮草原生态保护补助奖励政策，全面推行草原禁牧和草畜平衡制度，

划定和保护基本草原。通过对甘肃省四个县（肃北县、肃南县、玛曲县、天祝县）的实地调研发现，监测监管等基础工作依然薄弱，草原执法成本高、周期长，违法成本低，给政策的精准落实带来一定困难。国家施行草原生态保护补助奖励政策，减畜是其中的一个目标，调研区域的各样本县在政策实施后均进行了减畜，草畜平衡区和禁牧区减畜任务达成情况存在差异，以下是四个样本县分别在两个不同区域的减畜结果。

从草畜平衡区核算结果来看，肃南减畜难度很大，肃北减畜难度很小，天祝减畜难度较小，玛曲减畜难度较小（表1）。

表1　调研区域样本县草畜平衡区牧户减畜任务达成情况的核算结果[1]

| 地区 | 户数 | 2010年实际载畜量 | 2018年实际载畜量 | 2018年理论载畜量 | 理论减畜量 | 实际减畜量 | 减畜难度评价 | 减畜任务达成比例 |
|---|---|---|---|---|---|---|---|---|
| 肃南 | 29 | 382.9 | 365.3 | 142.3 | 240.6 | 17.6 | 很大 | 7.31% |
| 肃北 | 34 | 721.5 | 570.7 | 500 | 221.5 | 150.8 | 很小 | 68.08% |
| 天祝 | 5 | 840.6 | 791.2 | 679.1 | 161.5 | 49.4 | 较小 | 30.59% |
| 玛曲 | 31 | 368.7 | 325.6 | 245.1 | 123.6 | 43.1 | 较小 | 34.80% |

从禁牧区核算结果来看，肃南减畜难度较大，天祝减畜难度很大，玛曲减畜难度较小（表2）。

表2　调研区域样本县禁牧区牧户减畜任务达成情况的核算结果[2]

| 地区 | 户数 | 2010年实际载畜量 | 2018年实际载畜量 | 2018年理论载畜量 | 理论减畜量 | 实际减畜量 | 减畜难度评价 | 减畜任务达成比例 |
|---|---|---|---|---|---|---|---|---|
| 肃南 | 6 | 292.3 | 177.8 | 0 | 292.3 | 114.5 | 较大 | 39.17% |
| 肃北 | 0 | 0 | 0 | 0 | 0 | 0 | 无 | 0 |
| 天祝 | 27 | 502.7 | 423.6 | 0 | 502.7 | 78.4 | 很小 | 15.60% |
| 玛曲 | 2 | 446 | 263.3 | 0 | 446 | 182.7 | 较小 | 40.96% |

注：为统一牲畜单位，参考牧业年度统计标准，具体为：1只大羊折合1个羊单位，1只羊羔折合0.4个羊单位，1头大牛折合6个羊单位，1头牛犊折合3个羊单位，1匹成年马折合6个羊单位，1匹小马折合3个羊单位，1峰骆驼折合7个羊单位。

从减畜任务的达成情况和减畜难度进行对比，发现玛曲县在草畜平衡区

---

[1,2]　迟佳萌,2020.甘肃省草原生态补奖政策实施与村规民约的实证研究[D].兰州：兰州大学.

和禁牧区的减畜任务在四个县中完成情况最好。通过对玛曲县进行回访发现牧区疆域辽阔，人员住址不确定，人口分散，草原生态补奖政策的有效实行不仅需要国家权力的保障，还需要依靠乡村基层组织和村规民约来实现。在玛曲县乡规民约的存在率较高，可以说是村村有"乡规"且执行情况较好（图1）。为落实草原生态保护补助奖励政策，在玛曲县的乡规民约中进行这样的规定：①各户要对自己正在核查、核减的牲畜在是否超载放牧的问题上进行持咒发誓（面对佛主赌咒发誓）。②牧民相互监督，牧民有权力对严重超载牲畜的牧户进行举报。③牧民积极配合注射牲畜疫苗，加强疫病防控工作。在现行草原生态补助奖励政策背景下，玛曲各村乡规民约是对农业伦理的朴素积淀，蕴涵了时（季节性轮牧转场）、地（夏季牧场与冬季牧场的划分）、度（历史积淀传承下来的对适度放牧的认知）、法（草地生态系统与人的和谐共生）的基本要素，通过逐步完善草原保护、生态补偿等方面内容，通过乡规民约内在的运行机制，达到了政策执行与监督管理目标。

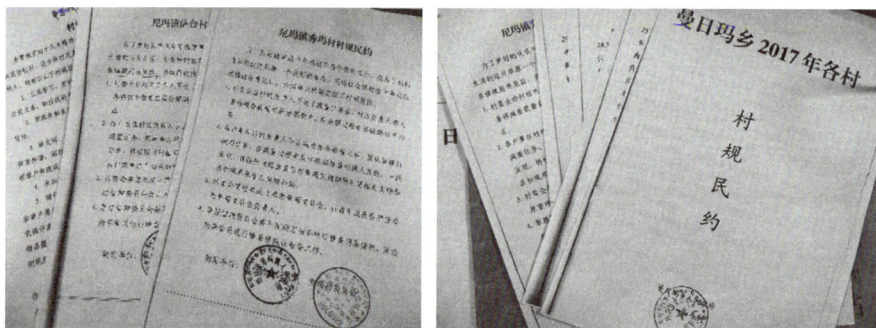

图1　甘肃玛曲县部分乡规民约资料[1]

**2. 案例分析与启示**　草原在我国生态文明建设和经济社会发展大局中具有重要的战略地位。落实草原生态补偿奖励政策，需要大力加强草原治理与秩序维护。由于国家权力机关在监督监管层面运行机制较弱，主要表现为监管的人力资源不够多、资金待遇较低，牧区人口分散、疆域辽阔不便于管理等问题。因此，实现草原生态保护补助奖励政策的落地，很大程度上需要依靠乡村基层组织与乡规民约来实现。乡规民约是牧区根据生产生活制定的规范，是农业伦理在草原社会生态系统的缩影，具有较强的约束力，在牧民中也具有非常高的权威性（何傲，2018）。乡规民约经历了时、地、度、法漫长的历史变迁，逐渐演变成了草原社区的社会规范（刘嘉尧，2013），影响着牧

---

[1]　迟佳萌，2020.甘肃省草原生态补奖政策实施与村规民约的实证研究[D].兰州：兰州大学.

民生产生活的方方面面。党的十九大提出，要重视村规民约等农村社会治理体系建设，充分发挥村规民约在农村社会治理中的积极作用，促进社会秩序和良好风俗习惯有机融合，促进法治和自治有机结合。由此可见，村规民约的治理作用被得到了充分肯定。

生态补偿实践的完善需要国家权力与基层社会的磨合，只有让广大牧民充分知晓村规民约中生态补偿的内容和目标，牧民才会了解自身在政策实施中所担任的角色，知晓应享受的补贴和承担的责任，自觉履行草原生态保护的义务。通过乡规民约使牧民由原来的被监管者，转换成为草原生态保护的直接参与者；由过去草原生态系统退化的直接受害者，转换成为草原生态经济效益提升的直接受益者。基于牧民与草原生态系统的这种紧密关系，草原生态保护补助奖励政策的顶层设计需要充分尊重牧民的乡规民约，让牧民切实参与草原的生态保护（石林溪和李涛，2019）。

### （三）平坟复耕引发的矛盾与"枫桥经验"中的乡贤引领

**1. 概况**　实施乡村全面振兴总体规划中，"乡风文明"是强而有力的保证（赵廷阳，张颖，李怡欣，2021）。受地域文化差异影响，地区发展不平衡和重视程度的不同，各地乡风文明水平参差不齐。在一些地区仅仅重视乡村经济的振兴而忽视乡村道德文化的振兴。例如，在前几年某地轰轰烈烈开展的一场大规模"平坟复耕运动"，其初衷是为了可以使大机器进行耕作，解决死人和活人争地的问题。但有些地方在进行这项运动时使用暴力手段强制平坟，引起群众强烈的不满情绪，抵制平坟工作，使这项工作进行的很不顺利，最终，持续半年多的平坟运动草草收场，以失败告终（陈新宇，2015）。地方行政官员罔顾人文伦常关系，机械地行使权力，不注重方式方法，缺乏人文伦理关怀道德文化修养，造成群众抵触情绪和干群关系紧张，形成一场闹剧让大众看了笑话。

乡贤作为在当地邻里之间知识多、威望高、口碑好的贤达之士，对于乡村文明乡风和道德文化的建设具有一定的引领带头和传承推动作用。在20世纪60年代初，浙江省绍兴市诸暨县枫桥镇干部群众创造了"发动和依靠群众，运用说理斗争，坚持矛盾不上交，就地解决。"为核心内容的"枫桥经验"，作为当地干部和群众改造"四类分子"的有效手段和方式，得到毛泽东同志的充分肯定和亲笔批示。深入分析当时枫桥干部和群众所采用的说理斗争，实际上正是对历史上以德治为本的乡绅治理传统的传承与创新。现如今，"枫桥经验"已经成为乡村治理学习的一个典型，"构建中国特色乡镇社会治理模式，需要道德伦理的支撑与保障"（李兰芬，2014）。"枫桥经验"的诞生和发展始终与当地的乡贤治理传统相辅相成，它是对乡贤治理的传承与创新，在枫桥镇建立了许多以矛盾调解、维系秩序为主旨的工作室和相关组织，在这些组织中担任主要负责人的多数是当地德高望重、深受群众认可的乡贤（裘斌，2018）。乡贤文化，特别是与社会主义核心价值观相契合的新乡贤文化是"枫桥经验"的有机组成部分，"依靠群众就地解决矛盾"是"枫桥经验"的精髓，"枫桥经验"坚持走群众路线，依靠好群众、发动好群众、凝聚好群众，化解了大量基层矛盾，为政府减轻了压力。（裘斌，2018）

**2. 案例分析与启示**　　随着国家现代化进程的推进和城镇化建设的不断加速，农村社会在不断发展的同时，诸如平坟复耕之类的现实问题的出现十分普遍。在目标责任制与资源紧缺的结构性背景下，乡村基层治理实践是一个多元主体互动的过程，对平坟复耕政策的推行与落实，多元治理主体具有不同的权力运作方式与行为逻辑（窦方，2014）。农村基层管理组织想要更好地发展农村，提高农民的收入，但在制定政策的过程中罔顾人文伦常关系，机械行使权力，不注重方式方法，就难免会受到抵触，再强硬的行政权力，如果不尊重公众的情感和利益，最终的结果也只有失败。因此，探索适合乡村社会发展规律的乡村治理方式成为应有之义（聂梦琪，2021）。

"枫桥经验"则是以新乡贤治理为内核，在弘扬新乡贤文化、提炼新乡贤精神、扶植新乡贤组织、创建新乡贤活动平台和规范机制等方面作出了许多创造性探索，积累了丰富的经验（裘斌，2018）。乡贤作为链接乡村社会和国家权力机关的坚实桥梁，是强化乡村道德建设、提升村民道德认知、维护乡村治安秩序的有力推行者。乡风文明建设是一项系统工程，要将优秀的传统文化纳入乡风文明建设中来，还要注重现代文明思想的传播（梁满艳和曾平，2020）。乡贤长期生长生存在乡村，他们了解和熟悉乡村的风土人情和村民的道德文化修养，他们作为乡风文明建设的中坚力量，可以引领广大村民提升道德文化认知，弘扬社会精神风尚。

# 三、乡村振兴与农业伦理关怀

习近平总书记在中国共产党第十九次全国代表大会上提出"实施乡村振兴战略"，指出要"按照产业兴旺、生态宜居、乡风文明、治理有效、生活富裕的总要求，建立健全城乡融合发展体制机制和政策体系，加快推进农业农

村现代化。"[1]截至2019年，中国农村常住人口达到55 162万人，占人口比例的39.40%[2]，由此可见，我国仍然是农业大国，农村仍然是我国社会的基础，农民仍然是我国人口的构成主体。因此，实施乡村振兴战略是新时代中国特色社会主义的重大战略部署和战略选择。乡村振兴战略的实施不仅是一项德政惠民的工程，有利于新时代接续与巩固脱贫攻坚成果，有助于实现城乡区域统筹发展与共享发展，而且是一项伦理化的制度安排和实践。中国的全面发展离不开乡村的发展，中国社会实现全面小康离不开乡村社会的小康，中华民族优秀传统文化的弘扬也离不开传统乡土文化的转化与重构，这些都是农业伦理的核心内容。在当前实现乡村振兴的前提下，农村管理中不仅需要良好管理机制发挥的作用，还需要考虑其伦理维度的作用。伦理维度本是农业内涵的有机组成，发展农业伦理学是对农业本有之义的回归和应然状态的探索，农业伦理学的系统建设势在必行（齐文涛和任继周，2014）。乡村振兴不仅是管理学层面的问题，也是伦理学层面的问题。只有做到将现有的农村管理运行机制与传统的乡规民约体系相结合，才能真正实现乡村振兴。

## （一）农业生态伦理关怀是乡村振兴的基石

正确处理人与自然的关系，构建农业生态伦理。农业生态伦理关怀是乡村振兴的基石，良好的环境是人们赖以生活的基础。在我国经济社会稳步发展、农业现代化进程不断推进的今天，"三农"问题依然层出不穷，举国忧虑。任继周院士强调当前我国农业面临着污染严重、资源短缺、农资无节制使用、农产品安全等诸多严峻问题。解决这些问题，需要农业伦理学贡献智慧（任继周，2015）。探寻经济发展与生态保护之间的平衡，实现"绿水青山就是金山银山"的转变，在乡村生态建设中，提高农业生态伦理意识，加大对于环境保护的宣传，实现农业产业结构的转变，真正做到绿色发展、可持续发展。

## （二）农业伦理关怀是农村管理的运行保障

农村是中国社会的基础，农村管理的好坏直接影响我国乡村振兴战略的有效推进。党的十九大报告提出，要"加强农村基层基础工作，健全自治、法治、德治相结合的乡村治理体系"。作为乡村治理体系的有机组成部

---

[1] 习近平，2017. 决胜全面建成小康社会夺取新时代中国特色社会主义伟大胜利 [EB/OL]. http://www.qstheory.cn/llqikan/2017-12/03/c_1122049424.htm.

[2] 国家统计局，2020. 中国统计年鉴 2020[EB/OL]. http://www.stats.gov.cn/tjsj/ndsj/2020/indexch.htm.

分，村民自治培育了乡村治理的主体并构建了乡村治理的运行机制（张继兰，2004）。乡村振兴的实现需要国家权力与基层社会的磨合，充分宣传村规民约是保证政策全面落实的重要前提。只有让广大的村民身在其中，了解自身在政策中所担任的角色，从被监管者转化为政策的直接参与者，通过乡规民约内在的运行机制，达到政策执行与监督管理目标。为落实乡规民约，增强乡村治理的执行效果，可以充分发挥村里"老人"和乡贤的社会作用，建立专门的组织负责执行，比如评理会、仲裁会等，并由德高望重的村民担任成员，充分发挥他们在乡规民约执行当中的辅助作用，确保乡规民约真正执行到位（王会极，2020），以构建乡村振兴视域下的农业伦理体系。

### （三）农业人文伦理关怀是乡村振兴的道德保障

当前，农村管理逐渐走向制度化、规范化的道路，农村法治化水平不断提高，农民的法治观念也明显增强。但在具体的农村管理实践中如何真正实现公平公正仍是一个亟待解决的问题。在推进农村治理的进程中，要将法治与德治相结合，德治、法治协同共治，支撑农村治理的公平与正义，无疑是破解这一难题的有效途径，也是农业伦理学的重要使命。充分发挥当地乡贤的社会作用，助力实现乡村道德伦理。农业人文伦理关怀是乡村振兴的道德保障，文明乡风是乡村治理的内在需求。随着乡村经济的快速发展，乡村人民的生产生活水平也得到了进一步的提升。强化乡村地区的道德建设，提升村民的道德水平是乡村治理的保障。乡贤作为优秀乡土文化的继承人和发展者，对于实现乡风文明具有积极的推动作用，以劝导和说服为基础，充分发挥道德的教化作用，注重村民道德文化素质的提升。培育文明乡风和乡贤文化是乡村治理的重要引擎，用农业道德伦理规范乡村治理运行机制，维护农村的和谐发展。

### 参考文献

陈新宇，2015. "周口平坟"事件的伦理学分析[D]. 武汉：湖北大学.

陈忠，2018. 城乡融合的空间伦理自觉[N]. 新华日报，4-10(13).

迟佳萌，2020. 甘肃省草原生态补奖政策实施与村规民约的实证研究[D]. 兰州：兰州大学.

戴玉琴，2009. 新中国成立以来农村治理模式变迁的路径、影响和走向[J]. 毛泽东邓小平理论研究 (4): 53-56, 85, 87.

刁怀宏，2001. 农村组织管理制度的内涵及其特征——用马克思主义分析方法给出的解析[J]. 安徽大学学报 (5): 41-45.

窦方，2014. 被搁置的改革：从周口平坟事件看网络公共领域对乡村基层治理的影响机制

[D]. 上海：复旦大学.

何傲，2018. 乡村治理视角下少数民族地区村规民约的功能研究 [D]. 武汉：湖北民族学院.

兰德刚，石涛，2019. 完善新时代乡村治理体系 [N]. 湖北日报 (7): 5-12.

李皓，2018. 我国乡村振兴战略的伦理之维 [J]. 伦理学研究 (4): 98-102.

李兰芬，2014. 国家认同视域下的公民道德建设 [J]. 中国社会科学 ( 12): 4-21, 205.

李青，2020. 江苏乡村振兴的伦理审视 [D]. 南京：南京林业大学.

李小妹，2015. 农村社会协同治理运行机制的整合创新与逻辑建构 [J]. 河南师范大学学报
　　（哲学社会科学版），42(1): 53-57.

梁满艳，曾平，2020. 乡村振兴战略的伦理意蕴 [J]. 伦理学研究 (6): 88-93.

林荣国，2021. 浅谈乡规民约在乡村善治中的作用 [J]. 福建史志 (1): 47-51.

刘嘉尧，2013. 藏区社会发展中的生态补偿实践研究 [D]. 兰州：兰州大学.

刘宇明，2013. 转型期农村基层管理体制创新研究——以地方政府发挥主导作用为视角 [D].
　　长春：吉林大学.

聂梦琪，2021. 新乡贤参与乡村治理的功能、困境及化解对策 [J]. 宿州教育学院学报，24(2):
　　19-23.

齐文涛，任继周，2014. 农业伦理学：一个有待作为的学术领域 [J]. 伦理学研究 ( 5): 109-115.

裴斌，2018. 新乡贤治理："枫桥经验"的一个阐释视角 [J]. 绍兴文理学院学报 （人文社会科
　　学），38(5): 24-31.

任继周，2015. 重视农业发展的伦理维度 [N]. 人民日报，07-21(7).

任继周，2018. 中国农业伦理学导论 [M]. 北京：中国农业出版社.

石林溪，李涛，2019. 欠发达地区"三治合一"乡村治理体系建设路径研究——以甘肃省为
　　例 [J]. 乡村科技 (25): 47-49.

汤明媚，王晶媚，2021. 乡村振兴战略下有效实现村民自治的路径探究 [J]. 中共乐山市委党
　　校学报 ( 新论 )，23(1): 52-57.

王会极，2020. 论乡规民约在现代乡村治理中的困境与对策 [J]. 法制与社会 (27): 145-146.

曾芳芳，2019. 乡村振兴战略与实践 [M]. 北京：中国农业出版社.

张继兰，2009. 乡村治理：新农村建设的路径选择 [J]. 乡镇经济，25(4): 54-57.

张书丽，2012. 改革开放以来我国乡村治理探究 [D]. 信阳：信阳师范学院.

张永奇，2016. 农业伦理学研究现状与未来走向谫论 [J]. 西北农林科技大学学报 ( 社会科学
　　版 )，16(3): 149-154.

赵廷阳，张颖，李怡欣，2021. 乡村振兴背景下的乡风文明建设——基于全国村级"乡风文明
　　建设"典型案例分析 [J]. 西北农林科技大学学报 （社会科学版），21(3): 46-53.

# 农业科技伦理

刘　巍　张月昕
（中国农业大学马克思主义学院）

农业科技在农业发展中具有根本性的推动作用。当今农业科学技术快速发展，越来越显示出其作为农业第一生产力的现实作用。随着新一轮科技革命的到来，生物技术、信息技术、新材料技术等在农业中的应用越来越广泛，加速了农业科技进步与创新。农业科技可以提高农业资源的利用率，降低农业生产成本，促进养殖业的规模化，提高农业用水的利用率，可以解决人民温饱问题和保障国家粮食安全。但是同时我们也要看到，农业科学技术也是一把双刃剑，人类在运用农业科技造福世界的同时，也带来了许多农业科技伦理问题。

## 一、中国农业科技伦理的缺失

### （一）中国农业科技伦理问题的现状

**1. 农业科技研发带来的伦理问题**　农业科技研发过程中有些科学研究工作者受利益的驱使，研究开发假农药、假化肥、假饲料和禁用兽药；有些科研工作者由于创新能力弱，研发出低劣的产品；有些科研工作者忽视科研成果可能产生的负效应。由于农业领域技术的异化产生的农业伦理问题，将直接影响自然、社会及人类自身。

（1）研究开发假农药、假化肥、假饲料和禁用兽药　2015年3月，刘某伙同周某在郑州市金水区一美食广场租赁两间简易仓库，设立"四川康威动物药业有限公司"（未注册），专门从事生产、销售假兽药活动。雇佣刘某凯为公司经理，具体负责假兽药的生产和销售；周某从他人处购买兽药原料后，交杨某、袁某掌加工生产，即在兽药原料中随意添加葡萄糖等原料，制成十几种假兽药，假冒"阿莫西林、氟苯尼考、替米考星、盐酸多西环素、黏杆菌素"等兽药并粘贴"四川康威"或者"康威牧鑫"的商标，通过网络或者电话对外销售。

（2）研发低劣农业机械　农业机械化是农业现代化的重要标志，也是农

业综合生产能力的一个重要体现。随着农业机械化的快速发展，我国的农业机械化水平也快速提升，我国农业机械总动力到2019年底时已约10.04亿千瓦以上。但是我们也要看到，在农业机械化水平、农机装备制造水平、产品可靠性、农机作业效率等方面与发达国家相比还有一定的差距。高端高质的农业机械少，模仿、抄袭、山寨同行产品形成的低端低质产品多。农忙时节，农户使用这种可靠性差、故障率高、质量不稳定的农机，必定会带来农业伦理问题，影响农业生产，造成农业损失。

（3）忽视农业科研成果产生的负效应　目前大面积推广应用的转基因抗虫、抗除草剂作物可以大幅度减少用工投入，大幅度降低化学杀虫剂的用量，在增加产量、提高收入、缓解资源约束、保护生态环境、改善产品品质、拓展农业功能等方面取得了一系列经济、社会和生态效益。运用转基因技术培育高产、优质、多抗、高效的新品种，不仅可使生产者、消费者直接得益，同时对解决世界资源短缺和能源危机具有重要的作用。

但是，同时我们也要看到，重组基因的生物可能会产生一些难以预测的危害，重组的基因可能使生物发生突变、生态遭破坏，转基因植物竞争能力强，可能成为"入侵的外来物种"，扩散到种植区外可能会变成野生种或杂草，可能使杂草成为有抗除草剂基因的"超级杂草"，具有抗病虫能力的转基因作物体内产生的抗病虫蛋白是否会使病虫产生抗性，使病虫害更加难以防治。

图1　转基因标识

**2. 科技转化和传播过程中的农业伦理问题**　随着信息技术的不断发展及其在农业中的应用，农业物联网应运而生，它可以监测食品产地、种植过程、农药使用、加工及流通全过程，能够较大程度地保证农产品生产过程中的各类生产信息的公开，而且使用农业物联网进行生产的农产品附加值较高，能够为食品安全提供保障。目前，在大田种植、设施园艺、畜禽养殖、农产品安全溯源等领域的农业物联网研究中取得了重要进展。但是由于农业物联网是一种虚拟网络与现实世界实时交互的新型系统，数据、信息是它的重要特点，如果利用农业物联网的漏洞录入假的数据，如农药使用等数据造假，可能会使不合格的农产品以安全的信息流入市场。如果利用农业物联网非法获取个人信息，就会造成个人隐私的泄漏。因此，农业物联网可能会带来较多的安全问题、隐私问题、数据保护问题、资源控制问题，涉及社会多个层面的道德伦理问题。

不仅农业物联网可能会产生伦理问题，在农业科技转化和传播过程中，假劣种子、肥料有效成分不足、农药兽药隐性添加等问题突出，这些伦理问题严重影响了农民的利益。

2017年2月，湖北省老河口市农业执法大队接到老河口市洪山嘴镇付家寨六股泉农资经销商韩某某电话投诉，称其销售的"薯豆乐10%精喹禾灵"和"薯豆乐烯草酮"农药施用于豌豆田后，出现大面积死苗、茎部变形等现象。经调查，上述农药产品为江苏帆邦生物科技有限公司假冒其他厂家产品，为假农药，共造成农户损失30万余元。

2017年4月，湖北省襄阳市襄州区农业行政综合执法大队接到湖北楚香隆农业生态合作社投诉，称其在襄州区峪山镇种植380亩梨树，因使用"小蜜蜂"含氨基酸水溶肥料，梨树花苞、花柄全部脱落，经济损失158万元。经调查，上述肥料由淮阳县格林斯达生物肥业有限公司生产销售，经鉴定其氨基酸、锌、硼等有效成分含量不合格。

2019年9月，黑龙江省佳木斯市农业综合行政执法局接农民投诉，称其从黑龙江省佳木斯市某农业科技有限公司购买的"龙粳31"水稻种子种植后严重减产，造成重大经济损失。经查，6户农民在该公司购买了"龙粳31"水稻种子共计24 150千克，购种金额10.42万元，种植面积147.65公顷。经佳木斯市某司法鉴定中心鉴定，该公司经营的"龙粳31"水稻种子系假种子，导致稻谷减产54万千克，造成经济损失140万元。

2020年7月13日，四川省泸定县市场监督管理局依据甘孜藏族自治州产品质量监督检验所监督抽查结果，查实泸定县某农资经营部经营的标称四川某生物科技有限责任公司生产的农用薄膜，厚度和厚度偏差均不符合国家强制性标准，判定为不合格产品，涉案聚乙烯吹塑薄膜200卷，货值金额9 500元。

**3. 农业科技应用中的伦理问题**　为了获得更多的利益，农民在种植、养殖过程中过度使用农药、兽药和食品生产过程中添加各种功能的添加剂，从而带来各种农业伦理问题。

（1）农产品生产中化肥、农药过量使用导致的高农药残留。农民在种植过程中只追求农药、化肥的使用效果和降低成本，从而导致剧毒农药在水果、蔬菜上残留，不仅污染了土壤和水源、导致环境破坏，而且还危害人们的身体健康。例如，2011年河南南阳10人食用农药残留超标韭菜中毒事件。2011年3月25日，河南省南阳市发生毒韭菜事件，发现毒韭菜中农药残留严重超标。由于吃了同一个流动菜摊上买的韭菜，10人出现同样症状，腹痛、恶心、眼皮跳、呕吐等，医生确诊为有机磷中毒。有机磷大量存在于剧毒农药中，其中毒症状有：心率减慢、恶心呕吐、出汗、瞳孔缩小等，如中毒较深会出现肌肉颤动甚至昏迷。

（2）畜禽水产养殖过程中兽药、鱼药、激素滥用，从而对人的健康有着严重危害作用。例如：2006年上海市食品药品监督管理局从批发市场、连锁超市、宾馆饭店采集了30件冰鲜或鲜活多宝鱼，并对禁用渔药、限量渔药、重金属等指标进行了检测。公布的检测结果显示，30件多宝鱼样品全部被检出硝基呋喃类代谢物，部分样品还被检出孔雀石绿、恩诺沙星、环丙沙星、氯霉素、红霉素等多种禁用渔药残留。其中，一些样品的呋喃唑酮代谢物的最高检出值达到每千克1毫升。专家指出，硝基呋喃类药物、氯霉素、环丙沙星等在国内外均属于禁用渔药，其化学毒性已得到公认。尽管不会产生急性、亚急性危害，但人体长期大量摄入硝基呋喃类化合物，存在致癌的可能性。同时，鱼体内大量的抗生素药物残留，会使食用者产生耐药性，降低此类药物的临床治疗效果，对人体的潜在危害不容忽视。由于多宝鱼本身抗病能力较差、养殖技术要求较高，一些养殖者大量使用违禁药物，用来预防和治疗鱼病，导致多宝鱼体内药物残留严重超标。

（3）食品添加剂的超量使用和违规滥用。目前我国规定使用的食品添加剂主要包括防腐剂、抗氧化剂、漂白剂、甜味剂、酸味剂、鲜味剂、着色剂、护色剂、乳化剂等多种。恰当地使用食品添加剂，能够增加食品风味、色泽、口感，能够产生一定的经济效益和社会效益。但是过量使用食品添加剂可能会适得其反。如果以工业添加剂代替食品添加剂使用，违规添加国家未批准使用或明令禁止使用的添加剂，引起的后果可能不堪设想。例如：我们都熟知三鹿奶粉添加"三聚氰胺"事件。三聚氰胺被掺杂进食品中，可以提升食品检测中的蛋白质含量指标，但是三聚氰胺进入人体后，会发生取代反应，生成三聚氰酸，三聚氰酸和三聚氰胺形成大的网状结构，引起结石，导致多名婴幼儿悲惨离世，上万名孩子患病。再如，在面包中添加溴酸钾，能够使面包变得更加松软，然而，溴酸钾进入人体后很难分解，达到一定剂量会有急性毒理作用，可能致癌。用硫黄熏蒸包子馒头增白，炸油条时加入洗衣粉油条更蓬松，在火腿中加入剧毒农药敌敌畏以防腐，等等，这些行经导致人类生存所必需的农产品安全受到威胁，必然会引起人们的不安，造成市场的混乱，不利于社会的稳定。

以上所述我国农业科技伦理问题的现状，令人非常担忧，这些问题需要受到"应该与否""正义与否"以及"善与恶"的拷问。在科学技术越来越发达的今天，人们在享受优越的物质生活的同时，受利益的驱使，一些人的社会责任感和伦理道德却越来越淡薄。农业科技伦理问题是今天面临的一个非常严峻的问题。

## （二）中国农业科技伦理问题产生的原因

**1. 政府引导和监管不力**　从国家层面看，目前中国农业现代化进程中出现的农业科技伦理问题的主要原因表现在以下两个方面：

一是政府在农业科技伦理方面关注度不高，国家相关政策不完善、宣传力度不够，农业科技伦理观念没有建立起来，农业科技伦理教育成为空白，缺乏对科研工作者、农业企业经营者以及农民的农业科技伦理教育引导。

二是政府对企业道德监管责任的缺失。2000年我国曾实行过免检制度，这主要是为了减轻企业负担，避免重复检验，政府对信誉好的企业产品实行了食品免检。免检制度需要食品生产、加工、流通全过程中人们的伦理道德的保证。免检制度为我国食品质量安全埋下严重隐患，使一些企业和人员忽视科技伦理有了可乘之机。一些企业打着"免检"幌子，道德沦丧，制假掺假售假。三鹿毒奶粉正是这一制度导致的结果。2008年9月18日，国务院办公厅及时发出了关于废止食品质量免检制度的通知。近些年政府对农业生产安全性监督管理有了一定的成效，但是在农业生产安全性监督管理中，依然存在检测技术相对薄弱的问题，对有些产品的品质参数或土壤环境检测能力不足；由于经费投入不足，出现农产品检测领域、能力、范围等方面不能满足市场需求的问题。问责制体系及相关机构不健全，定责、问责、追责等惩治措施不到位，最终导致科技应用异化的后果。

**2. 缺乏农业科技伦理规范**　农业科技伦理是农业科技研发、农业科技传播、农业科技应用等活动必须遵守的价值准则。农业科技在农业现代化过程中的作用越来越大，但是如果不受控制，任由其无约束地发展，会给人类和环境带来非常严重的问题。科学求真，伦理求善。科学技术是价值中立的，农业科技也是如此，其本身并无善恶之分。当一项科技成果应用于农业领域时，可能是造福人类、造福社会的，但是也可能危害人类、社会和自然的利益。目前，缺乏农业科技伦理规范，农业科技活动没有伦理的规范约束和价值引导。由于缺乏对农业每一环节进行有效的伦理规范，整个链条没有明确的指向追求善的目的。农业科研人员、农业企业经营者和农民没有在道德和伦理意识上得到规范指导，因此出现了农业科技及其产品的不当应用对生态环境产生危害，农业科技产品的低劣质研发及其出现的毒性给人们带来了损害，农业科技产品的流通贩假和农业科学技术的不良传播对农民造成危害。这些违反农业科技伦理的事件频出是因为缺乏科技伦理规则体系和确保其得到执行的监管体系，使得农业科技的整个链条上，存在诸多空白，时刻面临伦理失范的风险。因此，急需从伦理规范层面关注农业科技工作者、农业企

业经营者和农民"应该做什么"，划出农业科技伦理的"红线"。

### 3. 科研工作者丧失职业道德

农业科研开发过程中出现的假农药、假化肥、假饲料和禁用兽药、低劣农业机械等伦理问题与个别农业科技工作者道德素质低下有直接或间接的关系。一些农业科研工作者没有把主要精力用在农业科技创新上，不顾职业道德和人类的祸福，偏离伦理道德的轨迹去追求功名利禄，把农业科技当作牟取个人私利的手段。有些农业科研工作者急功近利，不尊重科学与事实，科研成果弄虚作假，缺乏严谨的治学态度，符合自己利益的数据就采用、不符合利益的数据就舍弃，甚至通过凑数据来达到自己想获得的利益。消费者认为有营养或功效的农产品其实却带有毒性，制假手段不断升级，超量使用违规食品添加剂，忽视消费者的生命安全。例如，地沟油分离后可以用作制造肥皂、香皂等日用品的原料，也可以用其生产燃烧充分的生物柴油，缓解城市空气污染。但是一些科研人员为了获得高额利润，让这些有毒有害的地沟油流向了老百姓的餐桌，不仅没有改善环境、节约成本、提高生活质量，更有效地利用资源，而是影响了消费者的身心健康，给消费者带来巨大困扰。这些农业科技工作者在利益面前完全忘记了自身的职业道德，丧失做人良知，致使其社会道德责任感淡薄，置人民的健康、生命、财产而不顾，甚至危害国家和社会稳定和谐。

### 4. 农业企业社会责任缺失

在农业现代化过程中，农业企业扮演着重要的角色，但是我国一些农业企业社会责任意识淡薄，当经济利益与社会责任发生冲撞时，一些农业企业往往片面追求眼前的经济利益，而忽视甚至肆意践踏自己应承担的社会责任。

农产品质量安全是农业企业社会责任的重要组成部分，但是由于农业企业技术水平不高、资金短缺，分散的生产模式使得生产质量标准不一，缺乏在生产环节的质量控制措施，再加上政府对农业企业的规范性较差、监管不到位，使得农产品安全不能保证，出现农业产品的质量安全问题。由于我国的农业企业规模普遍较小，农业企业的管理者大多数为农民企业家，企业员工多为农民，受教育水平低，加之一些地方政府片面追求GDP，企业自身也以利润最大化为唯一目标，忽视企业在社会中的作用，对于企业社会责任尤其是企业社会伦理责任缺乏认识，只看重眼前利益，对于企业社会责任给企业带来的长远利益缺乏理解。农业企业经营者丧失伦理道德，不顾农民的利益，生产假种子、假化肥、假农药、禁售兽药，给农民造成了极大的损害；他们不顾消费者的安全，误用滥用农业技术，生产假冒伪劣食品，给广大人民群众的健康带来危害。

企业在生产经营过程中对环境的保护、对资源的有效利用是企业承担社会责任的重要表现形式。大多数农业企业发展规模较小，对环保技术的引进和使用重视不够，使得农业企业所产生的废弃物没有通过专业的处理就直接排放到自然环境中，给农村地区的生态环境造成了严重的破坏。例如，农业企业所使用的煤炭等燃烧性能源，未经净化就排放到自然环境中，对空气的污染较严重，其所产生的灰尘会对人们的呼吸道造成损害；工业废水未经处理就排放到自然的湖泊、河流中去，流经地表而深入到地下深层，引起地下饮用水的严重污染。农业企业排放的固体废弃物，也是引起农村地区环境破坏的一大因素。

**5. 农民科技伦理意识不强**　中国农业科技伦理问题存在的一个重要原因是农民对科技伦理的认识不够，科技伦理意识不强。由于农民受教育程度不高，认识不到随意使用科技带来的严重后果。长久以来，他们认为粮食的产量和化肥的施用量之间几乎呈正比的关系，所以造成我国的化肥产量和施用量连年增加，而且利用率不高，引起土地板结以及土壤退化等一些生态问题。2019年我国化肥总施用量在5 403.59万吨左右，化肥施用量过大已经超过了土壤和水资源的承载能力。农民还认为农业产量的提高跟农药的使用也直接相关，在没有科学用药知识的指导下，只凭借自己的主观判断和经验来决定化学产品的使用方法。某些农药一旦大量地喷洒在土壤或者植物表面，不但不会产生好的影响，反而会造成土壤质量下降和植物成活率及质量的降低。适量的农药有益于植物的生长，但如果滥用和不当使用农药会致使食品中药物残留超标，被人体吸收后，会给人体健康带来显性或隐性的不良影响。

在种植业生产中，一些农民为了过度追求农作物的产量和"卖相"，不惜大量使用化肥、农药（尤其是使用"百草枯"等国家法律法规明令禁用、限用的高危害农药）、各种植物生长调节剂等，致使土壤酸化的同时，产品内一些"看不见、摸不着"的重金属严重超标，严重威胁到农产品的质量安全。在渔业生产中，一些养鱼大户为了缩短养殖周期、提高水塘产量，无视国家禁用渔用兽药、化合物、生物制剂等有害物质的法令，大量使用含有毒有害物质的渔用饵料、饲料、饲料添加剂等，甚至在鱼食中放入"避孕药"等。同时，一些农民在畜禽和水产养殖过程中为了节约人力、财力和物力，使畜禽和鱼、鳖、虾等水产品的排泄物大量堆积，污水和粪便任意排放，散发出恶臭气味，对周围土壤和水域环境造成了严重的农业面源污染。以上种种不诚信、不道德的行为，直接威胁食品安全，严重影响了人民群众的健康生活，也日益成为媒体和公众关注的焦点。

虽然这些年农民在短期内通过农药和化肥施用使粮食产量保持高位，但是几十年下来已经导致严重的土壤板结、土地退化、河流污染、地下水污染、

地下水水位下降，给食品安全、土地安全、生态安全造成较大隐患，最终人类自身也深受其害。

## 二、乡村振兴背景下中国农业科技伦理的构建

随着中国工业现代化进程的不断推进，乡村传统的"天人合一"的生产生活方式被逐渐打破，现代性的急速车轮驶入宁静的乡村，使这片原本不设科技伦理防护的净土遭受到污染并日趋严重。在漫长的历史长河中，中国乡村传统农业生产方式和传统生活方式本身是遵循自然规律的，农民的生产活动"多半是靠与自然交换，而不是靠与社会交往"[1]。传统农业文明时代的乡村基本上不存在系统性的人与自然紧张关系，即使有某些自然环境的破坏，也仅仅局限于较小范围，并不构成对人的整个生存环境的破坏和威胁。但是，随着中国现代化的不断推进，现代性的急速快车驶入了传统的乡村，市场经济和现代科技的喧嚣打破了乡村的宁静。在工业文明理念的主导下，乡村被裹挟进现代性的车轮中，寄托现代科学技术助力的乡村虽然纵向取得了很大的进步，乡村经济得到迅速发展，生产效率不断提高，农民从繁重的劳动负担中部分解脱出来，社会文明也取得进一步普及；但横向现代科技装饰下的现代乡村，其乡土自然资源和环境均遭到较大侵袭和破坏，个别乡村甚至呈现苍凉孤寂之势。"城镇化将传统的乡土社会'连根拔起'，为社会注入更多的现代因子，但也会造成养育中国的乡土之根的枯萎。"[2]作为现代工业文明与传统农业文明断裂的标志，现代性和工业化打破了乡村"天人合一"的生产方式和生活模式，造成了对乡村自然环境和乡村文明的严重破坏。

在此时代背景下，党和国家审时度势提出了"实施乡村振兴战略"。乡村振兴尽管涉及内容方方面面，但构建农业科技伦理，为乡村有效使用现代科学技术构筑道德准则是其不可或缺的内容。中国农业科技伦理研究起步较晚，系统性理论研究基本处于空白状态，与中国乡村振兴战略完全不同步，甚至落后于中国乡村振兴战略。因此，加快中国农业科技伦理研究步伐势在必行。深入研究中国农业科技伦理问题，构建乡村科技道德规范，形成有效适度使用科学技术的价值观念和行为方式，以伦理的方式、道德的力量促进乡村可持续发展，就成为摆在学术界面前的一项重要课题。

### （一）农业科技伦理的特征

作为当代农民最基本的科技价值取向和行为准则，中国农业科技伦理在于提高农民的绿色科学意识，倡导人与自然和谐共生的价值理念，维护和促

进乡村生态系统的完整和稳定，引导和激励农民通过绿色科学技术发展实现乡村振兴。它具有以下几个特征：

**1. 和谐共生性**　人与自然界是相互作用的：人类把自然界视为目的，自然界也将人类视为目的；人类怎样对待自然界，自然界就怎样对待人类。人类为自然界而存在，自然界也为人类而存在；如果人类片面追求自然界为人而存在，自己却不为自然界而存在，结果是自然界也不为人类而存在。科技伦理的本质是处理好人类科学技术与自然环境之间的利益关系。人与自然和谐共生是超越与扬弃天人不分与天人二元对立之后的、符合生态文明的内在要求的生态理念与科技理念。农业科技伦理指引人与自然在乡土实践中和谐共生，它以维护人、自然、社会之间持续繁荣、和谐发展为原则，兼顾个人利益与集体利益、局部利益与整体利益、当前利益与长远利益的关系，顺应自然规律，合理开发利用乡村自然资源，把乡村改造自然的力度限制在自然平衡所允许的范围内，推动乡村粗放型发展方式和生活方式的转变，不断改善和优化乡村的人居环境，确保人与自然的和谐共生和永续发展。农民为了维持自身的生存与发展，在利用科学技术时需要以谦卑、恭敬的态度对待自然界，促使乡村自然环境的平衡与稳定，这样才能够保证乡村经济社会的可持续发展，农民的幸福美好生活也才能在与乡村自然环境的和谐共生中得以实现。

**2. 引领示范性**　构建中国农业科技伦理的根本宗旨是引导广大农民树立现代农业科学技术道德规范。道德具有引领示范、激励人向善的作用。道德可以通过外在于人的评价、舆论、风俗、习惯等，以及内在于人的心中的责任感、荣誉感、成就感等，形成一股激发人积极向上的精神力量。伦理道德不仅是对现实生活中道德状况的反应，同时也体现自然规范的追求。因此，伦理道德蕴含着理想道德规范的成分，可以引导人们以恰当的方式达成美好生活目标。农业科技伦理同样具有引领农民实现美好生活的特征。农业科技伦理的引领示范性主要表现在：启迪农民的思想意识和道德观念，营造尊重自然、顺应自然、保护自然的良好氛围，促进农业社会伦理道德的共同进步；引领农民的伦理行为和道德实践，倡导遵守科技伦理的基本价值准则和行为规范，自觉将科技伦理的价值认同体现在日常生活和社会交往中，积极转变发展方式和生活方式，倡导绿色、低碳、环保，崇尚自然、简朴、节约，做到节能低碳、节约资源、保护环境，形成与市场经济相适应、与传统美德相承接的新型发展方式和生活方式。

**3. 普遍约束性**　由于滥用、误用现代科学技术所引发的自然资源和生态环境破坏问题具有严峻的现实紧迫性，农业科技伦理不但要有激励和鞭策，

而且要有规范和执行，带有普遍的约束力。中国农业科技伦理就是要鲜明地规范和约束不恰当使用科学技术的行为，告诫乡村的主体在从事生产与建设中，不能滥用科技掠夺性地开发自然资源，不能以误用科技破坏自然环境为代价来发展乡村经济。乡村中的主体必须要遵循农业科技伦理规范的要求，用理性控制自己的各种非理性的破坏环境的欲望和行为，有节制地开发和利用乡村的自然资源，履行作为乡村共同体中个体的科技道德职责。道德的约束是通过人们的义务感和良心感而转化成为人们的自我监督、自我检查、自我反省和自我评价来实现的。[3] 在农业科技伦理建设中，一方面要求外在的他律约束，对个别不法人员进行制裁和约束；另一方面又要求农民内在的自律约束，要求农民自己能够做到自律，努力做到"慎独"。

**4. 注重实践性**　马克思和恩格斯创立的历史唯物主义认为，历史唯物主义的研究立场是从现实的人的实际活动和物质生产出发，而不是只存在于人们头脑之中的纯粹想象。历史唯物主义之所以坚持从现实出发而不是从观念出发是因为，人们的道德、思想、意识、精神等观念性的东西归根结底来源于现实生活实际，"是直接与人们的物质活动，与人们的物质交往，与现实生活的语音交织在一起的。"[4] 以历史唯物主义的理论视域，科技伦理学本质上是一门应用伦理学，它所主张的价值理念、道德境界、行为准则和伦理规范，正不断地渗透到社会政治、经济和文化生活的各个领域。农业科技伦理与乡村实践密切结合，可以推动乡村生产方式、生活方式和消费方式的变革，成为改造农民的世界观、推动乡村实施可持续发展战略实践的积极力量。农业科技伦理构建不应是脱离乡村社会现实的抽象性研究，而应从乡村现实中的农民和乡土社会的生产生活实际出发进行科技伦理建设，应从乡村的生态系统和社会群体出发，紧紧扎根于农民乡土实践之中，着力解决乡村现实中的科技困境。从这一点来讲，农业科技伦理构建并不是一个纯粹的理论问题，而是一个鲜活的实践问题。

**5. 社会利益优先性**　中国农业科技伦理的缺失本质上讲是因为个体片面追求经济效益，而置农业整体的科技效益、生态效益和社会效益于不顾，给乡村自然环境和社会环境带来了严重的破坏，也给社会带来了不公正。农业科技伦理主张，农民个人利益的获取必须以满足乡村社会全体成员的需求为前提，也必须按照自然规律来能动地改造自然，在合理的范围内把握自身的行为尺度，也就是说农业科技伦理具有社会利益优先性特征。这主要表现在：在利益取向上，社会善价值（即有助于社会正常运行的价值）优先于个人善价值（即有助于个人追求的价值），生态系统价值优先于有机体价值；在利益取舍上，乡村整体利益优先于农民个人利益。我国是社会主义国家，集体主义原则是社会主义的核心道德原则，它要求社会成员在选择一种生活方式时必须考虑到其他社会成员以及国家和集体的利益，当个人利益和集体利益相冲突时应该优先考虑集体利益。就乡村而言，在农民个人利益与社会集体利益发生冲突时，农民应优先满足社会和集体的利益。

## （二）农业科技伦理的基本原则

中国农业科技伦理是对乡村利用科学技术改造自然活动的整体哲学思考，它不仅包含着对乡村人与自然、人与人之间关系处理中的行为规范，而且也蕴涵着依照一定原则来规范行为的深刻道理。它具有以下几项原则：

**1. 农民主体原则** 就人及其所处的社会来讲，人是最为重要的。社会的发展归根结底是为了人的发展，人始终是社会的主体。社会的发展只是实现人之发展的手段，满足人的需要、实现人的发展才是社会发展的根本目的。马克思始终把人的发展作为社会进步的根本。在《〈黑格尔法哲学批判〉导言》中，马克思提出了"人是人的最高本质"[5] 这一命题，其实质就是指出，人是人类一切行为的最高原因和最高目的，是衡量一切事物的基本标准。在《政治经济学批判大纲》里，马克思论述了逻辑分析与历史考察之间的相互关系，并考察了社会进化规律，阐述了影响"现代化"进程的重要因素，包括科技在生产中的应用、时间的节约及其意义，但落脚点还是在人的全面素质的提高。马克思、恩格斯还指出，人的全面发展对劳动生产力和整个社会的发展具有巨大的作用，并且在一定的条件下和一定的时期里是物质生产力能否进一步大发展的决定因素。他们还强调，人的完整与发展关系到物质生产力水平，"真正的财富就是所有个人的发达的生产力"[6]。社会发展需要生产力的发展，但是发展生产力只是手段，而满足人的需要、实现人的发展才是根本目的。就乡村而言，乡村是农民的乡村，乡村是农民的家园。在构建农业科技伦理的过程中必须坚持农民主体地位，增强农民适度利用科学技术振兴乡村的内生主体力量。农民是建设农业科技伦理以及相关具体事务最重要的利益相关者和建设者，农业科技伦理的构建不能没有农民的参与，同时也离不开党组织和村干部的领导与管理。农业科技伦理要求以农民为中心，激发广大农民群众适度、合规、正当使用科学技术的自主性，共建美好家园，共享发展成果。农业科技伦理必须坚持从群众中来到群众中去，从群众中汲取智慧与力量，引导农民群众在科技伦理建设中主动参与、管理和行动，尊重他们的话语权和发展能力，尊重农民意愿，发挥农民在乡村振兴中的主体作用，调动广大农民的积极性、主动性、创造性，把农民对美好生活的向往、促进农民共同富裕作为出发点和落脚点，提升农民的获得感、满足感、幸福感。

**2. 保护自然原则**　保护环境是科技伦理学中一项最重要的道德要求。在词源学上，保护就是照看、护卫，使保护对象不受伤害。保护环境就是要保护好地球维持生命的条件，使地球生物圈完整、健康、稳定，使它朝着人与自然互惠共生、协同进化的方向发展。地球只有一个，它属于全人类，属于我们的子孙后代。保护自然环境，就是保护我们人类自己。当前，人类不合理不恰当使用科学技术破坏自然环境的问题已经日益严重，影响到了人类的生存和发展。就乡村来讲，农民在乡村中从事生产和生活就必须要向自然环境索取氧气、粮食、淡水、能源等维持生命的物质。保护乡村自然环境是所有乡村主体的道德责任和共同职责，也是农业科技伦理必须遵循的原则。农业科技伦理构建必须牢固树立保护自然的理念，自觉增强环境保护意识，严守乡村生态保护红线，防止乱砍乱放、毁林开荒、排放污水、乱倒垃圾等破坏自然环境的现象，促进乡村中人与自然、人与人的和谐发展。

**3. 地域差异原则**　农业科技伦理研究面对的是一个复杂的对象，其中最为突出的一点是，中国不同地域的乡村具有很大的地区差异性。从地域上说，中国幅员辽阔、面积广大，既有平原乡村、山区乡村，又有水乡、牧乡；从发展水平上说，既有东部经济发达乡村，又有中部正在崛起的乡村，还有西部欠发达的乡村；从生产活动上说，既有农作物生产为主的乡村，又有农场化生产为主的乡村，还有乡镇工业为主的乡村；从人员构成上说，既有以汉族人口为主的乡村，又有少数民族人口聚集的乡村。因此，中国农业科技伦理构建既要从普适性上关注乡村农民的经济生产和社会生活，形成普遍的科技伦理规范，又要根据不同的特定对象，进行富有针对性的研究。"不论研究何种矛盾的特殊性——各个物质运动形式的矛盾，各个运动形式在各个发展过程中的矛盾，各个发展过程的矛盾的各个方面，各个发展过程在其各个发展阶段上的矛盾以及各个发展阶段上的矛盾的各方面，研究所有这些矛盾的特性，都不能带主观随意性，都必须对它们实行具体的分析。离开具体的分析，就不能认识任何矛盾的特性。"[7] 毛泽东同志关于矛盾特殊性的论述，对于我们把握农业科技伦理的地域差异原则，具有重要的指导意义。我国面积广大、地域辽阔，乡村千姿百态、千差万别，在农业科技伦理研究中应当充分考虑不同乡村之间的地域差异性，对于不同种类的乡村，特别是东部、中部、西部的乡村应当区别对待，进行具体分析，不应一概而论。

**4. 可持续发展原则**　可持续发展是对人类命运的终极关怀，寓意在于发展要有限度，既要满足当代人的需求，又不能对后代人满足其需求的能力构成危害的发展。前些年，乡村经济采取以高速增长为主要目标的发展模式，一方面使生产力得到了很大的提高，社会物质财富也得到了增加；但另一方面快速发展的生产力也造成了自然资源的过度开发和消耗，污染物大量排放，导致资源短缺、环境污染以及人为破坏。对此，农业科技伦理应倡导加快经济发展模式的转变，走可持续发展的道路，推动形成节约资源和保护环境的空间格局、产业结构、生产方式、生活方式，推进资源全面节约和循环利用，这既是保护自然环境的客观要求，也是推动乡村经济持续、健康、稳定发展的实际需要。

**5. 农产品无害化原则**　在农业科技道德中，要求任何农业科学技术在发展和应用中的行为主体对他人、对农业科技发展的环境至少是无害的，人们不应该用农业科学技术对他人或农业科技发展的周边环境造成直接的或间接的损害。正如齐格蒙特·鲍曼所言："任何人不得危害他人，因为不危害他人与其自我利益是一致的，即使粗俗的、短视的人可能提出相反主张，但是至少从长远利益来看，这一点是正确的。"[8]当前，在一些乡村地区，各种不正当利用科技导致的农产品质量安全问题突出，严重影响了城乡居民的生产、生活和身体健康，农产品无害化已到了一个刻不容缓的地步。农产品无害化是指农业生产的农产品绿色、有机、纯天然，对人的身体健康无毒副作用。无公害农产品是实现绿色产品最基本的材料资源，也是保证农业生态环境和城乡居民生存环境的重要内容。农业科技伦理要倡导乡村主体提高环境保护意识，增强环境保护责任，加强环境监督，维护公众合法环境权益，切实把农产品无害化放在突出位置，采取有效措施认真加以解决，不断改善群众的生存环境和生活质量，推动农业可持续发展。

**6. 适度原则**　"伦理道德问题，说到底是一个适度问题、一个中道问题。符合中道而适度的行为是道德的行为。"[9]中国古代主张"过犹不及""执两用中"的观点。古希腊的亚里士多德也秉持"中道"思想。在他看来，"德性是两种恶即过度和不及的中间。在感情与实践中，恶要么达不到正确，要么超过正确。德性则是找到并且选取那个正确。所以虽然从其本质或概念来说，德性是适度，从最高善的角度来说，它是一个极端。"[10]从现实来看，农民利用科学技术从事生产、经营等活动既不能过度利用科技，又不能不高效利用新技术，而是应做到"中道"，即适度利用。其利用科技应与客观生态环境状况与资源供应状况相匹配，同时也与当地的经济发展水平与生产力发展水平相适应。从环境与资源的角度来讲，适度利用科技要充分考虑人与自然之间的关系，严格按照环境承载能力和容量进行消费，如此才有利于乡村可持续发展和生态环境的保护。

### （三）农业科技伦理建设的路径措施

**1. 创新农业生态科学技术**　在农业领域，每一次农业科技的创新与进步，都带来了农业生产力的发展、粮食产量的增加，同时也带来了生产关系的变革与社会的进步。构建农业科技伦理必须依托农业生态科学技术的创新，没有农业生态科学技术的创新与支撑，农业科技伦理建设就没有可能。目前，现代生态农业科技支撑主要是农业生物技术、农业信息技术、农业机械装备技术和农业资源节约技术。其中，农业生物技术是现代生态农业最基本、最核心、最关键的技术。我国科技进步对农业增长的贡献率已达到43%。但是，与世界发达国家的科技进步贡献率60%～80%相比，我国的农业科技还存在较大差距。据中国农业科学院初步估测，我国农业科技水平同世界先进水平总体差距达15～20年。尽管如此，我国农业发展采用现代农业技术与常规农业技术结合的方式，探索了科技多样化的农业发展道路。建立了生物技术与杂交育种技术为代表的新品种培育体系，杂交水稻和抗虫棉等6 000多个动植物新品种投放农业生产中，为粮食生产，特别是肉、蛋等的保障起到了重要作用；生物技术以及机械化和病虫害综合防治等技术的应用，大大提高了农业生产率和土地使用效率。另外，我国畜牧业总产量跃居世界前列，肉、蛋等产量在全世界排在第一位。可见，科技创新是农业生态文明建设的必由之路。因此，农业专家、人文社会科学工作者要继承中国传统农业技术的精华，学习借鉴国外先进的农业生态理念、技术、管理经验，在此基础上，创新农业生态科学技术，特别是设施农业，推广实施水肥一体化技术，推动农业生态科学技术的发展。

**2. 建设服务农业生态文明建设的技术推广队伍**　不论是种植业、养殖业的生产，还是经济、法律政策的贯彻落实，都需要相关的专业技术人员来指导和推动。农业生态文明建设作为政府的一项重要的综合性工作，应当在乡镇社区而不仅仅在县市区以上单位设置"农业生态文明综合服务站"（包括农经、农技、农机、畜牧兽医、水产、生态、法律政策等内容），作为国家在基层的农业技术、法律政策的推广机构，实行农业行政主管部门与乡镇政府双重领导的技术管理体制。针对农业生产实际，在农闲时培训地方农业技术人员，并组织农民学习相关农业生态知识；在农忙时，则到田间地头指导农业生产。只有把农民、企业家、管理者、技术人员的积极性调动起来，寻找一种将国家长远利益和生产主体当前利益有效结合的契合点，农业科技伦理建设才会扎实有效。但是，农业科技推广人员自身的职业素质必须加以规范和提高。农业科技推广人员必须要全面了解化肥、农药、地膜等农业科技产品的正面特性与负面特性，对于农业科技负面影响具有全面、系统、长远的切实认识，避免造成农业生产事故。

**3. 加强和培育农业科技工作者的科技伦理意识**　科学技术的发展是科技工作者不懈努力的结果。如果说科学技术本身具有伦理的话，那科学技术的研发者和科技工作者，应该具有更高的伦理道德水平。当前，许多新技术的研发，不断冲击和挑战着传统伦理价值，如转基因食品、克隆技术等。科学技术在迅速提高社会生产力的同时，也给人类带来了诸多道德难题和精神困扰。人类的道德理性和科技理性是互补的，科学技术的运用必须得到道德理性的指导。针对我国农业科技的现状，我们必须要大力加强农业科技工作者的科技伦理思想意识教育。除科技工作者本身应该具有更高的道德水平之外，科学技术的传播者和组织型研究者也应该承担起相应的责任，还应加强对此类人群的他律机制的建设。与科技工作相关的人群，应该尊循"宽容、合作、开放和诚信"的科技伦理精神。

**4. 构建农业生产经营者的科技伦理规范**　随着传统农业向现代农业的转变，面对地力减退、环境污染、食品安全等一系列问题，当代农业亟待向绿色、可持续、生态文明的方向发展。农业生产经营者在追求经济效益的同时，也要考虑环境问题和社会效益，应采取与环境和谐相处的绿色技术路径。农业科技伦理要求农业生产经营者和管理者在具体的创新实践或行动决策中，审慎考虑可能给自然生态系统带来的负面影响，尽可能减少各种严重破坏自然生态系统的非理性行为，以维系农业和自然生态系统耦合共生、协同进化的关系，践行资源可持续利用等环境资源伦理准则，粮食安全、权益公平等政策伦理准则，自由平等交易、诚实不欺和消费者自我保护等商业伦理准则，促进农业自然生态系统的可持续发展。以合乎法律和伦理的方式，为社会提供充足的、安全的、有竞争力的、能增进社会福利水平的农产品或农业服务，实现企业可持续生存和发展。

**5. 建立健全农民科技伦理规范**　农民科技伦理观是农民对科技与伦理的关系及科技发展带来的伦理问题的认识状态及对其行为的影响。农民对农业科技的认知状态直接决定着农业科技能否达到效率最大化，能否对经济的发展起到正面作用。由于中国农民的经济基础相对薄弱，农村的环境系统相对脆弱，农业发展又迫切需要大量政策性科技投入。农业科技的非理性滥用很容易造成环境伦理问题，所以如何在追求效率和保护环境之间达到和谐、平衡的状态，使经济发展与环境保护达到良性互动、良性循环是目前学术界比较关注的重大问题。单方面依靠农业科技的发明者、推广者进行安全检测和防范是难以完全消除农业科技所可能产生的安全和伦理冲突的。一些农药、

化肥等农业科技产品只有经过农民的科学应用才能使其安全性得到保证。因此，农民对农业科技知识的理解和应用对保证农业科技安全性、防止伦理冲突的产生作用重大。农民科技伦理规范应以绿色科技道德为价值追求，坚持尊重土地、爱护土地、看护土地，做到守土有责、守土尽责，提倡简约生活、融洽生活、绿色生活，营造"关爱自然、爱护环境"的良好风气，推动形成文明健康、绿色低碳的生活方式，最终达成宁静生活、和谐生活与美丽生活。

**6. 加强监督管理，构建制度保障**　农业科技伦理建设是理念、制度和行为的综合，它通过理念指引制度设计，通过制度规范实践行为，从而构成一个完整的体系。制度是人类社会最基本的社会道德规范，是人们在社会实践中形成的、人与人之间社会关系的具体体现，它在规范人的行为和协调社会关系方面发挥着重要作用。但是，伦理是柔性的约束规范。硬性的监控管理是维护农业科技道德的守卫神，是保证农民具有农业科技道德的关键。对农业科技研发过程、农业企业、个体销售商的监管是检测农业科技伦理失范的预警仪。目前要加强政府层面对乡村科技的监督管理，构建科技伦理的制度保障。制度有广义和狭义之分，广义的制度指社会制度，狭义的制度指社会生活中的各项规章、规则和法律等规范体系。从根本意义上讲，人的存在与制度的存在是内在统一的。在现实的社会生活当中，制度越健全，社会生活的规范化程度就越高，社会生活的有序性就越强，体现在制度规范中的公共意志就越能够得到人们的自觉遵守。应当看到，道德规范的实施除了需要依靠个人的道德自觉和基本良心外，还需要有社会制度作为保障。道德作为社会规范是一种软规范，不具有强制性，农业科技伦理也不例外。要想确保农业科技伦理能够落到实处、取得实效，必须借助制度的强制力量。制度是具有强制性的社会规范，它以行政力量为后盾，能够为农业科技伦理的贯彻执行提供有力支撑。构建农业科技伦理，必须同时进行相应的制度建设。目前，农业科技伦理制度建设还比较落后，这不利于其在实际运用过程中形成规范效应。现阶段，加强农业科技伦理制度建设，推动乡村振兴，应以绿色发展为引领，构建乡村适度利用科技考核体系，健全政府引导和监管，推行农业绿色科技保障制度，实施乡村绿色科技补偿机制。

**7. 构建农业正当利用科技的文化氛围**　不同于社会制度对道德的硬性约束力，文化对道德起柔性的约束作用，以春风化雨般的"润物细无声"对道德产生影响。千百年来，广袤的中国乡土大地上产生了深深地扎根在农民生产生活中的悠久而又厚重的乡村文化，对中国农民的伦理道德产生了深远的影响。新时代，建设农业科技伦理，要构建以崇尚自然、保护环境、促进资源永续利用为特征的乡村文化，凝聚农民在生产活动实践中的科技价值取向和科技价值追求，构建乡村绿色科技文化。乡村绿色科技文化能够指引农民在生产活动实践中的正确价值取向，使得科技伦理所体现的思想、观念、意识渗透进农民的内心深处。营造浓厚的乡村绿色科技文化，可以促使农民树立人与自然和谐共生的环境保护意识，增强可持续发展的观念，正当利用科学技术，合理开发和利用资源，杜绝浪费和低效率现象，自觉将乡村正当利用科学技术的理念要求内化于心、外化于行。乡村绿色科技文化以社会舆论、风俗习惯、村规民约等载体，通过强化价值指引、增进情感认同、增强内心信念等方式，引导农民筑牢科技伦理理念，提升科技伦理意识，增强科技伦理素质，提高科技伦理自觉，形成以绿色发展为引领的思想观念、道德觉悟和行为方式，强化农民对生态环境的维护和治理，这是促进农民树立人与自然和谐共生的科技伦理意识的柔性约束力量。对此，建设农业科技伦理要积极营造乡村科技文化的浓厚氛围，通过广播电视、报纸杂志、手机微信、互联网等媒体，以及举办专题讲座、研讨交流、成果展示、典型剖析、道德讲堂和印发宣传材料等形式，大力弘扬社会主义核心价值观和绿色发展理念，积极传播绿色食品、有机食品、绿色建材、生态建筑等绿色科技物质文化以及生态信息、生态旅游、生态媒介等绿色科技形式文化，以春风化雨、润物无声的方式，引导农民对土地、对生态、对环境讲道德、尊道德、守道德，不断释放农民群众在移风易俗中的主体性，实现良好家风、文明乡风、淳朴民风的潜移默化作用，为农业科技伦理在乡村的生根发芽营造良好的人文环境和文化氛围。

**8.坚持人才战略，促进农民素质提高** 农民是农业科技伦理建设的主体，培养农民的科技伦理意识是关键。而受教育程度不高、文化水平较低的农民，是不足以成为绿色科技的助推者的，是不能够担负起合理、适度、正当利用生产力的重任的。由于我国国情的缘故，长期以来广大农民受教育的程度普遍较低，现代经济意识不强，科技伦理意识比较淡薄。当前，如何提高农民的科学文化素质，培养农民正确的科技伦理观是迫切需要解决的问题。为此，一方面，凝聚各方力量、发挥各方优势，努力构建多渠道、全方位的教育体系，以确保有效增强农民的科技伦理意识和整体能力，使其能够以符合生态文明要求的生产及生活方式投身农业活动，真正以亲近自然、顺应自然的理念搭建人与自然环境和谐相处的新型关系。另一方面，大力开展科技伦理宣传，积极弘扬科技伦理意识，努力改变农民根深蒂固的传统观念思维定式，让科技伦理观逐步在广大农民的心中树立起来，让正当使用科技理念内化于农民心里、外化于农民日常行动之中。同时，广泛深入地开展农村社区科技

伦理创建活动，不断丰富内容、活跃载体、创新形式，促使广大农村形成讲文明、树新风、爱家园、美环境的良好氛围。

## 参考文献

[1] 中共中央马克思恩格斯列宁斯大林著作编译局. 马克思恩格斯选集 第1卷[M].北京：人民出版社, 1995 年 : 677.

[2] 徐勇."根"与"飘"：城乡中国的失衡与均衡[J].武汉大学学报 ( 人文科学版 ), 2016: 4。

[3] 唐凯麟. 伦理学[M]. 北京：高等教育出版社, 2001: 63.

[4] 中共中央马克思恩格斯列宁斯大林著作编译局. 马克思恩格斯选集 第1卷[M].北京：人民出版社, 1995: 72.

[5] 中共中央马克思恩格斯列宁斯大林著作编译局. 马克思恩格斯文集 第1卷[M].北京：人民出版社, 2009: 18.

[6] 中共中央马克思恩格斯列宁斯大林著作编译局. 马克思恩格斯文集.第8卷[M].北京：人民出版社, 2009: 200.

[7] 中共中央毛泽东选集出版委员会. 毛泽东选集 第1卷, 人民出版社, 1991: 317.

[8] [英]齐格蒙特·鲍曼. 后现代伦理学[M].南京：江苏人民出版社, 2003: 31.

[9] 何小青. 消费伦理研究[M].上海：上海三联书店, 2007: 100.

[10][古希腊] 亚里士多德. 尼各马可伦理学[M]. 廖申白译. 北京：商务印书馆, 2003: 48页.

# 欧盟农业政策与美日两国农业立法中的
# 伦理内涵及启示

张　维
（中国国家图书馆）

　　欧盟与美国和日本，是世界上农业立法领先的地区和国家，它们都将法律作为调控和管理农业活动的重要手段，通过不断完善的法律制度建设，助力农业现代化发展。美日两国和欧盟部分国家拥有高度的现代化农业，这不仅同其自然经济环境、科学技术发展水平等因素相关，也得益于农业法律制度在几十年间与农业伦理价值理念的不断变革、互通互融，最终形成了以农业伦理精神为核心理念的较为完善的农业法律体系。本文旨在通过全面阐述欧盟和美日两国农业立法的基本情况，揭示其所蕴含的农业伦理内涵，为完善我国农业立法和农业伦理观建设，助推生态文明的发展提供借鉴。

## 一、欧盟农业政策与美日两国的农业立法

### （一）欧盟的"共同农业政策"

　　欧盟是世界主要农产品生产地区之一，欧盟的农业法律与政策对国际农产品市场和农业多边规则谈判举足轻重[1]。1962年欧共体（欧盟前身）各国达成的"共同农业政策"（The Common Agricultural Policy，CAP），是实现农业经济、农村社会以及农村地区资源环境保护的主要政策工具，同时也是欧洲最重要的共同政策之一。

　　1. "共同农业政策"的制定　20世纪60年代，欧共体各国为发展经济，以保障粮食自给和提高农民收入为首要目标，将"人控制自然"和"单一粮食增产"等价值诉求作为其道德准则和立场。"共同农业政策"正是这种价值诉求的法律制度体现。在该政策的支持下，通过建立共同市场和强有力的农业支持政策体系，对粮食价格予以干预，以此调动农民生产的积极性，从而

---

　　[1]　徐世平，李晓棠，2007. 农业立法国际比较与中国路径选择[M]. 兰州：甘肃人民出版社：82.

提高粮食生产能力和农民收入。

20世纪80年代之后，"共同农业政策"所蕴含的单一的价值逐渐显现出与新的社会发展需要不适应的矛盾。寻求新的、多元的和可持续的农业伦理价值诉求，成为欧共体调整农业政策的努力方向。其后，"共同农业政策"几经调整，实现了从单一向综合的战略转型，推动了农村经济、社会和生态的协调发展[1]。

### 2. "共同农业政策"的改革

20世纪90年代之后，欧盟面对进一步加剧的农产品结构性过剩、农业生态环境破坏、乡村衰败，以及逐渐增多的国际贸易争端等诸多压力，不得不对"共同农业政策"进行了一系列深度改革。1992年，欧盟通过引入直接支付，大幅降低价格支持水平；实施休耕计划，增加对环境保护的投入；引入农业环境、植树造林和生物多样性建设等项目，首开改革之路。1999年3月，作为新的改革方案，欧盟通过《2000年议程》（*Agenda 2000*）。《2000年议程》强调农业的多功能性和可持续性，并确立"农村发展"作为"共同农业政策"的第二支柱[2]。2003年，"共同农业政策"又强制要求获得直接支付的农民，必须既要保持耕地和农业环境良好，同时又要遵守涉及公众、动植物健康和动物福利等规定，否则会消减甚至取消已给予农民的"直接支付"。2013年首次在直接支付板块建立独立的绿色支付，并明确提高支持农村环境保护投资、发展有机农业和其他农村环境保护行为的支付比例（图1）[3]。

图1　"CAP" 9项具体目标

2018年6月1日，欧盟委员会就2021—2027年期间的"共同农业政策"提出了《粮食和农业的未来》（*The Future of Food and Farming*）立法建议。该建议将可持续发展的理念融入其中，旨在建立一个可持续发展和具有竞争力的农业部门，主要侧重于以下三项内容：一是稳定农

---

[1]　李登旺，2017. 欧盟共同农业政策改革助力可持续发展[J]. 农村工作通讯 (24): 57-58.

[2]　1992年改革时引入的直接支付和之前的市场支持一起构成了CAP的第一支柱。

[3]　马红坤，毛世平，2019. 欧盟共同农业政策的绿色生态转型：政策演变、改革趋向及启示[J]. 农业经济问题(9): 134-144.

民收入和管理直接支付，并通过对现代化、多样化新技术等的投资提高单一农场的可持续性和竞争力，以加强农民在农村价值链中的地位；二是为缓解和适应气候变化，促进水、土壤和空气等自然资源的可持续发展和有效管理，以及有助于保护生物多样性，增强生态系统服务和栖息地、景观的保护，进而提出了新的"绿色构架"；三是通过促进农村地区的就业、经济增长和社会包容性，改善年轻农民获得土地的方式，鼓励新一代农民加入，确立农民在欧洲社会的核心地位。[1]

### （二）美国的农业立法

美国是世界上最大的粮食出口国，其以不到2%的农业人口，却能成为现代农业最发达的国家之一，是与其建立较为完善的农业立法体系分不开的。美国农业法就是一部以农业支持为核心的法律。主要体现在对农业调整、土壤保护、农药管理以及食品安全等领域的法律制定。

1. 关于农业调整　20世纪30年代，美国遭遇经济大萧条，农业遭受重创。为了重振经济，恢复农产品市场贸易，缓解农业危机，美国制定了《农业调整法》（*Agricultural Adjustment Act of 1933*），旨在解决生产过剩危机，提高农产品价格，增加农场主收入，并引入了包括生产调整在内的价格支持计划。此后美国根据不断变化的国际国内形势，对农业法多次进行修订。到《农业提升法案》（*Agriculture Improvement Act of 2018*）为止，美国国会共计通过了20部农业法案[2]，内容涉及农业生产、食品安全和援助、农业资源和生态环境保护、农业贸易、农业保险和乡村发展等多个方面，是一部综合性的

---

[1]　European Commission. The Future of Food and Farming[EB/OL]: https://eur-lex.europa.eu/legal-content/EN/TXT/?uri=CELEX:52017DC0713[2021-04-14].

[2]　这20部农业法案具体包括：《1935年农业调整法》(Agricultural Adjustment Act of 1935)、《1938年农业调整法》(Agricultural Adjustment Act of 1938)、《1948年农业法》(Agricultural Act of 1948)、《1949年农业法》(Agricultural Act of 1949)、《1954年农业法》(Agricultural Act of 1954)、《1956年农业法》(Agricultural Act of 1956)、《1962年食品和农业法》(Food and Agriculture Act of 1962)、《1964年农业法》(Agricultural Act of 1964)、《1965年食品和农业法》(Food and Agriculture Act of 1965)、《1970年农业法》(Agricultural Act of 1970)、《1973年农业和消费者保护法》(Agricultural and Consumer Protection Act of 1973)、1977《食品和农业法》) (Food and Agriculture Act of 1977)、《1981年农业和食品法》(Agriculture and Food Act of 1981)、《1985年食品安全法》(Food Security Act of 1985)、《1990年食品、农业、环境保护与贸易法》(Food, Agriculture, Conservation, and Trade Act of 1990)、《1996年联邦农业促进和改革法》(The Federal Agriculture Improvement and Reform Actof 1996)、《2002年农场安全与农村投资法案》(Farm Security and Rural Investment Act of 2002)、《2008年食物、自然保护与能源法案》(Food, Conservation, and Energy Act of 2008)、2014《农业法》Agricultural Act of 2014)、《2018年农业提升法案》(Agriculture Improvement Act of 2018)。其中，1938年《农业调整法》和1949年《农业法》，被视为"永久法 (Permanent laws)"。

法律。

2. **关于土地利用和保护**　20世纪30年代，美国中西部和南部大平原地区出现特大干旱和沙尘暴。为控制和防止水土流失，1935年国会通过《土壤保护法》（*Soil Conservation Act of 1935*），并据该法建立了土壤保护专职机构土壤保护局（Soil Conservation Service，SCS）；1936年国会通过《土壤保护和国内配额法》（*Soil Conservation and Domestic Allotment Act*）[1]，该法规向参与土壤保护和土壤形成的农户提供补贴。1956年美国《农业法》规定了大规模治理土壤侵蚀的"土壤银行计划"（Soil Bank Program），通过长期与短期的休耕计划，将维持地力与控制农业生产相结合，在缓解农业商品严重过剩的同时保护和增强土壤肥力。随着农业生产的不断发展，美国还相继制定了《土地休耕保护储备计划》（*Conservation Reserve Program*，CRP 1985）、《草原储备计划》（*Grassland Reserve Program*，GRP 2002）、《农业资源保护地役权计划》（*Agricultural Conservation Easement Program*，ACEP 2014）等，扩大了土地休耕保护储备计划容量，提高了参与土地保护计划的土地面积上限，加强了对耕地的保护。

3. **关于农药使用管理**　美国有关农药的立法最早可以追溯至1910年的《杀虫剂法》（*Insecticide Act of 1910*），该法旨在保护粮食生产者和畜牧业经营者免遭杀虫剂生产者的欺诈，确保杀虫剂的功效[2]。第二次世界大战之后，为了对杀虫剂的广泛使用进行有效管制，《联邦杀虫剂法》于1947年被《联邦杀虫剂、杀真菌剂和杀鼠剂法》（Federal Insecticide，Fungicide，and Rodenticide Act of 1947，FIFRA）所取代。随着农业现代化的推进，美国农业也因使用过多的石油能源、化学肥料、农药等带来了污染和对土地的破坏。70年代初，对化学污染的治理终于提上了国会议事日程，开始一系列环境保护相关的立法。其中，针对剧毒化学农药过度使用而产生的土壤、粮食作物以及河流等环境污染，1972年美国对《联邦杀虫剂、杀真菌剂和杀鼠剂法》进行了大量修订，就农药的分配、销售进行了规范，并对农药使用实行严格的监管，尤其要求杀虫剂生产者能够证明杀虫剂发挥预期的功效时不会对环境产生不合理的影响。作为对FIFRA的补充，还颁布了《农药登记促进法》（*Pesticide Registration Improvement Act of 2018*）等，对农药实行严格的监管控制。

4. **关于食品安全**　1906年美国国会通过《联邦食品和药品法》（Federal

---

[1]　1936年1月6日，美国联邦最高法院因加工税和限制作物播种面积合同的条款而判定"1933年农业调整法"违反宪法，为此，国会于2月26日通过《土壤保护和国内配额法》，以代替1933年农业调整法对主要农产品实行生产控制等调整。

[2]　王慧，2008.土壤污染治理与杀虫剂规制[J].环境保护与循环经济 (3):58-59.

Food and Drugs Act of 1906），是为现代食品安全监管的开始。《联邦食品和药品法》于1938年被《联邦食品、药物和化妆品法》（Federal Food，Drug and Cosmetic Act）所替代。1990年通过《有机食品生产法》（Organic Foods Production Act of 1990），建立了美国有机产品认证标志管理制度，以确保有机产品在生长、处理加工等多个阶段符合规定的标准。1996年通过《食品质量保护法》（Food Quality Protection Act of 1996），对监控美国食品供应中的农药残留物（尤其针对婴儿和儿童食品的安全标准）进行有效监控。2011年颁布《FDA食品安全现代化法》（FDA Food Safety Modernization Act，FSMA），该法是FDA[1]历史上最大的食品安全改革，其主要变化是将FDA的关注重点从食品安全事件发生后的响应转移到预防食品安全问题上，对于美国食品安全体系建设来说，具有重构的意义。为推动FDA努力保护"从农场到餐桌"的食品安全，2013年1月之后美国还陆续发布了《FSMA人类和动物食品卫生运输》（FSMA Final Rule on Sanitary Transportation of Human and Animal Food）、《FSMA农产品安全标准》（FSMA Final Rule on Produce Safety）[2]、《FSMA保护食品免受故意掺假》（FSMA Final Rule for Mitigation Strategies to Protect Food Against Intentional Adulteration）、《FSMA动物食品的预防性控制措施》（FSMA Final Rule for Preventive Controls for Animal Food）、《FSMA人类食品的预防性控制措施》（FSMA Final Rule for Preventive Controls for Human Food）[3]等系列配套规定，以及有关食品安全检验的法律等。

除上述农业法律的制定外，相关农业信贷、农业保险以及农产品流通等领域，美国也根据农业发展的需要制定了诸多法律，这些法律也是美国农业立法体系的重要组成部分。

## （三）日本的农业立法

日本以《农业基本法》为"农业宪法"，与之配合的有200余部专门法

---

[1]　FDA是美国食品与药品管理局（Food and Drug Administration）的简称，是美国卫生和人类服务部（United States Department of Health and Human Services, HHS）的下属机构，专门从事食品与药品管理的最高执法机关，也是一个由医生、律师、微生物学家、化学家和统计学家等专业人士组成的致力于保护、促进和提高国民健康的政府卫生监管机构。

[2]　即《人类食品的种植、收获、包装和储存标准》（Standards for the Growing, Harvesting, Packing, and Holding of Produce for Human Consumption）。

[3]　分别为《动物食品的现行良好生产规范、危害分析和基于风险的预防控制》（Current Good Manufacturing Practice and Hazard Analysis and Risk-Based Preventive Controls for Food for Animals）、《人类食品的现行良好生产规范、危害分析和基于风险的预防控制》（Current Good Manufacturing Practice, Hazard Analysis, and Risk-Based Preventive Controls for Human Food）。

律，以及与重要的农业法律配套的施行令或施行规则，形成了一套较为完整的农业法律体系。其内容涉及农业基本法、土地利用和保护、食品安全、农产品流通、农业金融保险等，而有关农业环境的立法，是日本农业立法中尤为特色之处。

**1. 关于农业基本法**　日本政府围绕如何增产增收和提高农户的效益，于1961年颁布《农业基本法》，（農業基本法）该法以法律形式确立了日本农业发展的基本方向。随着工业化高速推进，日本出现了高龄化导致的农村劳动力不足、耕地锐减、农产品自给率下降，以及农业资源环境遭到严重破坏等问题。在此背景下，1999年日本出台了新农业法，即《食品、农业、农村基本法》（食料·農業·農村基本法），新农业法在保障粮食安全、农业的多功能性、农业的可持续发展和农村的全面振兴等方面，做出重点规定（图2）。

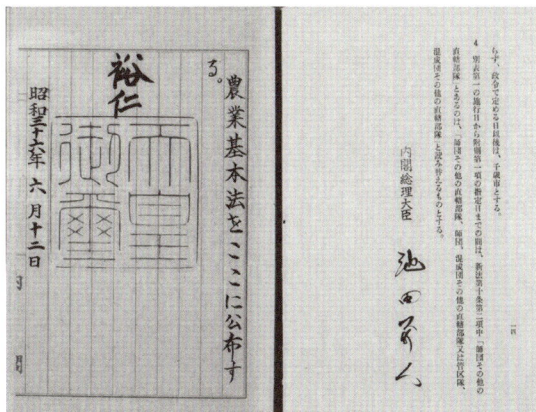

图2　农业基本法·御署名原本·昭和三十六年·第四卷·法律第一二七号首页

**2. 关于土地利用和保护**　在土地利用和改良方面，日本1952年颁布《农地法》，以防止土地垄断，保护耕种者的地位。20世纪60年代之后，日本城市化进程加快，国家在政策上对土地流转的限制放宽，致使耕地数量由增到减。为此，日本政府颁布了《农业振兴地区整备法》（農業振興地域の整備に関する法律，1969），旨在明确农村的土地利用划分，协调农用地与非农用地之间的调整规划，维持足够的农用地，同时保护和振兴农业地带。进入80年代后，《农地利用增进法》（農地集積を促進するための法律，1980）、《地力增进法》（地力増進法），（1984）相继颁布，确立了土地利用改良制度、促进土壤肥力基本准则，以及土壤肥力促进区制度[1]。90年代，日本政府对《农地利用增进法》进行修订，法律名称改为《农业经营基础强化促进法》（農業経営基盤強化促進法），与《农地法修正案》（農地法改正のポイント）《农业委员会法修正案》（農業委員会法改正のポイント）合称为"农地三法"。此外，

---

[1]　衆議院調査局農林水産調査室，2008. 農地政策の改革－［農地政策の展開方向について］に係る学識経験者等の見解と農地政策関係資料[D]: 207-223.

为防止牧场遭到破坏，保护土地和增加牧场的使用，日本政府还颁布了《牧野法》《集落地域整备法》（集落地改为域整備法）、《市民农园整备促进法》（市民農園整備促進法）《农地中间管理促进法》（農地中間管理事業の推進に関する法律）《景观法》（景観法）等。

**3. 关于食品安全**　　为确保食品安全，从生产到消费各个环节，日本政府都相应制定了一系列法律，如2003年颁布的《食品安全基本法》《食育基本法》《肥料品质保障法》（肥料の品質の確保等に関する法律）和《农药取缔法》（農薬取締法）；同时，为提高消费者对食品安全的信赖度，还制订了《农产物检查法》（農産物検査法）《食品卫生法》（食品衛生法）《食品标识法》（食品表示法）《大米等产地及转移信息法》（米穀等の取引等に係る情報の記録及び産地情報の伝達に関する法律）等。

**4. 关于农业环境**　　为了解决农业发展与环境保护日益加剧的矛盾冲突，日本政府于1992年发布《食物、农业、农村白皮书》（食料·農業·農村白書），首次提出"环境保全型农业"的理念，这一理念将单独的农业生产与食物品质、环境保护和农村发展统一起来作为一个综合系统考虑。这是日本政府在法律政策制定中的一个重大变化，标志着内涵于农业立法中的伦理价值观的根本性转变。随后，在1999年颁布的《食物、农业、农村基本法》中，则将"环境保全型农业"通过法律形式确立下来。同年，日本又以防止农业导致的环境污染、增进农业自然循环机能为目的，出台了与之配套的《关于促进高持续性农业生产方式的法律》（持続性の高い農業生産方式の導入の促進に関する法律）、《家畜排泄物法》（家畜排せつ物の管理の適正化及び利用の促進に関する法律）和《肥料管理法》，这三部法律史称"农业环境三法"。在此基础上，《农药取缔法》《肥料品质保障法》《农业用地土壤污染防治法》（農用地の土壌の汚染防止等に関する法律）《食品循环资源再生利用法》（食品循環資源の再生利用等の促進に関する法律）《有机农业推进法》（有機農業の推進に関する法律）等相继出台，对防止农业生产污染、禽畜养殖业污染做出了明确的法律规定，以确保环境保全型农业的建设和发展。

**5. 关于乡村振兴**　　日本为了实现农村振兴，颁布了《山村振兴法》（山村振興法）《半岛振兴法》（半島振興法）《离岛振兴法》（離島振興法）《农业多功能性促进法》（農業の有する多面的機能の発揮の促進に関する法律）。为缩小城乡差距，促进乡村一二三产业的融合发展，增加农村就业机会颁布《农村工业导入法》（農村地域への産業の導入の促進等に関する法律），《六次产业化·地产地消法》（地域資源を活用した農林漁業者等による新事業の創出等及び地域の農林水産物の利用促進に関する法律）。为激发农村活力，

发挥农业、农村所拥有的多方面功能，促进城乡之间的双向交流，颁布《农山渔村活性化法》（農山漁村の活性化のための定住等及び地域間交流の促進に関する法律），《特定农山村法》（特定農山村地域における農林業等の活性化のための基盤整備の促進に関する法律），《农山渔村余暇法》（農山漁村滞在型余暇活動のための基盤整備の促進に関する法律）等。

与美国农业立法体系的构成类似，日本除了在上述各领域外，在农业生产、农业产品流通以及农业金融和保险等领域，也制订了相应法律，使得日本农业领域的各个方面都得到法律的护持和保障。

## 二、欧盟农业政策与美日农业立法中的伦理内涵及特点

上述欧盟"共同农业政策"和美日两国不断完善的农业法律体系，在其农业发展实践中的重要意义和作用自不必多说。我们这里重点通过讨论两个关系来解读欧盟农业政策与美日农业立法中的伦理内涵及特点。其一是农业发展中的伦理冲突与农业政策制定和立法的关系，其二是农业伦理观与农业立法在农业发展中的关系。

### （一）农业发展中的伦理冲突是农业政策制定和立法的重要前提

从哲学的意义上讲，伦理是指"人与人、人与社会、人与自然之间的道德关系及正确处理这些关系的规律、规则"[1]，表现在农业领域则是人类在农业行为中的"人与人、人与社会、人与生存环境之间的道德关系，以及正确处理这些关系的规则。"更进一步可以解释为"农业行为对自然生态系统与社会生态系统"的道德关联[2]。当这种道德关联和谐一致时，农业就发展；反之，则表现出人与人、人与社会、人与生存环境的张力和冲突。

20世纪50年代，各国政府为恢复战后经济，以保障粮食自给和提高农民收入为首要目标。为实现这个目标，整个社会都将"人控制自然""粮食增产"等价值诉求作为道德准则和处理人与自然关系的基本立场，工业现代化的高速发展和农业生产率的大幅提高更进一步加剧了这种状况。这种价值观念夸大了人的主体作用，自然环境之于人类的伦理意义严重缺位。由此而形成的农业伦理观念和法律制度，成为社会管理和国家经济发展的主流价值导向。相应的在农业发展中采用不可持续的发展方式，引发了环境污染、食品

---

[1] 《中国大百科全书》总编委会，2009. 中国大百科全书[M]. 2版. 北京：中国大百科全书出版社.
[2] 任继周，2018. 中国农业伦理学导论[M]. 北京：中国农业出版社:6.

安全、气候变化及乡村衰败等问题。体现在农业行为中就是人与社会和生存环境的矛盾日益加剧。我们从欧盟对"共同农业政策"进行的系列改革中，看到了解决农业行为中的伦理冲突的努力。

同样，美国的农业立法体系不断完善，也是以其农业发展中不断出现的伦理冲突为动源。仅以农药应用于农作物生产为例，20世纪上半叶开始，美国农业由于对DDT等杀虫剂无节制的滥用，导致湖泊、河流、海洋、土壤、植被等人类所依赖的生存环境和人类自身的危害，这种危害发展到50年代，成为美国全社会广泛关注的问题[1]。因此，有关土地的利用和保护、化学农药的使用和管理，就成为该时期国会立法工作不能回避的主题，亦才有了一系列有关法律的颁布。同样，类似的情况也出现在日本有关农业立法的制定中。

## （二）农业伦理观与农业立法是护持农业健康发展之两翼

法律和伦理，都是进行社会调节和管理的重要手段。从概念内涵来说，法律和伦理是规范方式不同、强制程度不同的两种规范，但同时又具有关联性。法律对行为的调节以强制性为特点，目的在于保障规则的有效性。伦理对行为的调节以价值性为要点，赋予规则以价值的内涵[2]。同理，在农业伦理和农业法律（政策）之间也是如此。从农业伦理和农业法律（政策）所调节的对象来看，它们都是对农业行为中人与人、人与社会以及人与自然之间的关系进行调节和管理，调节对象的共同性是二者既有不同又内在关联的根本基础。当人类的农业行为在遵守"重时宜、明地利、行有度、法自然"[3]的农业伦理的公理性规则时，其意义主要体现在伦理价值层面上。而这些规则一旦失衡或者遭到破坏，仅靠农业伦理自身难以协调解决、不得不通过伦理以外的手段以达到新的平衡关系时，法律政策的制定即为有效的方法和途径。

农业法律政策的制定，是在解决旧有农业伦理观出现问题的现实要求下，对新的农业伦理价值观的重塑和固化的过程。我们从日本为建设"环境保全型农业"而制订和实施的"农业环境三法"，以及一系列防治农业生产污染、畜禽养殖业污染等法律的出台，可以清楚地看到这个转化和重塑的发展轨迹。同样，面对农业行为中出现的伦理冲突，欧美也对"人与人""人与社会""人与自然"的关系进行探索和反思。探索这种伦理冲突一方面是来自哲学家们的思考，奥尔多·利奥波德（Aldo Leopold，1887—1948）的"大地伦

[1] [美]蕾切尔·卡森, 2014. 寂静的春天[M]. 上海: 上海译文出版社: 序Ⅵ.
[2] 刘华, 2002. 法律与伦理的关系新论[J]. 政治与法律(1): 3-7.
[3] 任继周, 2018. 中国农业伦理学导论[M]. 北京: 中国农业出版社: 7.

理"[1] 和丁. 贝尔德·克里考特（J. Baird Callicott, 1941—）[2] 的自然主义环境哲学，以及阿恩·奈斯（Arne Dekke Eide Naess，1912—2009）为杰出代表的深生态学等，这些哲学家的思考成为新的农业伦理价值观的重要理论准备；另一方面，法律制度方面的不断完善，是解决农业行为中出现的伦理冲突的又一途径。新的农业伦理价值通过外化为法律制度并达到固化。农业伦理观与农业立法成为护持农业健康永续发展之两翼。

## 三、对强化中国农业伦理观建设的重要启示

欧盟农业政策的制定和美日两国农业立法体系的建立，为欧盟各国和美日两国的农业发展起到了保驾护航的作用。研究梳理他们的农业立法和政策制定，探讨它们与农业伦理观建设的关系，既要摒除国情地域之差异，又要汲取其成功经验，以为强化我国农业伦理观建设提供启示。

### （一）审视欧盟美日农业立法，明晰中外农业伦理观发展之位差

审视欧盟美日的农业立法过程，我们发现，农业发展中的伦理冲突最集中时期是在西方国家的工业化时代，尤其以20世纪中叶前后为甚，世界工业化的一切收益和苦果在这一时期集中展示出来。自然环境恶化、化学农药滥用、农业土壤被破坏、食品安全危机，这一系列隐藏在工业文明辉煌成果下的问题开始引起科学家、哲学家、法学家、政治家，以及普通百姓的关注。激烈的争论和痛苦的反思，既有从科学技术角度的深入研究，亦有从哲学角度的理论探索。"大地伦理""深生态学"的诞生，成为后工业化时代的理论依据。而有针对性的农业立法正是对该时期农业行为中伦理冲突的一种解决方式，只不过是通过一种强制性的社会管理制度的建设来实现。

相比之下，从1949年中华人民共和国成立到1992年《联合国气候变化框架公约》的宣布，这近半个世纪的历史发展进程，正是全世界从工业化到后工业化转型的时期，而我国则刚开始进入工业化的高速发展时期。中国以30年时间走过了西方资本主义世界300多年的工业化过程[3]，虽然是对中国改革开放以来快速进入后工业化时期的生动写照，同时从另一个角度也映衬出我们

---

[1]　奥尔多·利奥波德 (Aldo Leopold, 1887—1948)，美国享有国际声望的科学家和环境保护主义者，被称作美国新保护活动的"先知""美国新环境理论的创始者"。——著者注。

[2]　J. 贝尔德. 克里考特 (J. Baird Callicott,1941—)，美国环境哲学家和环境伦理学家，系统阐述利奥波德"大地伦理"思想。——著者注。

[3]　任继周，2018. 中国农业伦理学导论 [M]. 北京：中国农业出版社：14.

与欧美西方国家发展的差距。西方先污染后治理的老路不仅在我们国家原影重现，更有甚者，我们还容纳并允许世界先进国家的污染工业转向中国[1]。我们在长期工业文明道德原则驱动下出现的农业伦理冲突，不仅没有尽快得到反思，反而越演越烈，"三农"问题是最为突出的标志。

欧盟国家和美日两国解决其农业伦理困境之过程，是一个融合科技发展、理论反思和制度建设的综合过程，其中通过立法和政策制定是其解决农业伦理问题的重要途径之一。而通过审视其农业立法和政策制定过程，探究影响该过程的农业发展中的现实动因，找出中外农业伦理观发展之位差，是解决目前我国农业发展中出现的伦理观问题的重要参考依据。

## （二）注重伦理与法律的互通互融，丰富农业基本法的伦理价值内涵

认识中外农业伦理观发展之位差实际上就是要明确两点，其一我们用30多年的时间走过西方世界300余年的工业化之路，虽然用时仅为欧美工业化进程的十分之一，但是欧美曾经出现的农业发展中的伦理冲突并没有因为我们用时减少而消失，反而在高度压缩的时间内再次重现于我国，其表现程度更为激烈。因此，看清目前我们在农业伦理观方面存在的问题至为重要。具体说，在农业文明和工业文明时期，我们只看到了农业系统中的经济元素，对农业系统中人与自然、人与社会的相互关系缺乏深刻的认识，更谈不上从理论上自觉反思。在我国改革开放初期，以经济建设为中心集中力量进行社会主义现代化建设，是当时最大的"善"，是深入人心的价值理念。因此，在我们刚刚分享到经济快速发展的红利的同时，不得不承受工业化深度发展所带来的气候变化、环境污染、水土流失等严重恶果。其二，欧美国家在走过300余年的工业化之路的过程中，他们是如何解决农业发展中产生的农业伦理冲突的？解决这个问题涉及方方面面，但是仅从欧美农业立法过程来看，他们在农业法律制定和强化农业伦理价值的关系处理上，给我们提供了很好的借鉴。更准确地说，他们注意到法律与伦理在产生根源、物质文化基础、调整对象、目的功能和本质以及所尊崇的理念方面的共同性[2]。因此，我们从其不同阶段所制定的农业法律中，可以看到农业伦理价值观与农业立法理念的互通互融，最终形成了以农业伦理精神为核心理念的较为完善的农业法律体系。

目前，作为规范农业领域根本性、全局性的法律《中华人民共和国农业

[1] 任继周，2018.中国农业伦理学导论[M].北京：中国农业出版社：28.
[2] 蔡守秋，2009.人与自然关系中的伦理与法[M].长沙：湖南大学出版社：167-170.

法》（简称《农业法》），是我国农业的基本法和农业法律体系的总纲领。从内容上看，其所反映的价值理念仍具有浓厚的工业时代的痕迹，在即将步入生态文明的新时期，这种农业伦理价值凸显了其内在的不足。因此，我们应当重新审视农业的属性，赋予其更丰富的内涵。农业不仅仅具有经济功能，还具有生态、社会和文化等多种功能。

日本在20世纪90年代确立"环境保护型"农业发展道路。作为对这一基本原则的响应，陆续制定了"农地三法"和"农业环境三法"，确保对土壤使用和农药肥料使用的"度"，和"低投入""低消耗"的农业生产方式。《食品、农业、农村基本法》（1999）的颁布，除提出确保粮食稳定供给外，还提出充分发挥农业的多功能性；建立适宜的农业结构，维持并增进农业自然循环功能，促进其永续发展；关注农村综合发展、山区及偏远地区发展及城乡交流，实行乡村振兴（图3）。农业多功能性在欧美农业法律中也多有体现。我国《农业法》在再次修订时，应借助他山之石，拓展其伦理价值内

图3　农业、农村多方面机能
（来源：日本农林水产省网站）

涵，增加农业的自然、社会和文化价值，关注农业自然循环功能和农村的综合发展。将这些新的伦理价值通过法律形式确定下来，不仅可以引领农业法律体系走向"共同善"，还可维护并强化新农业伦理观念，使之逐步形成普遍认可的社会观念，最终抛弃"高投入、高消耗、高消费、高污染"的工业文明伦理价值观引导下的非持续发展模式，建立"低投入、低消耗、低污染、适度消费"的发展模式，促进农业的永续发展。

## （三）突破重点领域的农业立法，推进农业伦理观的价值转化

农业伦理观与农业立法是护持农业健康永续发展之两翼。一方面要丰富农业基本法的农业伦理价值内涵，在生态文明伦理观建设方面加大力度；另一方面要对我国现有农业立法中存在的滞后和在相关领域的空白点，进行重点性的立法建设，强化对农业伦理观的保障功能，以在价值理念、发展目标和农业运行规则等方面逐步与国际接轨。

**1. 以多层级农业生产系统伦理观为基础，统筹规划大农业的立法** 农业，从宏观的意义讲包括种植业、林业、畜牧业、渔业产业形式，从狭义讲则仅指种植业[1]。从农业伦理视域讲，我们对应的是前者即大农业的概念。任继周院士提出农业生产系统有四个生产层级，即前植物生产层（景观、土地）、植物生产层（农作物）、动物生产层（家畜）和后动物生产层（加工流通）。中国农业"以粮为纲"的时期，农业结构基本属于植物生产层，农业生产只利用植物生产层中的少部分产品，不仅是单层农业而且是残缺的单层农业，其他三个生产层或利用不足或任其荒弃于地[2]。运用农业伦理观重新审视我们的农业立法，亦是以调整陆地种植农业为主，忽略了畜牧业、林业和渔业等相关法律制度的推进，并没有充分发挥农业生产系统四个生产层级的效用，也没有遵循农业系统的开放原则，农业伦理内在精神蕴含不足。

日本根据自身多丘陵、山区且海洋资源丰富的农业地理特征，不仅制定了保护丘陵和山区农业的法律，同时还对林业、森林资源、渔业、水产资源、海洋资源的保护和利用制定相关法律，使得"农林牧渔"各领域的生产、经营、资源保护及合理利用均有法可依。通过法律的引导，农林牧渔关系协调一致，人与农业、林业、畜牧和水产海洋资源不仅相生相依，还在四个生产层级的效用方面得到充分发挥，无一浪费。

我国应以此为借鉴，充分协调种植业、畜牧业、林业、渔业生产和经营的关系，将农业系统开放原则通过立法来外化和具体化。布局合理的农业法律结构，优化农业法律体系结构，不仅是对农业伦理精神的外在响应，亦可促进四个生产层级效用的充分发挥，为推动"农林牧渔"大农业的系统耦合和农业综合发展的良性运转，提供长效可靠的机制保障。

**2. 以农业和城乡耦合共生的伦理关联为基础，构建乡村振兴法律体系** 我国是一个农业大国，城乡二元结构的产生有着深厚的历史渊源。城乡二元结构在我国农业发展和国家经济建设中，曾经发挥了不可估量的重要作用。但是随着我国迈向现代工业文明步伐的加快，长期的农业与工业、城市与乡村之间发展的不平衡，最终导致城乡收入差距日益加大，城市无序蔓延、乡村衰落凋敝等"三农"问题。从1978年改革开放至今40余年，"三农"问题成为中央1号文件的主题绝非偶然。针对"三农"问题的出现，2008年1月1日我国正式施行《城乡规划法》，旨在破除建立在城乡二元结构上的规划管理制度，统筹协调城乡管理，避免基础设施的重复建设和资源浪费，对现行

---

[1] 《中国大百科全书》总编委会，2009. 中国大百科全书 [M]. 2版. 北京：中国大百科全书出版社.
[2] 任继周，2018.中国农业伦理学导论[M].北京：中国农业出版社:265-274.

的规划制度进行改革。2021年颁布了《乡村振兴促进法》，将有效的乡村振兴经验上升为法律，为农业全面升级、农村全面进步、农民全面发展构建更加完善合理的法律制度保障。但是，建设美丽乡村，实现乡村振兴，我们仍需系统反思乡村振兴法律机制的伦理内涵，"重构农业和乡村、城市耦合共生的伦理关联"[1]，以此为基础构建完善的乡村振兴法律体系。

（1）加强城乡产业融合发展的法律制定　日本出台《农村工业导入法》，系统地将工业引入农村地区，鼓励农民根据自己的意愿和能力从事所引入的其他行业，并与此相结合采取措施促进农用地的分类管理和农业结构的改善，实现农业和引进产业的均衡发展，使农村就业多元化。欧盟CAP第二支柱"农村发展"的第三大核心目标就是提高农村生活质量，鼓励多元化农村经济活动，如食品加工、文化、旅游等制造业、服务业的发展，使农村地区更具吸引力，创造就业机会和可持续增长。我国在适应乡村自然生态承载量的前提下，需关注乡村自然生态耦合共生的伦理基础，并以立法方式将合理有序引入乡村工业、激发农村的内在活力、增加就业、提升农民收入等作为法律制定的内涵基础，从而保障城乡各自的功能和优势得到发挥，在互补共荣、协同发展中，实现一二三产业的融合发展。

（2）推进城市与乡村共生及交流的立法　日本在这方面的立法工作为我们提供了很好的实践经验。1994年日本颁布《农山渔村余暇法》（農山漁村滞在型余暇活動のための基盤整備の促進に関する法律），1999年将"城市与农村的交流"在《食品、农业、农村基本法》中确立下来，至2007年又颁布了《农山渔村活性化法》。这些法律的制定与实施，一方面鼓励农民修建民宿等基础设施，吸引城市居民到农村休闲旅游，加深城市居民对农业、林业和渔业的了解，传承农耕文化。另一方面充分利用城市及周边农业贴近消费区域的特点，通过收集城镇居民的需求及时调整农产品结构，促进农业生产。日本还制定了《市民农园整备促进法》《都市农业振兴基本法》（都市農業振興基本法），稳步推进以城市居民休闲为主的市立农场的发展，不仅为城镇居民提供新鲜的农产品，还可以形成良好的景观，促使城市居民更加充分了解农业的多功能性。我国可制定促进城乡交流的相关法律法规，鼓励城镇居民以到农村生活、工作、休闲的活动方式，传承和保护乡土文化，重构城乡居民与乡村自然生态系统的价值内涵，促进乡村自然、经济、社会和文化的活性化发展。还可适当发展都市农业，形成城乡之间双向互动交流机制，助力城

---

[1]　李建军，任继周，2018. 美丽乡村建设的伦理基础和新道德[J]. 兰州大学学报（社会科学版）(4)：8-14.

乡互动融合。

（3）在加强农村公共基础设施建设领域 如水源、电网、道路交通、燃气和清洁能源等公共基础设施建设方面，通过制定系列法律缩小城乡差距，实现城乡均衡发展，这是重构农业和乡村、城市耦合共生的伦理关联的物质基础。美国的《农村电气化法》（Rural Electrification Act）、《农村电信提升法》（Rural Telecommunications Improvements Act）、《农村供水法》（Rural Water Supply Act），日本的《离岛振兴法》《山村振兴法》，欧盟推出的"智慧乡村"（Smart Villages）项目等，都是通过立法和政策制定，不断改善农村的医疗、社会服务、教育、能源等农村服务水平，将人与自然和谐共生的农业伦理观固化到法律制度中，促进了农业农村的可持续发展。这些成功的做法，为我国从根本上破除城乡二元结构的壁垒，重塑"工业与农业""城市与乡村""人与乡村"的共生关系，将新的伦理价值理念纳入农业农村法律体系建设中，推动工农城乡互补互助融合发展，提供了有益的借鉴。

**3. 以"厚德载物"的土地伦理学认知为引导，加强土地保护的法律制定** 我国改革开放四十年来，在经济效益和"以粮为纲"价值理念影响下的农业法律，鼓励农民以"高消耗""高投入"的农业生产方式进行生产活动，掠夺性地利用土地，忽视对基础地力的养护，在相当一段时期成为农事活动的常态。最终使土地在遭受污染的同时，失去地力，农业生产后劲不足，农业可持续发展面临严重挑战。进入21世纪，我们还未及消除工业化带来的问题的同时，便与世界同步开始由后工业化向生态文明的转型。在这样的时代背景下，一方面我们要借鉴欧盟及美日各国有关土地保护立法的理论基础和立法实践。例如，美国在利奥波德"大地伦理"生态学思想的冲击下，于1956年的农业法中确立了休耕制度，并在其后不断完善。休耕制度的确立以对农业生产者的经济补偿为前提，实现了对土壤和水资源

图4 加强耕地质量建设促进农业绿色发展
（来源：徐明岗，等.耕地质量提升100题[M].北京：中国农业出版社，2020）

的有效保护。1972年修订的《联邦杀虫剂、杀真菌剂和杀鼠剂法》对剧毒化学农药的生产和使用予以严格控制，对土地的保护和环境保护起到了积极的作用。日本在20世纪90年代确立"环境保护型"农业发展道路，开始重视农业的自然循环功能。"农地三法"和"农业环境三法"都对土地的保护和农业

的永续发展，发挥了法律护持作用。另一方面，我们还应对中国传统的"厚德载物""重地利"的农业伦理认知，以及"人法地"的道德关联[1]予以高度重视，并将之引入土地立法的法律框架内，制定养护地力的法律制度。

首先，将"休耕"制度纳入法律，真正实现"藏粮于地"。通过农业绿色支持政策，鼓励生产者对土地进行休耕，使土地维持自身的新陈代谢，保持土壤养分的平衡。同时，休耕的土地亦可作为景观或是动植物栖息地，在保持水土资源、养护增强地力的同时，维护生物多样性，使"人法地"的道德关联度更加密切。

其次，可通过制定控制农药和肥料相关法律，引导生产者用可持续的农业生产方式进行农业活动。具体可细化为：制定激励措施，鼓励生产者减少化学肥料、化学合成农药的使用，扩大堆肥等有机肥料的应用；建立农药注册制度，规范农药的销售和使用；通过规范化肥生产来保证化肥的质量，确保公平贸易和安全使用；采取措施系统地促进改善牲畜粪便处理设施的发展，优化牲畜粪污资源化利用。通过法律机制的强制效力，规范全国范围内开展的农业生产活动，尽可能减少农业生产对环境造成的影响，促进和增强农业生态系统的健康和稳定。

**4. 以提升生活质量、实践善的生命为目的，完善食品安全法律体系建设** 人类要生存，必然发生"通过农作干涉自然生态系统以获得农产品的过程"[2]。在这个过程中，人与人、人与社会、人与自然的关系，构成了农业伦理的三个主要关系。而人是构成农业伦理要素的最核心的要素。衣食住行是人之为人的基本存在方式。人类的饮食习俗以其朴素方式渗透在人类历史进程之中，并逐步形成一定的食品伦理规则，这些伦理规则是农业伦理的重要组成部分。因此，食品安全关乎"人民对美好生活的向往"[3]的目标实现，也关乎人的生命权[4]。保障食品"安全"是提升人的生活质量、实践生命至善的重要保障，这种道德价值应该成为强化我国食品安全立法的重要伦理根基。

近些年，伴随着我国经济建设的快速发展，事关公共安全和人民利益的食品安全问题日益凸显。我国政府先后出台《食品安全法》《农产品质量安全法》《动物防疫法》和《植物检疫条例》等法律法规，但相较于欧盟和美日等国家，我国食品安全立法中仍存在伦理内涵薄弱的问题，主要体现在对食品的自然属性尊重不够、消费者信赖原则还未建立、政府监管不到位等问题。

---

[1][2] 任继周，2018. 中国农业伦理学导论 [M]. 中国农业出版社: 92, 6.

[3] 中共中央文献研究室编，2014. 十八大以来重要文献选编（上）[M]. 北京: 中央文献出版社: 70.

[4] 任丑，2016. 食品伦理的冲突与和解 [J]. 哲学动态 (4): 24-29.

解决这些问题，我们可以借鉴欧盟及美日国家的相关立法，特别关注其如何处理食品伦理与立法的关系。

（1）将"尊重食品的自然属性"原则纳入法律规范。"食物和营养的基础是自然界""自然界拥有丰富的生命要素，如动物和植物，以及非生命要素，如水和空气。"[1]"农林牧渔"所依赖的原生环境（如大气、土壤、水等自然环境）的好坏，是评估食品是否安全的价值评判之一。合理利用自然资源，尊重动植物生产的自然过程，是保障食品安全的第一道防线。2003年CAP改革推出的强制性交叉遵从，鼓励农民在农业生产时保持耕地和农业环境良好，同时尊重动植物健康和动物福利。美国1996年颁布《食品质量保护法》为监控美国食品供应中的农药残留物，制定了严格的食品安全标准。我国应当在"尊重食品的自然属性"原则的引导下，统筹土地、草原、牧场、森林和水域生态环境保护之间的立法，协调推进农业自然生态系统的保护，其中可重点关注气候变暖在农业方面的应对措施和生物多样性的保护。另外，严格管控化肥、农药、兽药的使用和登记制度，与国际接轨制定化肥及农药、兽药残留限制和检测标准，完善农药、肥料、饲料、动物医药品等质量相关立法，防止食品中有害化学物质和有害微生物可能对人体健康产生的不利影响。

（2）将"消费者的信赖"原则纳入法律规范。食品出现"安全"风险，将会导致公众丧失对食品生产体系的信任。欧盟食品安全法律在每个阶段都规定了严格的检查标准，还要求从欧盟以外进口的（如肉类）产品达到与在欧盟内部生产的食品相同的标准，并接受相同的检查，重点关注投入（如动物饲料）和产出（如初级生产、加工、存储、运输和零售）的可追溯性。欧盟范围内的广泛法律涵盖了欧盟内部的整个食品生产和加工链以及进出口商品，确保"从农场到餐桌"的食品安全。日本出台《食品标识法》和《日本农业标准法》（日本農林規格等に関する法律），采用"食品标识"和"JAS标准"进行监测和指导。并建立可追溯制度，通过创建和存储每个处理食品业务时的记录，可以在发生食物中毒等影响健康的事故（追溯）时调查问题食品的来源，及时掌握食品的动向。

我国目前相关立法缺乏系统化的布局和各链条之间的有效衔接，导致生产材料、农产品生产加工的安全控制差，难以保证农产品质量，且可追溯性弱。完善食品安全召回与追溯机制，制定食品外包装、标签及产地等信息标识相关规范，保证食品信息全方位透明。如此，才可以保护消费者的知情权，

---

[1] ［荷］米歇尔·科尔萨斯，2014. 追问膳食：食品哲学与伦理学[M].李建军、李苗译.北京：北京大学出版社:4.

赢得消费者的信赖，更重要的是通过消费者的积极参与，将消费者对食品安全之于生命的生存价值诉求固化到法律条文之中。

（3）强化政府监管职能，维护公共健康利益。当食品安全被置于某种健康和安全风险之下时，政府有道德责任来确保市场流通和供应中的食品安全[1]。所以，政府有责任基于预防的政策和实践，从产地环境、农业投入品使用、农产品生产加工质量等方面完善食品监管法律机制，努力对"从农田到餐桌"全链条的食品"安全"风险实施全方位的防范和管控。

除了上述三个方面，美国在《2018农业提升法》中规定"营养补充计划"（Supplemental Nutrition Assistance Program）、"儿童营养计划"（Child Nutrition Programs）"老年农民的市场营养计划"（Seniors farmers' market nutrition program）和"营养教育计划"（Nutrition education program）；日本的《健康促进法》（健康增进法）、《食育基本法》等，都内嵌了尊老爱幼的传统伦理道德内涵，这些都值得我们借鉴。

21世纪，是人类社会快速发展的时代。伴随着现代工业文明向生态文明转型期的到来，绿色农业、生态农业日渐成为我国农业建设和发展的主旋律[2]。在农业伦理视域下，对国外农业立法进行研究，以期不断完善我国的农业立法体系和法治建设，是实现新时代我国农业生态文明建设目标的现实要求。欧盟和美日两国的农业法律，经过立法实施过程的多次变革，已将普遍接受的农业伦理价值意蕴融入法律规范中。改革开放以来，我国农业立法加速发展，农业法律体系已初步建成，但不足之处仍然显著。基于伦理与法律之间深层次的内在联系，我国农业立法的发展同样也离不开农业伦理的评价和价值支撑。农业法律体系的完善并不能一蹴而就，应分阶段、分层次，从局部到整体，不断拓展和丰富农业伦理价值理念，并将之引入到法律制定中。通过法律制度的引导和规范，以农业资源合理利用和农业生态环境有效保护为目标，改革现有的生产模式，发展高效、低耗及低污染的现代农业，破除城乡二元结构的壁垒，建设繁荣而美丽的新农村，实现农业伦理视域下的经济效益、社会效益与生态效益的融合与统一。

1　李建军，史玉丁，2019.食品安全规范的历史及其伦理思考[J].中国农史(1)：120-128.
2　任继周，2018.中国农业伦理学导论[M].北京：中国农业出版社:10.

# 索 引

（索引词按音序排，词组中有外文或数字的，忽略外文与数字，仅以汉字音序排）

**图书在版编目（CIP）数据**

中国农业伦理学.下/任继周主编. —北京：中国
农业出版社，2024.4
ISBN 978-7-109-31759-8

Ⅰ.①中… Ⅱ.①任… Ⅲ.①农业科学-科学技术-
伦理学-研究-中国 Ⅳ.①S-02

中国国家版本馆CIP数据核字（2024）第048010号

---

中国农业出版社出版
地址：北京市朝阳区麦子店街18号楼
邮编：100125
责任编辑：郭永立 周晓艳
版式设计：王 晨 责任校对：吴丽婷 责任印制：王 宏
印刷：中农印务有限公司
版次：2024年4月第1版
印次：2024年4月北京第1次印刷
发行：新华书店北京发行所
开本：700mm×1000mm 1/16
印张：17.75
字数：328千字
定价：160.00元

---